U0527726

周昌乐 著

明道显性：
沟通文理讲记

厦门大学出版社
国家一级出版社
全国百佳图书出版单位

图书在版编目（CIP）数据

明道显性：沟通文理讲记 / 周昌乐著. -- 厦门：
厦门大学出版社，2016.8（2024.12重印）
ISBN 978-7-5615-6211-6

Ⅰ. ①明… Ⅱ. ①周… Ⅲ. ①个人-修养-通俗读物
Ⅳ. ①B825-49

国版本图书馆CIP数据核字(2016)第193393号

责任编辑　薛鹏志
美术编辑　李嘉彬
技术编辑　朱　楷

出版发行　厦门大学出版社
社　　址　厦门市软件园二期望海路39号
邮政编码　361008
总　　机　0592-2181111　0592-2181406（传真）
营销中心　0592-2184458　0592-2181365
网　　址　http://www.xmupress.com
邮　　箱　xmup@xmupress.com
印　　刷　厦门集大印刷有限公司

开本　720 mm×1 000 mm　1/16
印张　21.25
插页　2
字数　340千字
版次　2016年8月第1版
印次　2024年12月第3次印刷
定价　54.00元

厦门大学出版社
微信二维码

厦门大学出版社
微博二维码

本书如有印装质量问题请直接寄承印厂调换

献给女儿丁零诗音

题 记

一阴一阳之谓道,继之者善也,成之者性也。仁者见之谓之仁,知者见之谓之知,百姓日用而不知,故君子之道鲜矣。显诸仁,藏诸用,鼓万物而不与圣人同忧,盛德大业至矣哉!

——《周易·系辞》

目　录

序言：致读者函

第一章　引　论 ··································· 1
　　传道解惑宗旨 ································· 1
　　沟通文理途径 ································· 9
　　遵循圣学精神 ································ 19

第二章　物质性空 ································ 27
　　探寻物质终极本原 ···························· 27
　　事物确定性的丧失 ···························· 35
　　整体宇宙的纠缠性 ···························· 45

第三章　宇宙缘起 ································ 56
　　万有缘起的法则 ······························ 56
　　时空合一的世界 ······························ 65
　　精神伴随的宇宙 ······························ 73

第四章　生命演化 ································ 83
　　生命化生的规律 ······························ 83
　　动态演化的生态 ······························ 92
　　自生自化的机制 ······························ 98

第五章　意识反观 ... 110
　　追寻意识现象之谜 ... 110
　　重建唯识理论体系 ... 121
　　意识反观宇宙精神 ... 129

第六章　精神作用 ... 140
　　人类生命的展现 ... 140
　　精神作用的原理 ... 148
　　物欲上瘾的根源 ... 158

第七章　心法存养 ... 167
　　理性思维的限度 ... 167
　　秘密的认知能力 ... 176
　　任运自在的境界 ... 185

第八章　仁爱淑世 ... 197
　　追求幸福的生活 ... 197
　　要用心关爱社会 ... 207
　　人当诗意地栖居 ... 216

第九章　结　　论 ... 227
　　明确圣道宗旨 ... 227
　　世界文化比较 ... 234
　　迎接崭新文明 ... 244

附录：答学生问 ... 255
参考文献 ... 318

序　言

致读者函

摆在读者眼前的这部读物，是根据一门课程的讲授记录整理而成的。这门课程的名称叫作"跨界论道：科学走进人文"，断断续续，迄今已经开设有十八个年头了。课程的主旨就是通过"科学走进人文"的讲述方式来"明道显性"的，故取书名为"明道显性：沟通文理讲记"。

最早作为"跨界论道"的前身，我就于1999年与2000年两次在浙江大学开设了全校公共选修课"科学与人文系列讲座"课程。后来由于工作调动的关系，这门课程也就中断三年之久。到了2004年春季，"跨界论道"正式成为厦门大学的一门全校公共选修课，课程的全称叫作"双丰讲座：科学走进人文"。

作为在厦门大学的第一次开课，除了正式选修的本科生外，还吸引了不少研究生和教师。这里要感谢厦门大学英语系教师刘雪岚博士，她不但自始至终听完了全部课程，而且自发地为每一次讲课做了录音。由于课程全部是采用"空手道"的形式，因此这些录音，使得我撰写这部读物有了十分重要的原始依据。另外这门课程在厦门大学开设后，当年又荣幸地被邀请到重庆大学外国语学院讲授了其中的五讲，该院的李红教授也组织了录音，又为我保存了一些原始依据。

后来年复一年，时而中断，时而复开，这门课程的标题也几度改换，如"双丰讲座：科学亦人文"、"国故新知：沟通文理，启迪智慧"，等等。最后形成了目前的名称，叫作"跨界论道：科学走进人文"。课程讲授的内容也得到不断调整与充实，并发展到目前共包含十八讲的规模。

明道显性:沟通文理讲记

鉴于每次开课,这门课程都深受学生欢迎,并吸引了众多社会各界人士旁听,课堂常常爆满,学生欢呼雀跃。因此在学生的一再建议下,加上有许多学生提供了比较完整的课堂笔记,最终也就促使我产生了将课程内容撰写成书的想法。

巧合的是,就在有此想法的当年,即2010年秋,我有幸申请到了一年的学术假,到美国访学。于是借着到美国访学一年的美好时光,我便潜心整理课程内容,并形成这部读物的初稿。回国后,按照整理出来的初稿,又恢复了这门课程的开设。2014年之后,先后受汕头大学、重庆大学、杭州电子科技大学、电子科技大学、上海中医药大学邀请,这门课程也成为这些高校的通识课程。

特别需要一提的是,在2014—2015学年秋季,这门课程开始被列为厦门大学通识课程。由于课程内容焕然一新,讲授全程重新做了录音。感谢华东师范大学的张峰辉博士、厦门市槟榔中学的叶丽珍老师以及厦门担当者行动林斌玉等众多听课者的辛勤努力,将多次课程录音全部用文字记录下来,为这本读物的撰写,提供了最为原始的材料。这样,在原来初稿的基础上,又经过新材料的多次补充与修改,就形成了现在这部读物。

需要向读者说明的是,讲课与写书是有很大差异的,主要原因是课堂上可讲的不一定是书本中可写的,而书本中可写的又往往是课堂上不必照本宣科的。因此这部读物的内容与课程讲授的内容会有较多的出入,书稿也只是选择了其中九讲内容。不过有一点是可以保证的,就是凡可以写出来的课堂内容,又不见之于我所撰写的其他著作,都在这部读物中得到反映。

另外需要说明的是,为了尽量保存课程原貌风格,我把课堂内外互动环节中对学生们提问的解答,作为附录,也择要收录在书后,名之为"答学生问"。我希望"答学生问"中的答问,也能有助于解决读者在生活中遭遇到的类似疑惑与困境。

当然书写出来是为了让人们读后有所裨益,因此为了读者一开始就能够明白这部读物的主旨,从而方便读者选择是否值得继续一读?下面我先对这部读物的主要思想与内容做一番提要性的介绍。

首先,这是一部关于如何获得幸福生活的读物。我们知道,尽管对幸福的理解不尽相同,幸福的生活却是每一个活着的人都孜孜不懈追求的人生

序　言

期许。但在现实生活中,我们发现并不是每一个人都能够如愿以偿地过上幸福生活。在人生漫长的岁月中,有些人苦于贫穷潦倒,有些人困于疾病缠身,而更多的人则是陷于精神的颓废失落。实际上,在大多数情况下,正是因为精神的失落,才使人们缺失了生活的信心以及对生活的热爱,而最终与幸福的生活无缘。

应该说,人生的幸福是一种精神体验。因此尽管丰富的物质与健康的身体是非常重要的因素,但真正幸福的生活最终并不取决于物质的丰富与身体的健康,而是取决于人们的精神状态,那种对待生活的积极态度。

人生之不幸,罪莫大于愚昧。愚昧则导致外在依附之心,表现为对权威神祇的迷信,对情欲色相的迷惑,对权力名利的迷恋。正是这些迷信、迷惑与迷恋,诱发了种种贪婪的欲望,包括祈求得到上帝、佛祖、阿拉等拯救的期盼,使人欲罢不能,最终导致精神失落,并丧失了幸福自在之心。

因此要摆脱愚昧所导致的外在依附之心,就必须通过智慧来重建自立、自信、自主之心。或者具体地说,也就是通过内在心性的洞然明白,来达成自由幸福之境,从而显现自觉的仁爱之心。只有这样,我们才不仅可以获得个人生活的自在幸福,而且可以促进人类社会的和谐健康发展。

那么如何才能够获得人生的智慧呢？通常按照古代圣贤之说,智慧的获得无非涉及这样两个方面：一是悟天道以契自然法则,二是明心性以断恶习根源。因此我们这部读物的前面三章讲"物质性空"之本根,"宇宙缘起"之法则与"生命演化"之规律,就是要让读者明白智慧发生机制的自然基础。而中间一章讲"意识反观"之原理,起着承前启后的衔接作用,则是要让读者认识智慧发生机制的心性原理。然后在此基础上,这部书的最后三章就开始转入"精神作用"之性质,"心法存养"之途径及其"仁爱淑世"之运用,希望能够为读者幸福生活的践行,提供一些原则性的指导。因此这部读物实际上就是以精神为本体,智慧为作用,仁爱为效应,给出追求幸福人生的一条有效途径。

不过,一谈到精神,大多数人会认为那是有点飘忽不定,捉摸不透的东西,对其存在性总是不那么肯定。因为人们通常会认为只有可感知的物质才是存在的,而那些无形无质不可感知的精神是虚无缥缈的,并不真实存在。因此大多数人对于物质的存在都是十分肯定的,追求物质享受也认为

明道显性:沟通文理讲记

是非常实在的第一要务。但对于精神及其作用的存在,人们则总是难以认可,其在生活中也就往往被忽视。

可是我在这部读物中却要告诉读者,比起物质的存在而言,精神的存在更为确定,也更为根本。就像音乐的流淌,情感的体验,热量的散发一样,那种所谓捉摸不透的精神,其实就存在于生命时间的流淌之中,是确确切切、实实在在的。在我看来,倒是那些认为表面上无处不在的物质,从本质上讲才是飘忽不定的,是不确定的。我们的人生之所以常常感到不幸,就是因为我们忽略了精神及其作用的存在。因此可以这么说,精神及其作用,才是我们幸福人生的根基所在。

当然,确切存在的精神是很难用局限性的语言所能描述清楚的。所以在这部读物中,我们的主旨虽在精神,但更多的则是强调精神的作用,也就是人生的智慧。为了能够理解这两者之间的关系,以便更好地体会我们这部读物的主旨,读者可以将我们论述的精神看作是纯明之水。其中,水之质是精神本体(心性),水之明是精神本身的自明作用(所谓水流百步清,水的自净作用),也就是智慧。而水之明具有的彰显作用(水善利万物而不争),则是智慧之作用。于是水质纯明,智慧作用反映的就是纯明之效应,对于生活而言,就是仁爱之类正面情感的彰显。而纯明之水一旦被物质污染,虽然水之本性不会影响,但会影响智慧作用的功效,诸种纯明之善就得不到彰显,对于生活而言,折射出来的就是被物质污染的种种负面情欲。

这样一来,我们所讲的精神作用也就有了两种作用,前一种是精神的自明作用(智慧),后一种则是智慧的彰显作用。对于人类生活而言,后者智慧的彰显作用,其结果折射出来并付诸行动的就是充满仁爱的幸福生活。反过来讲,人若一生行善,杜绝不善之事,那么必然其精神纯明,生活幸福自在。

这部读物内容庞杂,涉及知识多源,思想体系复杂。我们希望读者先有上述这样一个简要的框架了然于心,以方便更好地通读全书,领会我们一以贯之的思想主旨。当然,如果读者并不关心形而上的思想讨论而只注重生活实用,那就不必通读全书,而是可以根据自己的喜好来做选择性阅读。此时作者给出的建议是,读者只需阅读第一章、第六章至第九章以及"答学生问"的内容,其对于改善人们的生活都必将有所裨益。

序　言

  在政治、经济和文化全球化的背景下，眼下中国社会正处于一个关键的转型期，精神生活的重要性日益凸显出来。越来越多的人，随着物质生活水平的不断提高，内在精神世界的疆域却正在日见枯萎，心灵得不到安宁，人生感到迷茫，他们渴望找回能够真正带来幸福感受的精神家园。在这样的境况下，作为一个有社会责任感的学者，无论如何也是不应该袖手旁观的。因此作者决定撰写这部读物并予以出版，希望能够为我们社会重建和谐的精神家园做出一份贡献。

作者识于厦门大学寓所
2016 年 7 月 31 日

第一章

引　论

> 虽天子必有师，然亦何常师之有？唯道所存，以天下之身，受天下之训，得天下之道，成天下之务，民不知其由也。其惟明主乎！
>
> ——（隋）王通《中说·问易》

诸位读者，我是属于那种"不务正业"的教授，喜欢在许多领域去猎奇并以能被称为"杂家"而窃以为喜，因此常常不求甚解而好为人师。当然，人的精力是有限的。圣人云："形而上者谓之道，形而下者谓之器。"又云："君子不器。"于是我的不务正业，也是有范围的，主要关注的是那些根本之"道"的科学与人文问题。久而久之，往往在人文与科学两者之间，"发现"有许多密切的关联之处，并非像以往许多学者认为的那样不太相关，性质迥异，可以"老死不相往来"的。事实上恰恰相反，基于众多深入的研究，就其根本而言，倒是应了这样一句老话，叫做"殊途同归"。因此为了读者对此立场有一个基本的了解，在这部读物的开头第一章中，我们首先就整部读物的根本宗旨、论述方式以及具体内容，作一些引导性概述。

传道解惑宗旨

首先我们看一下撰写这部读物的宗旨。众所周知，韩愈在《师说》开宗明义指出："古之学者必有师，师者，所以传道、授业、解惑也。"（韩愈，1986：42）也就是说，学习者是需要老师引导的，而作为老师，要切实做好引导，除了授业外，还需要传道和解惑的。但是就目前我们的大学教学而言，大多数教授主要都是讲授一些专业知识，往往比较忽视对学生进行传道和解惑。

因而在学生的道德情操养成，人格魅力塑造和思想境界提高方面，存在严重不足。

当然，对目前的大学教授而言，如果不仅要做好授业，而且还要传道和解惑，这样的要求确实比较严格点。但是我们必须清楚，正如1931年梅贻琦在清华大学校长就职演讲中所说的："所谓大学者，非所谓大楼之谓也，有大师之谓也。"我认为，只有大学里的教授具备全面的传道、授业和解惑的境界水平，才能真正实现大学培养优秀人才的根本宗旨。

记得1936年4月25日，当时就任浙江大学校长的竺可桢教授在一次讲话中就强调指出："教授是大学的灵魂，一个大学学风的优劣，全视教授人选为转移。假使大学里有许多教授，以研究学问为毕生事业，以教育后进为无上职责，自然会养成良好的学风，不断地培植出博学敦行的学者。有了博学的教授，不但是学校的佳誉，并且也是国家的光荣。而作为人才以为国用，流泽更是被于无穷。"

是的，我非常认同"教授是大学的灵魂"这样的观点。也就是说，一个大学最为核心的部分，就是拥有一支优秀的教授队伍。而所谓优秀的教授，也应该不仅仅是做研究，发论文，授知识，还应该成为一个博学敦行，思想深邃，富有爱心的人，要能够全面履行传道、授业、解惑的任务。也就是说，一名合格的大学教授，不但要钻研高深的学问，而且还需要积累渊博的知识，养成深邃的思想和拥有博大的情怀。这样方能弥补目前大学教育在这方面的不足。

因此我的这部读物就是希望对此现状能够有所改变，重点放在"传道解惑"之上。"传道"是讲述根本之道，"解惑"是释怀人生之惑，说到底就是"明道显性"的事，是转变思想境界的事。应该说，这也应该是大学教育最为核心的事。

当然，大学教育不仅仅要让学生"明道显性"，而且还要让学生用自己所明之"道"去教育感化民众，影响社会，让全体民众都能够"明道显性"。正如《礼记·学记》所言"人不学，不知道"，而学成之后，"夫然后足以化民易俗，

第一章 引 论

近者说服,而远者怀之。此大学之道也"。① 是的,大学文化应该是先进文化的代表,大学生理应拥有大学中最先进的文化思想,并努力去教化民众,影响社会,而不是相反,被社会的不良风气所影响。这就是大学之道的基本取向。

首先,要诸位读者认识到,我们中华文明自古以来都认为,对于幸福人生而言,明"道"是非常重要的。我们可以引用一些古代先哲的话来加以佐证,比如在《论语·里仁》中孔子说:"朝闻道,夕死可矣。"就是说,如果你早上闻道了,哪怕晚上就死了,此生也就没有什么遗憾的了。可见闻道是多么重要!

孔子的孙子叫孔伋,字子思,在《礼记·中庸》中说:"道也者,不可须臾离也,可离非道也。"就是说"道"片刻不可离的,是一生都伴随你的,你生活中每时每刻都离不开道,如果能离开就不叫道了。强调的就是,道会自始至终伴随你的一生的。不仅如此,道也是无处不在的,《庄子·知北游》中有东郭子问于庄子曰:"所谓道,恶乎在?"庄子曰:"无所不在。"

那么到底什么是"道"呢?《老子·第六十二章》指出:"道者万物之奥。"意思是说,道是一切事物的根本,是一切事物最奥妙,最根本的东西。自然这根本之道,也是人类本性显现的本原,所以《礼记·中庸》开宗明义指出"天命之谓性",只是我们"百姓日用而不知"(《周易·系辞上》)而已。

从上述这些先哲的语录中,你不难明白"明道显性"是多么重要,所以我们这部读物就是要来讲明道显性的。当然,道是非常重要的,但是正如《周易·系辞上》进一步指出的"君子之道鲜矣",你要把握住"道"又是非常难的。隋朝王通在《中说·问易》指出的:"人心惟危,道心惟微,言道之难进也。"(王通,1989:22)这也说明要做到"明道显性"可不是一件轻而易举的事情。对此,我们历代哲人也有不少深刻的认识。

比如《老子》开篇就讲:"道,可道,非常道。名,可名,非常名。"强调"言语道断",也就是说,根本之道是不可言说的。这里不是要故弄玄虚,所谓

---

① 书中频繁引用的先秦经典《周易》、《礼记》、《论语》、《孟子》、《庄子》和《老子》,因为版本众多,只注明篇目,不详细给出具体版本及页码。本书中这些经典所依据版本,见书后所列参考文献。

"道",既是指对宇宙万物的终极体悟,又是指言说本身,有点像西方人讲的那个逻各斯(logos)。因为是终极体悟,自然是不可言表的,否则就不是终极的了。你一说话道就没了,道是不能言说的,你说出来的肯定不是道。尽管我现在就在讨论道,但是这讨论的话语却并不是道。原因很简单,如果这讨论的话语就是道的话,那岂不要明白"道"也就太简单了,变成了记住几句话语了,那不就人人都能够毫不费力地明道了吗?

正因为这样,不是每个人都能轻易明道的,所以道也不是随便逢人就可以传授的。这是因为一方面不是所有的人都会自觉认识到道的重要性,另一方面也不是所有的人都有悟道必备的资质。所以自古以来,先哲对传道的要求都是比较高的。比如孔子在《论语·雍也》中就明确说:"中人以上,可以语上也;中人以下,不可以语上也。"这个"上"就是"形而上"之"道"。因此对于根器尚浅的人,不能给他讲"道",讲了他也不感兴趣。也就是说,你不能对牛弹琴,你要对一些中等水平以上的人、有一定根器的人传道,这才是合理的。

关于这一点,《老子》一书中说得更加明白,《老子·第四十一章》指出:"上士闻道,勤而行之;中士闻道,若存若亡;下士闻道,大笑之。不笑不足以为道。"这里就有一个不同程度水平的人,对待"道"的不同态度问题。换一个角度来看,这也说明一个道理,就是传道不要乱传,只有对以上中人才能传道。因为中人以下的人,往往只关心生活中"形而下"之"器",根本不相信有什么"形而上"之"道",他会误以为你是在胡说八道。因为思想境界低、根器水平浅的人,压根儿意识不到有什么"道",所以我们只能同"中人以上"的人,来传道讲道。

还有,由于"道"不可思议的特殊性,传道有没有到位,不仅仅是老师传授的事情,也是学习者自身体悟的事情。比如《五灯会元·百丈怀海禅师》就强调:"见与师齐,减师半德。见过于师,方堪传授。"(普济,1984:132)这才是传道要求的最高境界。也就是说,如果我在这里讲了一通所谓的道,讲完以后,听读的人跟我讲的见识是一样的,所谓一般见识,那我这个传道就没有意义了。只有听读者听读完以后,他们的境界超过了我这个讲述者,这样才算是真正传道了。因此从这个角度讲,阅读这部读物,对读者的要求也是非常高的。

第一章 引　论

如果就一般对被传授者的具体要求而言，在《孟子·尽心上》中给出的五点条件比较全面。孟子说："君子之所以教者五，有如时雨化之者，有成德者，有达财者，有答问者，有私淑艾者。此五者，君子所以教也。"意思是说，君子可以教授的人大致分为如下五种情况。第一是"有如时雨化之者"，就是有一类求教者，自己已经积累得差不多了，只要点拨一下，就可以通透了，属于万事皆备只欠东风那种。第二是"有成德者"，是说这个求教者，德行非常好，是个有道德修养的人，自然应该给予教授。第三"有达财者"，这里"财"字，古代通才智的"才"，是指有一技之长者，就是说具备某种特殊才能的人，也应该给予教授。第四是"有答问者"，指有主动来请教的人，也应该给予教授。第五就是"有私淑艾者"，是指有这样的求教者，他不一定要去弘扬所传之道，只是希望通过学习能够达到更高境界而独善其身，过好自己的幸福生活，像这样的人，也应该给予教授。

我相信，能够愿意阅读这部读物的读者，起码满足此五者之一的要求的。特别是，接受大学教育的人，绝对都是中人以上的，跟这样的读者传道解惑是没问题的。希望读者通过阅读这部读物，加上生活上的历练修为，忽然有一天能够"明道显性"，这样我撰写这部读物就有意义了。当然，因为涉及"明道显性"的大问题，这也意味着，要完全读懂这部读物也不是轻而易举的事情。

所以读者也必须要注意，既然是要"明道显性"，而"道"又是这么不可思议的难明之物，因此如果在整个阅读过程中，读者发现被很多论述弄得个稀里糊涂，没有读明白，这是比较正常的。其实读者必须明白，越是读不懂的书，就越有读的必要，读懂之后受益也就越大。难读之书往往更加有助于思想境界的提升，人人都能轻易明晓的读物，读得即使再多，对于思想境界的提升，多半全无效益。因此对待这部读物，要想从中有所收获，读者必须自始至终都应该积极地投入精力，专心致志，心无旁骛地去阅读，争取通过用心阅读这部读物，真正能够领悟到所传之道，明道显性。

既然向诸位读者传道没有问题，那么传道的具体内容又是什么呢？我相信，诸位读者肯定希望传授能够赢得幸福生活的根本之道了！按照中华传统文明的道统，这样的根本之道，那就是圣学之道了。那么什么叫圣学之道呢？所谓圣学之道，是指直接基于先圣孔子的思想为核心，又经先秦历代

明道显性：沟通文理讲记

优秀思想家不断丰富完善而形成的学说思想体系。这一学说思想体系，在后来不断的发展过程中，又不断吸取了道家和禅家的一些合理思想，特别是在天道学说和心法学说方面的有益内容，终于成为中华文化思想体系中最为优秀、最为普适和最具活力的核心主导部分。

圣学思想自然肇始于孔子。在中国文化历史中，孔子是第一位最杰出的思想家，也是首位自由思想探索之先圣。孔子对中华文明发展的贡献都是开启源头性的，大致归纳有三个方面奠基性的贡献。第一，孔子首次系统整理在他那个时代之前的文献典章，形成后来称为六经的核心经典文献。第二，在东周官学下移的过程中，孔子是中国历史上打破贵族教育的第一人，创办私塾教育并培养了一大批具有自由思想精神的人才。第三，孔子建立了中国历史上第一个思想学派儒家。正是在孔子及其后继者的不断努力下，中华圣学得以在先秦就形成了比较系统的学说体系。

那么先秦的圣学学说体系具体包括哪些内容呢？如果从构成圣学学说体系的典籍入手，那么先秦与圣学之道有关系的是在反映孔子思想的典籍之中。首先，孔子述而不作，亲自编修了《诗》、《书》、《礼》、《乐》、《易》和《春秋》，史称六经。然后孔子的再传弟子将孔子与其弟子的部分言行加以编录，形成了一部叫《论语》的书。

接下来，随着岁月推移，孔子的学说思想在后来的流布中，分别在三个发展方面得到不同程度的丰富完善。

第一个丰富发展的方面是关于内心存养方法。子思，将孔子有关中庸的思想加以发扬光大，撰写了一部叫《中庸》的典籍。就是侧重于内心存养的心法的，被后人称为孔门心法。

第二个丰富发展的方面是关于遵循天道认识，主要是战国中后期一些儒家学者，根据《周易》，特别是在孔子"观其德义"形成的思想指导上，关注世界万物的根本法则，并用于指导人生的原则，陆续形成了一部文集，叫《易传》。

第三个丰富发展的方面就是，先秦另一位思想家孟子，直接继承孔子和子思的道统，发展了孔子仁爱思想，提出仁政思想的治国理念，重民轻君，关注百姓安居乐业，写就《孟子》一书。

这样一来，圣学之道到了战国后期，就形成了比较系统的学说体系，包

第一章 引　论

括有机统一的三个方面的内容,即一个叫知天道,以《易传》为核心;一个叫致中和,以《中庸》为核心;一个叫躬亲民,以《孟子》为核心。

在春秋战国末期,孟子有个学生叫乐正克,他把这些圣学不同内容作了有机的综合论述,对圣学思想进行了归纳总结,形成了一篇反映圣学之旨的纲要性文献,这就是《礼记》中的《大学》篇。至此,初步形成了先秦圣学思想体系,我们称之为圣学之草创,所形成的著述体系就是被历朝历代奉为必读经典的四书五经。

当然,除了上述以儒家为主的圣学思想之外,对后来宋明圣学中兴有重要影响的还有形成道家流派的老庄之道。在先秦,老庄之道的思想主要体现在《老子》和《庄子》这两部书籍之中。应该指出,老庄的思想与圣学之道是有密切关系的,主要理由如下。

(一)事实上,宋明的道学、理学和心学,吸收了老庄之道的思想,使得老庄的合理思想部分,成为圣学内容的有机组成部分。

(二)《老子》和《庄子》部分内容也是讲圣人之道的,特别是庄子承袭的道统,就是源自于孔子之后的颜氏之儒。庄子的心法思想直接来自于孔子到颜回的传统。

(三)孔孟之道与老庄之道,构成了中华文明核心思想体系互补性的两极,就像太极之阴阳,相互依存,缺一不可。

鉴于上述原因,讲述先秦圣学之道,也必须对老庄之道有关圣学相关的思想,作必要的论述。老庄思想对后来圣学体系产生影响的主要有这样两个方面:一个是知天道方面,对于宇宙万事万物的根本法则认识得非常深刻;第二个就是致中和方面,特别是庄子形成的一种逍遥心法,包括心斋、坐忘和朝彻,也非常重要。

这样一来,我们就把老庄之道与孔孟之道二者叠加起来,有机地加以统一,就构成了我们所要讲述的圣学之道。

遗憾的是,先秦之后,中华圣学思想体系的核心内容基本上没有实质性的变化,圣学之道基本上中断了一千余年,直到有宋,才重新得以中兴。晚清学者贺瑞麟在《周子全书序》中说:"孔孟而后,千有余年,圣人之道不传。道非不传也,以无传道之人耳。汉四百年得一董子,唐三百年得一韩子,皆不足与传斯道。至宋周子出,而始续其统,后世无异词焉。顾当时知其人、

知其学者实罕,惟程大中知之,使二程受学。"(周敦颐,1937)

注意,董子是指董仲舒,韩子是指韩愈,他们虽然对儒学思想的发展都有贡献,但就圣学之道而言,却未能加以传承。只有到了宋代出了周敦颐,就是写《爱莲说》的那位大思想家,才把圣学之道这个道统继承下来。而且对于周敦颐传承圣学之道这个事实,后世都没有异议,是大家公认的。南宋理学集大成者朱熹,在给理学鼻祖周敦颐(濂溪先生)作传时就说:"道之不存久也,然先生重振之也。"

不过在当时,周敦颐并没有什么名气,做官也就做到知县这样的小官,幸亏有一个叫程大中的人很有眼光,他把两个儿子都送去跟周敦颐学习。这两个儿子就是后来开创程朱理学的二程,一个叫程颢(明道先生),一个叫程颐(伊川先生)。结果他们兄弟俩,继承周敦颐的道统,将圣学之道传承下来了。

当然,贺瑞麟这个说法有些绝对,从圣学思想发展的实际情况看,这所谓间隔的千余年间,历代思想家并非一点作为贡献也没有。比如在汉魏时期,像严遵(著有《老子指归》)、王充(著有《论衡》)、扬雄(著有《太玄》)、王弼(著有《周易注》、《老子注》)、郭象(著有《庄子注》)、僧肇(著有《肇论》)等思想家,在天道认识方面都有所建树,对天道有新的深化认识。而在隋唐时期,又有慧能(著有《坛经》)、司马承祯(著有《坐忘论》)和李翱(著有《复性书》)等,特别是禅宗的建立,在心法创造性革新发展方面,有划时代的重大贡献。宋代圣学之道之所以能够重振,并得以全面中兴,也是吸收了汉魏、隋唐可供吸收的全新思想内容,然后在北宋五子周敦颐、张载、邵雍、程颢、程颐的共同努力下,才得以实现的。

圣学到了南宋,又有朱熹、陆九渊等人的继续发扬传承,分别形成理学与心学两个思想体系。特别是心学,经过明代王阳明的系统发展,形成阳明心学体系,树立了圣学体系的最后一座丰碑。遗憾的是,明清之后,虽有顾炎武、王船山、颜习斋等人提出实学的纠偏努力,但圣学之道再次中断而湮灭无闻。

纵观圣学这一中华文明核心思想体系的发展历程,我们不难发现,作为中华文明的核心思想体系,圣学的兴衰有一个明显的事实,就是圣学中兴发达关键在格物致知的中兴发达。宋明圣学中兴之所以肇始于濂溪先生,主

第一章 引 论

要就在于他在前人研究的基础上,撰写了《太极图说》和《通书》,建立了儒家的本体哲学,重新构建了解释能力更加完善的天道学说。但最近300年来,随着西学东渐,以圣学为核心的中华传统文化,渐渐失去了耀眼的光辉。个中原因,也就因为格物致知(科学)的落伍。于是中华圣学也开始衰败,以至于现在很少有人明晓圣学之道。

但是我们必须看到,中华圣学精神更多反映的就是在具体生活的人文关怀之中,反映在对美好生活的追求之中,反映在天道体验的终极感悟之中,反映在艺术境界的内在灵性之中。而这些,正是现代科学所缺乏的,所无法涉足的,也是根本上无法解决的问题。因此在当今科学昌明的时代,我们如何重新去发扬光大圣学的思想,就成为我们每一个有责任的学者的神圣任务。

当然,中国传统文化也有糟粕的东西,所以说我们要以当代科学思想、方法和成就为参照,再注圣学经典,去其糟粕,存其精华,并加以发扬光大,重振中华文明的核心思想,用圣学智慧去指导当代人们的幸福生活。

沟通文理途径

重振中华圣学,既然是在当代科学昌明的角度上去开展,就不能简单地把古代圣学的内容原封不动地拿来复述一遍,如果这样话,那么意义就不大了。因此我们这部读物要讲述圣学之道,采用的方法就是所谓"沟通文理"的途径,是要把圣学文化思想与科学文化思想融为一体,来丰富完善圣学之道,更好地明道显性,弘扬中华圣学精神。

当然这很难,因为历史上,人文与科学这两种文化似乎向来是水火不相容的。实际上,1959年,英国有一位科学家名叫C.P.斯诺的人,就写有一部名为《两种文化》的书。1994年,该书已由三联书店译成中文出版。这位斯诺是物理学博士,但他在从事科学研究工作的同时,又经常泡在文人作家的圈子里。久而久之,他发现在科学家与人文作家之间,似乎存在着两种截然不同的文化价值取向,并互相轻视对立。从事人文的作家不能理解科学家的工作,反之从事科学工作的人们则把人文方面的工作看得很轻浅。这样无形中就形成了两种文化,一种代表着传统的人文文化,一种代表着新生的科学文化。

其实时至今日,你在大学的校园里依然可以看到这种文理之间的学者、学生难以沟通的局面。一些学理工的人没有读过《红楼梦》《神曲》《论语》的比比皆是,同样那些学人文的不知道哥德尔、玻尔和克里克的也大有人在。学理科的不但不理解学文科的,甚至瞧不起学文科的。反之学文科的则不理解学理科的,甚至也同样瞧不起学理科的。一个中文系的学生问起一个物理系的学生,发现他居然连《红楼梦》也没有读过,真是太没文化了!同样一个生物系的学生问起一个英语系的学生,也发现她居然连达尔文是谁都不知道,简直是愚昧!这两种文化之间似乎存在着一种不可逾越的鸿沟!

现在好了,时隔三十多年,随着科学研究的不断发展,随着人们对科学成就内涵的不断挖掘,这两种文化开始相互交融,并终于孕育出了一种代表新文化的知识分子,这就是所谓的第三种文化的知识分子,他们代表着人文与科学走向交汇的新时代。1995年,美国作家约翰·布罗克曼出版了一部就叫《第三种文化》的书,于是我们有了三种文化。

首先是第一种文化,历史悠久的传统人文文化,无论是东方还是西方,其对人们生活的各个方面的影响都是无处不在的和极其深远的。

所谓"人文",就是指人本身的种种现象。如果说"理"是强调事物内在规律,那么"文"就是强调事物外在现象,当然透过现象也能洞悉本质。于是文理对于宇宙万物的根本体察,往往会得到殊途同归的结果。

就拿中国的人文文化来说,起码有五千年的历史。中国的传统文化,是以人文为核心的,强调的就是人本的思想。孔子、墨子、孟子、庄子、荀子等先哲给我们留下丰富的人文思想财富。后来再经发展以及对外来文化的吸收,就有了三教九流之分。三教是指儒、道、释,九流则指儒、道、墨、兵、农、杂、名、纵横、法(有不同的分法,这只是其中的一种说法)。其实中国的传统人文思想流派,何止这三教九流!泱泱之观,实不可胜数矣。

西方也一样,自古希腊起,一直到上世纪末,连绵三千年,同样产生了辉煌灿烂的人文文化,像赫拉克里特、泰勒斯、苏格拉底、柏拉图、亚里士多德及其后来者,形成了丰富多彩的哲学、宗教、艺术,等等。当然,其他任何一个民族的历史,都一样有着自己的传统人文文化。

第一章 引　论

总之,我们可以这么说,人们所生活的世界,首先就是根植于传统的人文文化之中的,即使后来发展起来的科学文化也概不例外。

第二种文化指现代科学技术及其文化影响,这是西方占优势的一种新兴文化。科学,一般是指运用观察、实验、分析等实证的手段来获取理解自然系统知识的一种活动。简单地说,就是中华圣学所指的那种"格物致知"活动。因此,西方科学早先传入中国时,就称"Science"为"格物学"(有时也单指物理学)。

诚然,就中国本土而言,只有在中国古代墨家学说中稍具科学思想。可惜后来埋没于秦始皇的焚书与汉武帝的独尊儒术之中,直到有清以后,人们从废书堆里发现《墨子》一书,才重新为人们所认识。

现在中国的科学主要源于西方,因此与本土文化一直有一种说不清、道不明的"隔阂"。所以从骨子里面,中国人是缺乏科学精神的,尽管科技事业日趋发达。导致这种现状的原因是多方面的,但其中一个非常重要的原因则是东西方思维方式的根本不同。

有意思的是,随着西方十七世纪以来科学的迅速崛起,特别是二十世纪的快速发展,科学以其辉煌的成就征服了现代社会。科学成为整个世界的主流文化,受到绝大多数人们的信任和尊重,甚至迷信。正如查尔默斯指出的:"在现代,科学受到高度尊重。显然,广泛持有的一种信念是科学及其方法有些特别。"(查尔默斯,2002:1)这里"特别"是指"优越性"。因此在日常生活中,甚至连广告也经常利用科学这种"优越性"的影响。

在人们的交谈中,如果有人指出你所说的不科学,那就等于说你是错误的。在生活中,科学已经成为真理的代名词。学术界也不例外,什么学科都喜欢冠以科学的名称,以示合法,甚至有了"人文科学"、"艺术科学"等这样不伦不类的称谓。这种现象我们称为科学的泛化。"对科学的高度尊重似乎是一种现代宗教,扮演着与早期欧洲基督教一样的角色。"(查尔默斯,2002:6)其实科学的宗教性泛化,这对科学本身的发展并不见得是一件好事。

科学泛化的根源当然在于科学本身有着一套独特的(优越的)研究探索方法,这种方法在物理学中取得无可争议的成功,因此便迅速被推广到其他领域。科学的这种特别方法,其实说起来也很简单,就是它的一切结论是从事实中推导出来,而不是根据个人的主观意见得出的,因此经得起实践的检验。问题在于,如果有一位爱好追究的哲学家来审视这样的方法,一定会提出这样的问题,即"事实"又是如何认定的呢？显然这还是离不开主观观测、选择和理解！于是离开了人文思想成果,科学依然找不到坚实的根基。

现在需要引入第三种文化了。正像我们上文已经指出的,第三种文化跨越两种文化的鸿沟,是指具有人文精神的科学家,从已有科学成就来阐述和探讨原本属于传统人文学者传承和探讨的根本问题,当然也包括科学合理性本身的根本问题。美国计算机科学家希勒斯(W. D. Hillis)曾指出："正在浮现的第三种文化的科学家代表不是典型的科学家,而是那些在某种程度上涉猎领域更广泛的人,他们发现自己正在研究的问题并不符合本专业的课题结构。"(布罗克曼,2003:11)

应该说,到了21世纪初,我们的科学家和哲学家,以及部分思想先进的人文学者,发现人文与科学这两种文化并不是绝对对立,尤其是随着我们科学的不断发展,完全可以把这两种文化融合起来,这就叫第三种文化。第三种文化所关注的是,怎么用现代的科学成果、思想和方法,去思考原本属于人文领域的一些关键问题。

美国科普记者约翰·布罗克曼在《第三种文化》一书中指出："有一套新的隐喻,可以用来描述我们自己,我们的心智、宇宙,以及所有我们知道的事情。正是拥有这些新思想和新图景的知识分子,这些正在做研究,创作自己的著作的科学家们,把握着我们的时代的方向。"(布罗克曼,2003:5)也就是说,第三种文化代表着我们这个时代的发展方向。它是要把科学和人文融为一体,形成一套一致性的,能够解释我们的宇宙,解释我们的人性,解释我们的心智,解释我们的生命以及解释我们的生活的这么一种全新观念的思潮,也是未来人文研究的发展方向。

过去,在西方文艺复兴之后,由于采用实验方法研究自然,人文(人文哲学)和科学(自然哲学)分道扬镳了。现在的情形又有所不同,随着量子论、混沌学与元数学等新兴基础科学理论的深入发展,人们又促使科学与哲学走到了一起。并且宗教和哲学对于科学,也有了意义。

英国科学家格里宾甚至发出这样的感叹："是科学变成了哲学,还是哲学变成了科学？无论你如何看待,可以肯定的是,这二者之间的界线已经变

第一章 引　论

得模糊,变得远不如今天大多数科学家和哲学家自己所认为的那样实在。"(格里宾,2000:1)

应该说,20世纪的科学,特别是以元数学(包括哥德尔定理)、量子论(拓展到量子场论)、相对论(囊括广义相对论)、进化论(发展为群体遗传进化论)、混沌学(可以拓展到整个非线性科学)、脑科学(广义上包括神经科学、心理科学和智能科学)等为代表的科学成就,不但彻底改变了我们对自然的原有认识,而且同样也彻底改变了我们对人文的原有认识。我们完全可以站在科学成就的角度上,来重新审视原来属于人文学科研究的古老问题,并给出更加清晰的回答。

当然,讲到这里,也许有人会问,既然都可以用科学思想与方法来开展这项工作,那么还要人文干什么？为什么还要提把人文和科学综合起来？其实开展第三种文化的建设,光靠科学是不够的。因为在今天已经发现科学也是有局限性的,光靠科学是不可能解决所有问题的。特别是科学及其方法本身所暴露出来的局限性,已经使科学家们清醒地认识到,要对宇宙万事万物给出圆满的解答,单单依靠科学本身是远远不够的。

事实上,作为科学基础的理性,其最大胜利就是发现理性的局限性。因此科学根本无法担当解释一切事物的重任,起码科学对于我们精神生活就毫无办法可施。我们必须要把科学与人文融合起来,才能够把握我们的时代,把握我们的人生。因此要构建解释宇宙一切现象的法则,并用于指导幸福的人生,人文与科学缺一不可。

所以说,我们一定要认识到科学是有局限性的,科学方法也不是万能的。科学虽然在某些方面有它的独特性,有其优势,但是如果涉及我们的精神生活,那么科学就一筹莫展了。比如美国的一位科学家克拉默就说过："生活应当回到基本的价值观和人类的尺度中去,我们的社会正日益遭受精神空虚之苦。"(克拉默,2000:105)因此我们也需要从博大精深的中华圣学之道中汲取营养,以弥补科学之短。我估计各位读者在生活中也经常会感到精神空虚之苦,这就需要我们重新要把中华圣学之道找回来,重新振奋人们的精神,让生命意义得以充实起来。

比如对生命意义的理解而言,我们已经明白"要想观照生命,看到生命的整体,我们不但需要科学,而且需要伦理学、艺术和哲学。我们需要领悟一个神圣的奥妙,我们需要有同神灵一脉相通的感觉,而这就构成宗教的根本基础。"(丹皮尔,1995:21)说这个话的就是著名的科学史哲学家丹皮尔,这段话说得非常好。之所以我们世界上像宗教、哲学、艺术等这些人文思想传统一直延绵不绝,就是因为这样的传统人文思想,正好弥补了科学的不足,同时也会让人感觉到精神上的充实。

比如就生命的意义而言,光靠科学是无法给出终极的解释的。作为生物学家的克拉默就明确指出:"我们感到,即使所有的科学问题都被我们回答了,那些关于我们生命的问题仍旧未被论及。"(克拉默,2000:155)因此体悟生命的意义,光靠科学是不行的,我们必须要重新找回中华传统的圣学之道。

科学之所以无法给出生命意义的终极解释,这跟科学研究方法的限度有关。我们知道,科学研究要求一致性,因此就难以企及完备性的无度之物,比如生命的意义,万物的法则,人性的本原等,都是无度之物,难以用一致性的科学加以描述。而圣学之道是靠心法体悟来到达完备性的境界,超越科学一致性的约束,因此可以把握根本终极的无度之物。实际上,我们可以从逻辑严密的定理去证明这一点,一致性的科学为什么达不到完备性,这就是哥德尔定理所要告诉我们的结论。

比如就科学求"真",宗教求"善",艺术求"美"这三个终极境界而言,科学求"真"就是有局限性,这个局限性在于"真"有一个无法回避的问题,那就是一致性。你要求真,首先前提要满足一致性,不能有自相矛盾,自相矛盾的东西不可能真。可是追求一致性的时候,当描述的范围足够复杂的时候,那么所能构建的科学描述系统一定是不完备的。但宗教追求的"善"和艺术追求的"美"就不一样,善和美追求的是完备性,所谓"完美"和"至善"。因此描述"善"和"美"的人文系统必定会遭遇到不一致性,这样就难以为科学描述所企及。

从这一点也可以看出,"真"不是最根本的,而"美"和"善"才是终极的东西。"天地有大美而不言"、"不善不恶为至善",它们的本质是一样的,就是天地万物的根本。因此"真"、"善"、"美"的统一,不可能统一到"真"上面,真正要统一,就只能统一到"美"和"善"。除非你把这个"真",看作是终极的"真性",比如看作佛家的那个"真如",超越那个一致性。否则,如果你要强

第一章 引 论

调科学的一致性,那么对不起,这个一致性的"真"永远成不了根本。

其实在我们的语言使用上,就可以看出"真"、"善"、"美"这三个字的组合是不对等的,我们可以说"真善"、"真美",但却不能说"美真"、"善真",也就是说"真"可以作为"善"和"美"的修饰词,但"美"和"善"却不能作为"真"的修饰词。这就说明"美"和"善"是更根本的概念,而"真"却可以作为一个修饰词来使用,不是最根本的概念。

就此而言,追求"真"的科学,如果要涉及"美"与"善"这些更为根本的问题,就不得不需要回归到人文思想中来。其实目前西方科学发展开始回归到东方圣学思想之中,这不仅是一种必然的趋势,而且也已经是一个不争的事实。

西方的很多科学家到晚年,都开始崇尚东方的思想,原因就在这里。因为他们发现,光靠科学是不够的。就目前的科学走向,也确实如此,比如说我曾经在《禅悟的实证》第一章里就说过这么一段话:"逻辑学陷入了'悖论',动力学走进了'混沌',天文学掉落到'黑洞',物理学掺杂进'精神',生物学涌动着'分形',数学失去了'确定',而脑科学还没有展开就已迷失在'意识'的海洋。"(周昌乐,2006:13)可见科学的主要学科,随着发展成熟,都走到"知止其所不能知"的境地。

也就是说,所有的学科不约而同地都发展到一个不可致诘的地步,再没有前进的余地了。特别是逻辑遭遇到了悖论的话,逻辑一致性就失效了,而逻辑又是一切科学思维的基础,所以说这些科学学科都走进了"知止其所不能知"的境地,也是逻辑的必然。

什么叫"知止其所不能知",就是中国古代的圣贤认为的,达到知止的境地!所谓"知止",就是指达到认识能力的极限。而这些科学分支学科现在恰恰都走进了这样的知止境况,明显接近了中华圣学所深刻洞察的根本之道。此时,非中华圣学心法不能解其惑,所以必须要用中华圣学来弥补科学的不足。

是的,"如果科学不能适应周遭的文化环境,人们就抛弃科学,他们从不会抛掉他们的文化背景。"(布罗克曼,2003:124)这时,我们更需要第三种文化的科学人文化精神,这也就构成了我们"沟通文理"讲述途径的指导思想。

我们知道,大众理解科学(甚至包括不少科学家们)往往只是看重科学的物质成就,而鲜有思考科学的内在精神,他们不太能够看到科学理论所包含的人文诉求,也看不到科学方法本身的人文困境。我们发现,在第三种文化中,或者说在科学走进人文的进程中,无论是对科学本身的反思,还是对人文精神的彰显,都有一条贯穿始终的主线,那就是西方的科学精神正在朝着东方的人文思想回归。

不可否认,科学研究似乎是沿着这样两条很难沟通的路线在演进,一条是热力学、化学和生物学,另一条则是力学、物理学和天文学。它们都试图解释宇宙所发生的一切。前者是贴近生活的,是中观尺度的;后者则是偏离我们感性直觉,是微观和宏观尺度的。现在这两条路线,正在融合,大有殊途同归的趋势。"此外,科学自身在发展的过程中,也在不断地给自己的力量套上枷锁。爱因斯坦的狭义相对论,把物质运动甚至信息传递的速度限制在光速范围内。量子力学宣告我们关于微观世界的知识总是不确定的,混沌理论进一步证明,即使不存在量子不确定性,许多现象仍然不可能预测。哥德尔不完备性定理消除了我们对实在建构一个完备、一致的数学描述系统的可能性。同时进化生物学在不断地提醒我们,人是动物,自然选择设计出人来,不是为了让人们去揭示自然之深刻真理,而是让人们繁衍后代。"(霍根,1997:8)于是在这融合之中,在难以摆脱自身的枷锁中,中华圣学思想中的互补性、和合性、整体性、化生性、顿悟性、空无性、自主性,等等,必然就成为科学走出自身困境所必需仰仗的思想武器。

回归中华圣学思想的西方科学发展趋向已经成为普遍的现象。无论是在传统的物理学,如量子论和相对论,乃至超弦学说、黑洞理论,还是在新兴的非线性科学,如分形几何学、混沌理论、协调学、突变论、自组织理论等,以及在西方科学的理性基础——逻辑学方向,如哥德尔定理、弗协调逻辑、直觉主义逻辑等,甚至在生命科学和心脑科学中,都明显走到了中华圣学所深刻洞悉的根本之道中。

举个例子,曾经获得诺贝尔物理学奖的日本物理学家汤川秀树,1968年写有一篇题为《老年期思想的现代性》的短文,其中写道:"在我一生的某个阶段,我曾离开老子和庄子的世界而转入物理学的世界,但是自从我进入中年时期以来,老庄思想已经毫不含糊地又在我的心中获得了新的生命。总之,古中国通过各种方式而在我心中占有地位。尽管这显得和我是一个

第一章 引论

科学家这一事实相矛盾,但是这反而足以给作为科学家的我以某种个性。……但是自从我的六十岁生日以来,我所最感亲切的却是古中国那些古老的、成熟的想法。与此同时,那些想法在我今天看来也是异常现代化的。"(汤川秀树,1987:75-76)

其实像这样的感悟,不仅仅体现在东方的科学家当中,即是西方的科学家,也同样会有这样的感悟。正如董光璧教授指出的那样:"同样的,我们也可以在海森伯、薛定鄂等许多知名物理学家身上,看到这种晚年归复东方哲学的倾向。"(董光璧,1991:44)

正因为这样,就像我们前面所提到的,靠科学方法手段是不可能解决"美"和"善"问题的,所以传统的人文文化不可能完全归结为科学问题。但是科学有它的优点,科学的结论是有一致性的,比如它今天说太阳从东边出来,它不会明天说从西边出来。但美与善是没有客观标准的,一幅画给十个人看,有的人说太美了,有的人说不美,没一致性的标准。善也一样,没有一致性的客观标准,真正的善与动机有关系。比如一个人做了一件好事,光靠外在表现,是难以知道判断内在的善良动机的,而善良与否要看内心的动机,而不在于外在的表现。

科学要求一致性,但是要求一致性的东西一定达不到完备性。美和善,我们经常说至善、至美、完善、完美,也就是说,它们是追求完备性的,但追求完备性的结果在逻辑上就必定是不一致。所以说,人文与科学是两种具有根本不同优势的文化,不可互为替代,但可互为补充,相辅相成。对于科学而言,其优势除了拥有系统的科学方法,最值得称道的就是拥有科学的批判精神。特别是科学敢于自我否定,否定之前的结论,建立新的结论,从而推动科学不断进步,比如量子力学扬弃并替代牛顿力学,就是一个例证。而对于人文而言,其优势就是着重关怀人类的精神生活,超越科学一致性的局限,为人们的心灵提供安息之处。凡是一切无度之物,如终极之道、生命价值、精神本性、体验意识、生活意义之类,唯有依靠人文的叙述方式,才能给出最后令人信服的终极阐释,尽管这种解释往往毫无逻辑性可言。

所以说科学有科学的优势,人文有人文的优势,如果能把两者结合起来,你才能解决以前人类一直没法解决的问题。这就是"沟通文理"所要起到的作用。科学不是要替代人文,而是要帮助人文学科澄清更多的问题,看到人文领域中更本质的现象。所以我们这部读物会运用大量当代科学的思想,科学的方法,科学的成果来重新看待人文学科中的一些关键问题,对其重新审视,以期获得新的见解。

必须看到,科学经过这几百年的努力,已经使我们对天道的一些根本规律,比如物质、宇宙、生命和心智,都有全新的认识。而这些全新认识所获得的结果,传统中华圣学是绝对做不到的事情,尽管对于体悟天道,圣学较之科学具有绝对的优越性。所以讲述宇宙万物根本之道并用以指导人们幸福生活的最好方法,就是把科学与圣学两者有机地融合起来。

其实美国文化科学学者怀特早就看到:"处理经验有两种方式,其中主要的方式是科学,另一种方式是艺术。……科学和艺术的目的是同一的,使经验变得易于理解,即帮助人们适应他们的外部环境,以便使他们能够生存下去。……科学根据普遍性来处理特殊性。……艺术根据特殊性来处理普遍性。……艺术和科学各以自己的方式,掌握同一个经验或实在,两极相通,相反相成。"(怀特,1988:3)

因此要正确理解、把握我们全部宇宙与生活及其涉及的问题,单单依靠科学是不够的。我们需要将人文与科学融会一起,需要将西方科学思想与东方人文精神相互结合,一道去把握我们自身以及所处的这个世界。

我们都知道,如果要追求真善美的生活,光靠求真的西方科学是不够的,我们还需要有大美、有至善的东方圣学。比如美国科学史家萨顿就指出:"东方和西方,谁说这两者将永不相遇?它们相遇在每一位伟大的艺术家的心灵中,这些艺术家不仅仅是艺术家,他们的热爱并不限于美;它们相遇在每一位伟大的科学家的心灵中,这些科学家已经意识到,真理不论多么宝贵,它并不是生活的全部,而必须用美和仁爱使生活完美。"(萨顿,1989:88)

其实中华文明与西方文明具有明显的互补性,这个互补性最早就体现在传统思维方式的差异之上。关于这一点,其实早在中国东晋时期,谢灵运就已经认识到这种差异:"华民易于见理,难于受教,故闭其累学,而开其一极。夷人易于受教,难于见理,故闭其顿了,而开其渐悟。"(季羡林,2007:140)

文中的"理"是指"天道之理",谢灵运是说夷人善于做研究,善于做分

第一章 引 论

析,可是他永远无法悟道,而华人不善于做这些具体的分析研究,可是却善于开其一极而顿悟。当然这里的"夷人",并非一定是指西方人,但从中看到华人与非华人之间的思维差异还是可取的。关于这一认识,《含光传》也有提到:"秦人好略,验其言少而解多也。……天竺好繁,证其言重而后悟也。由是观之,西域之人利在乎念性,东人利在乎解性也。"(季羡林,2007:147)念性,乃记忆之能,传承之能,"如是我闻"之类,可见一斑。

因此中国人的思维方式强调一个"悟"字,擅长的是体悟思维、感性认识与经验之谈,而外国人的思维方式强调一个"格"字,擅长的是分析思维、理性认识和实验之术。擅长"悟",则必然面对内心世界,崇尚精神,强调人本社会,于是人文发达;擅长"格",则必然面对外在世界,重视现实,强调自然体系,于是科学昌明。这便是东方圣学不同于西方科学发生、发展的主要原因。

因此我们也常常用"理"一字来代表科学,并与"文"一字代表"人文"相对,合称"文理"。而从根本上讲,科学之魂是逻辑,圣学之魂是心法。如果要把握科学,它的基础就是逻辑,而要把握圣学,它的基础则是心法!就是说,西方强调的是理性思维,推及极致,必然逻辑分析发达;东方崇尚的是悟性思维,推及极致,自然心法顿悟显要。因此没有系统的逻辑训练,无以理解科学。同样,没有透彻的心法历练,无以参悟圣学。如果你要把西方的科学和东方的圣学两者融为一体,就要求你逻辑与心法皆修,这样才可以把两者融为一体。而我们这部读物就是希望读者读完的时候,都成为既了解心法又懂得逻辑的人,并将两者相互融合,达到对圣学之道的更好把握。

所以我们的这部读物,就是要通过文理的沟通,东西文化的融会,来探寻原先传统圣学关注的一些本原问题。我想这对当代民众开阔视野,转变思想,提高境界都是非常有好处的。我们这部读物的主要目的也就是为了更好地传布圣学思想,普及科学知识,特别是以提高民众的精神境界为宗旨。

遵循圣学精神

那么我们所要传布的圣学之道主要内容又是什么呢?根据我们前面

明道显性:沟通文理讲记

"传道解惑宗旨"中所论述的,我们要讲的圣人之道,集中体现在《礼记·大学》之中,因此也可以叫作"大学之道"。所谓"大学"就是"大人之学",《周易·乾卦·文言》中说:"夫大人者,与天地合其德,与日月合其明,与四时合其序,与鬼神合其吉凶。"说得简单一点,就是成为明悟并遵循天道的人。而《礼记·大学》就是讲述如何成为大人的原则,其中最为核心的内容就在《礼记·大学》前面215个字里面(加上标点符号也不过256个字符)。中国古代圣学最重要的纲要性思想,也可以说中华圣学思想的精神,就在这215个字里。因此你要了解中华圣学传统文化,你首先要读《礼记·大学》,这也是圣学的入门之书。现在,我们就来看一下《礼记·大学》讲了什么,我们把开篇的215个字写在下面,大家一起来看。

大学之道,在明明德,在亲民,在止于至善。知止而后有定,定而后能静,静而后能安,安而后能虑,虑而后能得。物有本末,事有终始,知所先后,则近道矣。古之欲明明德于天下者,先治其国;欲治其国者,先齐其家;欲齐其家者,先修其身;欲修其身者,先正其心;欲正其心者,先诚其意;欲诚其意者,先致其知。致知在格物。物格而后知至,知至而后意诚,意诚而后心正,心正而后身修,身修而后家齐,家齐而后国治,国治而后天下平。自天子以至于庶人,壹是皆以修身为本。其本乱而末治者,否矣。其所厚者薄,而其所薄者厚,未之有也!

这段文字什么意思呢?我们来分析一下。首先开宗明义,说大学之道,就这三纲要:明明德、亲民、止于至善。"明明德"第一个"明"是明了、明悟、直觉体悟的意思,第二个"明"是形容词,光明的意思。光明之德就是"明德",也就是"道"。所以"明明德"就是"明道",是说首先要体悟遵循根本之道,以获得自在幸福生活。然而"明明德"之后呢,还要去"亲民",亲民就是后面说的"齐家、治国、平天下"。作为大人君子,不能光自己自在幸福,还要"达则兼济天下",让天下的民众都一样自在幸福才好,所谓"君子学道以爱人"。当然,最后无论是"明明德"还是"亲民",要不断去努力达成,直至"至善"之境界。这就是《礼记·大学》的宗旨。

读者会问,知道了三纲要,具体又怎么来明明德呢?上面的《礼记·大学》经文接着就说了,明明德,首先要"知止",然后再通过"定"、"静"、"安"、"虑",就可以来得道了。那么什么是"知止"呢?《礼记·大学》紧接着又说

第一章 引　论

了"物有本末,事有终始,知所先后,则近道矣",也就说,你对主宰事物的根本规律都要去了解,了解之后你可以"近道"。不过要注意"近道"不等于"得道",也就是说,通过人们的公共认知能力可以去"近道",但却无法"得道"。因为人们的公共认知能力是有限度的,极尽其能,到达"知止乎其所不能知",这就是所谓"知止"。于是进一步"得道"就无法再靠这种公共认知能力了,而是要靠后面"定"、"静"、"安"、"虑"秘密认知能力了,这样方能够"明明德"。

"明明德"有得之后,接下来就要去"亲民",就是要"齐家、治国、平天下"。从"明明德"到"亲民"的完整论述,就在"古之欲明明德于天下者……"这一大段文字的论述中,其中有八个关键的环节。

首先要经由"格物"和"致知"去知"道",接下来要"诚意"、"正心"和"修身"去达"道",最后是"齐家"、"治国"和"平天下"去行"道"。其中"修身"是核心环节,前面的"格物"、"致知"、"诚意"和"正心"是为了"修身",后面的"齐家"、"治国"和"平天下"则是"修身"之后"亲民"的责任,所以要强调"自天子以至于庶人,壹是皆以修身为本"。

至于具体如何格物致知去知道,《礼记·大学》说得不多,这也是中华圣学比较薄弱的环节,远没有当代科学发达。假如经过"格物致知"已经知"道"了,那么修身就要先"诚意"、"正心"。那么什么是"诚意"呢？简单地讲,就是"不自欺也"。我们有些人喜欢自欺欺人,这就没有做到"诚意"。不自欺最难的就要做到慎独,所谓"君子慎其独也"。就是说,在一个人独处的时候,也不要违背做人的诚意原则,要明白"人在做,天在看"。所以说,做到慎独,不自欺了,就做到诚意了。

人们只有做到"诚意"才能够去"正心"。"正心"是什么意思呢？说得地道一点,就是"存心养性",去掉不良心态。因为心态不正,所以就会有很多烦恼。只有把那些不正的心态去掉,心就正了。《礼记·大学》后面传文提到四种不正的心态,只要把这四种不正的心态去掉,就可以达到正心。

第一种不正心态就是"忿懥"(愤恨、愤怒、生气)之心,这种心态最不好。当代脑科学的研究清楚表明,每次愤怒生气,人们体内就会分泌肾上腺素、去甲肾上腺素和可的松等激素,随着血液流到全身,破坏有机体。保守估计,或许每生一次气,就会少活三天。我们哺乳动物的寿命有一定规律,往往是其成年期的5~7倍，被称为巴丰系数。比如一条贵宾犬，一般两岁成年，2乘以7，所以其寿命只有14年。我们人类的成年期一般是20~25岁，我们也乘上5或7，结果寿命应该能有100~175年。遗憾的是，在现实生活中，大多数人都没有活这么久，原因就是经常处在愤怒不正的心态中。显然人们只有"惩忿窒欲"，才能保证心身健康。所以说"忿愤"这是不正之心，要悉数去掉。

第二种不正心态是"恐惧"之心。恐惧心理，哺乳动物都会有的，这是进化的必然结果。因为在进化过程中，没有恐惧心理的哺乳动物对天敌往往没有防范，夭折的可能性就大。久而久之，这一物种就难以维系而走向灭绝。所以现存的哺乳动物都有恐惧心理，所以说我们人类天生就有恐惧心理。但是世上的事情有一利就有一弊，现代文明社会中，这种恐惧心理往往会让人失去安全感，影响自在幸福生活。所以说在现代文明社会中，最好把这种心理去掉，《礼记·大学》里面说了，这是不正之心。

第三种不正之心，《大学》说是"好乐"之心。古时候的所谓"好乐"，就是贪痴之心，甚至沉迷上瘾。现在大学里每年都有个别新生，上学不到一年，就退学或者休学了。为什么呢？就是因为一天到晚玩游戏，上瘾戒断不了，这就是好乐之心的结果。当然，沉迷上瘾不限于电脑游戏，其他像酗酒、抽烟、吸毒成瘾，甚至沉迷手机。其脑机制都是一样的，都会影响心身健康，严重的会使情感、记忆等脑区发生退行性病变。因此要引起人们足够重视，去除这种好乐沉迷不正之心。特别是随着智能手机微信功能出现之后，许多人都成为低头族，沉迷于手机，已经构成不良心态的最大公敌了，要引起民众特别警惕。

最后一种不正心态是"忧患"之心。经常忧心忡忡，患得患失，就会焦虑、忧郁，严重的还会抑郁症。显然这种心态不好，会影响人的身体健康。当代脑科学研究也发现，一个人经常处于忧虑、焦虑和忧郁状态，体内会释放一种皮质醇，这种皮质醇会破坏你的免疫系统，从而使人更容易生病。中国古代有个成语叫"忧郁成疾"，就是这个道理。所以这是一个不正心态，要去掉，不能有忧郁、焦虑等这种忧患心态。

当人们把上述四种不正之心通通去掉，才能够"正心"，而正心之后才能修身。那么怎么修身呢，或者说修身修什么？按照圣学要求，修身很简洁，

第一章 引　论

就修仁、智、勇这三个品德。对此，《礼记·中庸》说的最为到位："知、仁、勇三者，天下之达德也。所以行之者一也。……子曰：好学近乎知，力行近乎仁，知耻近乎勇。知斯三者，则知所以修身。"如果把诚意与修身结合，我们可以再加一个"诚"字。"诚"在心中，达到仁、智、勇三个品德，修身就完备了。仁、智、勇翻译成现代汉语就是仁爱、智慧、义勇，三者皆备，修好身，就能够成为"大人"，然后就可以去"亲民"了，齐家、治国、平天下。

何谓大学之道，即圣人之学、至善之道也。归纳起来，圣人之学有三，一曰知天道，二曰致中和，三曰躬亲民。三者兼臻完备，成为一体，方可谓达至善之道。而其方略，首在格物致知，然后便是诚意正心修身，最后落实在齐家治国平天下之上。

格物致知者，知天道也；诚意正心修身者，致中和也；齐家治国平天下者，躬亲民也。知天道与致中和即所谓明明德是也，在于达到"自我完善"之境，所谓"穷则独善其身"。而躬亲民在于达到"与人为善"之境，所谓"达则兼济天下"。这就是《大学》的纲要。下面我们来稍微详细加以展开论述。

第一部分讲的是知天道，就是说要格物、致知去近道。所谓格物，就是了解自然的根本规律。去了解自然，看看到底它的运行规律是什么，根本法则是什么？这叫格物。通过格物就能够获得系统的知识，获得系统的知识，就可以接近根本的法则。这一部分内容要求去"知道"。

第二部分讲的是致中和，就是说要诚意、正心、修身。所谓诚意，就是不自欺。正心就是让人们永远保持积极健康的心态，没有忧虑，没有恐惧，没有愤怒，也没有好乐。心正了以后才能够修身，才会变成君子，这个时候就真正的"达道"。所谓达道，就是把自然界认识到的根本法则，内化到自己内心中去，变成身体力行的内在精神，这就叫作致中和。

第三部分讲的是躬亲民，就是说光达道还不够，大学之道的根本还需要先知先觉者去化导民众，也就是说，还必须要去为社会做贡献，要奉献社会，所以叫齐家、治国、平天下。注意这个"平"是"平和"的意思，是平和天下，这叫作"行道"。

从"知道"到"达道"，再从"达道"到"行道"，这就是大学之道的三部曲。对于我们这部读物而言，鉴于行道部分在于生活与事业中的践行，难以用文字加以论述，因此我们主要围绕着知天道和致中和来展开讲述。

明道显性：沟通文理讲记

对于知天道的讲述，这部读物共包括三章内容，分别是第二章的物质性空，第三章的宇宙缘起，以及第四章的生命演化。主要意图分别是从整体性、生发性和演化性三个不同的角度，来揭示天道的本性，让读者能够去"明道"。

第五章的意识反观，属于承上启下的部分，是建立天道与心性联系方面的环节。从而根据"知天道"的结果，引出"致中和"的论述。

对于致中和的讲述，这部读物也包括三章内容，分别是第六章的精神作用，第七章的心法存养，以及第八章的仁爱淑世。其中第六章讲述仁智合一的精神本性，第七章则强调"藏诸用"的秘密认知能力，而第八章则讲述"显诸仁"的安仁敦爱能力。这些都是为了让读者"显性"的。

当然这些章节内容的讲述，都是围绕我们的宗旨，那就是通过"沟通文理"来传道解惑的。也就是说，我们这部读物的每一个部分内容的讲述，都会把圣学的思想与科学的理论结合起来，使得读者能够更加深刻地理解圣学之旨。衷心希望，通过这样系统讲述，为我们的民众，特别是为当代大学生奠定最为基本的治学做人的规范，使他们成为一名新时代合格的大学生。

大学教育原则上应该是一种"通识教育（liberal education）"，根本目标不在于传授某种非常专业的知识与技能，而是培养学生具有批判性的独立思考能力，让心灵得到自由滋养，明道显性，然后具备公民的责任，去躬亲民，服务于社会。大学教育是为了将来胜任任何职位，精通任何学科而准备的，专门知识和技能是本科毕业后才需要去学习和掌握的。说得简练一些，大学教育的宗旨就是《礼记·大学》提倡的圣学之道。

记得哈佛大学文理学院前院长罗索夫斯基曾经写过一本书，叫《美国校园文化：学生·教授·管理》。他在书中提到，作为一名合格本科毕业生，应该具备如下六项基本素质：(1)必须掌握一门专业知识；(2)必须掌握一门外语，并学会用这门外语来学习那个民族的文化；(3)必须有一定的艺术鉴赏力；(4)必须具有正确的人生判断力（涉及世界观、价值观和人生观）；(5)必须能够理解当代的科学成果；(6)必须具有正确的历史观。他认为，一名大学生只有具备以上六项基本素质，才叫大学本科毕业。

我国大学的现状，大学生可能基本上就具备前两项要求，剩下的都难说。只要看看目前国内大学的现状：文科的不懂科学，理科的不懂艺术，人

第一章 引　论

生观非常功利,上大学的目的是为了找到能赚到钱的所谓好专业。学习也往往是死背知识,不懂得通过系统知识的学习来提高自己的综合能力、素质和境界。因此毕业之后,除了了解一些专业知识外,跟没有受过高等教育的民众根本没有任何差别。这从根本上就违背了大学教育的宗旨。

记住,如果上大学仅仅是为了学习知识,那就根本没有必要到大学来,在家里学就可以了。随便买一本百科全书,或者买台电脑,百度搜一搜,想知道什么不就什么都能知道吗,那为什么还要上大学？所以说上大学更重要的是要转变自己的思维方式,提高自己综合能力、素质和境界。一个人之所以比另一个人优秀,不在于他掌握多少知识,而在于他思想境界高,做人素质高,以及综合能力强,从而能够赢得幸福的人生,并能够更好地为社会做出贡献。

我们这部读物,就是从人文与科学相结合的第三种文化视角,通过去其糟粕,存其精华,重新理解中国古代经典人文思想和人生智慧(圣学之道),来化导民众,特别是青年学生树立正确的世界观、价值观和人生观。具体希望达到如下三个目标。

(一)转变民众,特别是青年学生的思想,提高境界,振奋精神,树立正确的世界观、价值观和人生观。具体地讲,就是要在最新科学成就的基础上,立足于人文与科学的互动,来展现当代社会中民众的人生指导原则。

(二)通过系统解读中国传统文化的主要核心经典,让当代民众,特别是青年学生更好地了解和理解中华文化核心思想体系,特别是以孔子思想为核心,并经过历代思想家不断丰富而形成的中华圣学思想精髓。

(三)当然,作为人文与科学素质本身的提升,通过这部读物的讲授,既可以促进文科学生了解、理解科学,并形成正确的科学观,又可以促进理科学生不断丰富自己的人文素养,正确认识人文学科的重要地位。这样,通过这部读物的传授和学习,可以在文理学生之间建立基本的沟通基础。

当然,随着第三种文化视角下全球化崭新文化格局的形成,随着中华民族伟大复兴事业的蓬勃发展,自然首先需要开展中华文化思想的复兴运动。既然时逢盛世,因此重新吸收中华传统文化合理思想精华,并加以发扬光大,也应该成为我们每一位民众必须具备的责任和义务。所以我们在这部读物中以《礼记·大学》作为纲要,汇聚了物质、宇宙、生命、意识、精神、心法和仁爱等七个方面的主题,展开文理交叉式的论述,希望能够对复兴中华圣学的核心思想方面有所帮助。

总之,作为现今科学与人文已经相互交融的21世纪的青年学生,不仅仅要具有罗索夫斯基所提出的六项基本素质,而且也必须了解正在走向我们的第三种文化的成果,即科学与人文相互融合所形成的一些思想,特别是有关中华圣学核心思想的合理内涵,并以此来指导自己对幸福生活和奉献社会的追求。

第二章

物质性空

> 在最基本的层次上任何东西都没有内在的固有性质，所有的性质都是关于事物之间的关系的。……这种思想就是，世界任何一部分的性质都是由它的关系决定的，并且与世界的其余部分纠缠在一起。
>
> ——（英）斯莫林

我们这部读物书名叫"明道显性"，因此内容首先涉及的就是所"明"之"道"。所谓"道"，当然是某种终极的东西，也是物质世界的本原。那么物质世界的本原是什么呢？《老子》认为玄之又玄的"道"是基于"无"的，《易传》认为"神无方易无体"（无方，是阴阳不测；无体，是虚无不实），这无体之易才是万物的本原；佛家则认为"色即是空，空即是色"，"色空一如"才是一切的根本。在中国古代，儒释道三家谈及终极之道，都认为与"空无"有关。这一章的标题是"物质性空"，这又是什么意思呢？简单讲，"物质性空"是指整个物质世界是不可分割的一个整体，任何构成物质从本性上讲，都是虚而不实的。为了理解这一点，我们就从探寻物质世界的终极本原说起吧。

探寻物质终极本原

大概是这样，涉及物质世界的本原，往往就有许多争论，大体上会有两种截然不同的观点，一种观点认为物质世界的本原就是"无"，或者叫"空无"。另一种观点认为物质世界的本原是"有"，或者叫"色有"。认同"空无"观点的认为，物质世界归根到底什么都没有，是空无，比如说佛教空宗学派就主张一切皆空,是彻底的空无;中国古代的太虚、无极以及无有等,也可以对应到这样的认识上。

而认同"色有"的观点认为,物质世界归根结底是"有"的。当然"有"又分成两种不同的观点,一种观点认为是有形之"有",另一种观点强调是无形之"有"。比如再说佛教吧,佛教除了空宗学派外,还有一个有宗学派,这一学派就认为物质世界的本原是无形之"有",世界万法均归于无形的"阿赖耶识"这一根本种子。因此所谓无形之"有",相当于古代中国指的"道",能生万物,有时也称太极、理,甚至心。或者可以对应到西方的主客唯心论、唯理论、唯意志论,甚至物理主义等哲学思潮的观念之上。我们再看有形之"有"这种观点,也有许多,典型的包括中国古代强调万物归结为气、器的思想论述,以及西方哲学的唯物论,当然包括机械唯物论和辩证唯物论。

这样一来,读者会发现,谈论物质世界本原这个问题实在太复杂了。现在如果询问诸位读者,你们认为物质世界的本原是什么?你们赞同哪个观点?或许你们会认为,把物质世界一切都归于空,确实有点困难的。因为我们毕竟看到很多东西,睁着眼说一切都是空的,什么都没有的,好像也说不过去。不过如果说就把一切归于有,好像也很犯难,因为如果有人追问,这些有的东西背后又是靠什么支配的呢?追根溯源到最后肯定要找个答案出来,此时确认到无形之"有",大概是比较合理的。或许更加合理的追寻结果,应该将这"无有"之"无"与"无形"之"有"统一起来,才是出路。

为了能够一探究竟,我们可以换个角度来询问。我们可以从看得见的事物出发,来询问我们这个物质世界是由什么构成的?这样有个着力处,就好办了。我想稍微有一点儿科学常识的人可能都会知道,我们这个物质世界是由不可感知的微观粒子构成的。我相信大多数读者都会认同这一点的。这样一来,由于我们的宏观世界,也就是我们能感知到的宏观事物,都是虚妄不实的,不过是光照效应袭击我们大脑的结果。因此要探讨物质世界的本原,只能寄希望于对不可感知微观世界的系统认识来进行。

因此加上宏观感知经验的可错性,要探索物质世界的本原,绝对不能停留在宏观感知上,我们必须要深入到它的微观世界中去,也就是要去探索构成这个宏观世界的质子、中子、电子,看看它们到底是什么。我们要去探索微观世界,那个肉眼看不见的微观世界遵循什么法则。为此,首先我们来看

第二章 物质性空

看中国古代的先哲,尤其是在《老子》一书中,是怎么看待这个感知不到的世界的。《老子·第十四章》是这么说的。

> 视之不见,名曰夷;听之不闻,名曰希;抟之不得,名曰微。此三者不可致诘,故混而为一。其上不皦,其下不昧。绳绳不可名,复归于无物。是谓无状之状,无物之象,是谓惚恍。迎之不见其首,随之不见其后。执古之道,以御今之有。能知古始,是谓道纪。

我不知道读者有没有读懂这段话的意思,我稍微解释一下。《老子》说了,看不见,听不见,摸不着的,分别称之为夷、希和微,是不可致诘的。所谓不可致诘,也就是说既不能用概念去分别,也不能用逻辑去分析,所以要看作是"混而为一"的整体。这个整体的"一",既不显明(不皦),又不隐晦(不昧),是绵绵不绝难以名状的,充斥着整个物质世界。当然,可以将这种没有形状的形状,没有物质的空象,称之为"惚恍"。这个惚恍,是看不到头,也看不到尾,充斥整个宇宙的根本之"道"。只要把握了自古以来的这个"道",就可以驾驭现在看到的一切"有"。而能够了解这自古万物的起始,这就是所谓道的纲纪。也就是说《老子》将物质世界的本原归结为"玄之又玄,众妙之门"的"惚恍"之道,并在《老子·第二十一章》里进一步指出其具有如下的本性。

> 道之为物,惟恍惟惚。惚兮恍兮,其中有象;恍兮惚兮,其中有物。窈兮冥兮,其中有精。其精甚真,其中有信。

那么这个"惚恍"之道又是什么呢?《老子》进一步说,这个"道"具有恍恍惚惚不确定性的,说是有物吧,其中又只是无物之象;说是无物之象吧,其中又有物。如果一定要探个究竟,那么其中有确切真实的"精"。那么什么又是"精"呢?古代"精"指的是气之极也,而古代"气"约略可以当作能量来看待,所以气之极,就相当于能量不能再分的最小精微,相当于现在物理科学的"量子"。《老子》说这个"精"(量子)是真的,别的都是恍惚不确定的。至于最后提到的"信",相当于《周易》"系辞"中说的"有无之间"的"几",强调"动之微"的生发性,可以看作是万物产生的动因。

那么如何理解上述《老子》对物质世界本原的这种认识呢?《老子》的这种认识合理吗?既然《老子》这里已经涉及了能量精微的"精"(量子),那就让我们到现代量子理论中去寻找答案吧。

明道显性：沟通文理讲记

量子理论是研究微观世界物质运动和变化规律的科学，但起先量子概念仅仅是一个十分朴素的科学假设。在20世纪初，确切地说，是1900年12月14日，在德国召开的世界物理年会上，德国物理学家普朗克（Max Karl Ernst Ludwig Planck）报告了在黑体辐射的光谱能量分布研究中的结果，首次提出了能量量子化假说。普朗克认为，为了从理论上得出正确的辐射公式，必须假定物质辐射（或吸收）的能量不是连续地，而是一份一份地进行的，只能取某个最小数值的整数倍。这个最小数值就叫能量子，辐射频率是 ν 的能量的最小数值是 $E=h\nu$，其中 h（大约为 6.6×10^{-27} 尔格·秒，是一个非常小的量），普朗克当时将其称作基本作用量子，现在叫做普朗克常数。

接着1902年，在赫兹发现光电效应的基础上，赫兹的助手，德国科学家勒纳德，通过实验获得光电效应基本规律。勒纳德的研究发现，逸出电子的速度与光强无关，而只与光频率有关，并且存在一个频率下限，低于这个频率，就不能发生光电效应。对此问题的研究，吸引了在瑞士伯尔尼专利局供职的一位小职员的目光，他于1905年给出著名的光量子假说：光不仅吸收、辐射时是量子化的，传播本身也是量子化。这位小职员就是后来提出相对论的大名鼎鼎的科学家爱因斯坦。

到了1922年，丹麦物理学家玻尔，在普朗克与爱因斯坦研究成果的基础上，提出了一种全新的原子结构模型，后来被称玻尔理论。玻尔的原子模型认为，电子云构成原子的外围，原子通过电子云相互作用。电子绕着原子核做随机能量跃迁的量子运动，在原子这样小的层次上，经典理论将不再成立。这是因为，"当电子处在最低能态时，要作进一步的跃迁是不可能的，因为电子再无其他能态可以迁往，除非可以利用入射量子或别的来源（例如快粒子束）的能量。因此如果任其自然，原子都有跃迁到最低量子态的趋势，此后就再无变化。这样，量子理论就解释了原子的稳定性，而经典理论则预言电子要不断辐射能量，直到陷入核内为止。"（玻姆，1982：69）由于玻尔理论成功地解释了氢光谱，并排列出新的元素周期表，得到科学界的一致公认。

有意思的是，1924年法国物理学家德布罗意提出的物质波概念，使得量子力学研究更加全面。根据1924年德布罗意的博士论文，像电子之类的物质粒子也应该像光子一样具有波动性。也就是说，电子等有质量的物质

第二章　物质性空

粒子,同光子一样具有波粒二象性,其能量与频率之间具有的关系也是 E=hv。这实际上宣告了在物质世界中波粒二象性的普遍有效性,从而也使得量子范式成为一种普适的科学范式。

于是统一量子描述理论的建立,也就成为水到渠成的事情。首先是海森堡、波恩以及约尔当,他们提出了一个矩阵形式的量子理论模型,就是用矩阵形式来描述微观粒子的运动变化规律。后来又诞生了一位伟大量子物理学家薛定谔,给出一个更漂亮的几率波函数方程,来描述量子世界的活动规律。采用薛定谔方程,能通过计算许多相关几率的波函数 ψ 来解释与预言量子世界中粒子的行迹。

再后来到 1926 年的时候,薛定谔、泡利和约尔当各自独立证明,量子理论的两种描述形式在数学上是完全等价的,进一步证实了量子理论描述的一致性。这样,也就进一步证明他们提出的学说,确实能够一致性地描述量子世界中微观粒子的活动规律。

应该强调指出,薛定谔在量子理论的构建中做出了关键性的贡献。因为我们现在用到的量子描述方程,就是他提出的几率波函数方程。后来著名的量子理论学家玻姆在《量子理论》一书中明确指出:"实际上,整个量子理论都包含在波方程中,如果我们知道怎样去解释波函数 Ψ 的话。"(玻姆,1982:95)

所谓波方程,是指能导出波函数的方程,而波函数则是指振幅波的复数标量函数,可以表示为 x 位置的函数 Ψ(x),也可以通过傅立叶分析表示为 k 动量的函数 Φ(k)。一般地说,由这个波函数,仅能预言发现粒子具有给定位置或给定动量的几率,其中发现粒子的位置在 x 到(x+dx)之间的几率等于 P(x)dx=Ψ*(x)Ψ(x)dx,而发现粒子的动量处在 k 到(k+dk)之间的几率等于 P(x)dk=Φ*(k)Φ(k)dk。对此,玻姆不无兴奋地说道:"到目前为止,我们对电子既能显示波动性又能显示粒子性的事实已经得到了一个合理的数学表达形式,它是借助于下一假定得到的,给定点上的波强|Ψ^2(x)|仅给出能在该点发现粒子的几率。"(玻姆,1982:110)

那么最终给出的量子理论所描述的量子世界又是怎样构成的呢?按照量子理论的标准模型,我们这个世界都是由基本粒子及其相互作用构成的。目前已发现的各种粒子可罗列为:质子、电子、正电子、中子、正介子、负介子、中介子、中微子、负质子、渺子、陶子等。这些主要粒子之间的关系有：质子＝中子＋正子（正电子）；中子＝质子＋电子；电子＋正子＝光子，等等。注意，在前两式中，应加上与电子或正子同时伴随而发射的中微子。比正子、电子、中微子重 200 倍左右，而其带电性质相同的粒子是正介子、负介子、中介子。

进一步的研究还发现，除了像电子、渺子、陶子，以及对应的中微子等六种轻子外，所有的质子（以及介子和重子）都是由更小的组元，即夸克组成的，"像轻子一样，可能存在六种夸克，奇妙地称为夸克的味道。具有的名字是上、下、粲、奇异、顶和底（或真和美）夸克。同样，像轻子一样，夸克的自旋为 1/2 的费米子。"（戴维斯，1994：19）每个重子由三个夸克的组合构成，而介子由夸克与反夸克的组合构成。因此构成我们世界的所有物质可以看作是由夸克和轻子构造而来。

"为了说明问题，我必须首先指出原子世界的粒子是分为两大类的。一类遵从泡利不相容原理，这种粒子的大量集合受费米—狄拉克统计所支配；另一类不遵从不相容原理，其大量集合受波色—爱因斯坦统计的支配。"（布洛衣，1992：148）也就是说，微观世界的粒子大致可以分为费米子和玻色子这样两大类。费米子这样的粒子服从泡利不相容原理，即它们之中任何两个粒子都不能处于完全相同的物理状态。但玻色子这些粒子不服从泡利不相容原理，它们是粒子之间各种相互作用的传递者。

构成物质的基本粒子均是费米子，属于费米子类别的粒子包括电子、质子、中子等，而构成四种力相互作用的媒介粒子则都是玻色子，属于玻色子的包括光子、引力子、胶子、中间矢量粒子等弱核力相互作用有关的粒子。"有些理由认为基本的，不可再分的粒子与由奇数个这样的基本成分组成的复杂粒子一样，都属于费米子。然而由偶数个基本成分组成的粒子都为玻色子。"（布洛衣，1992：149）

归纳起来，我们的量子物理世界归根结底是由 18 种最基本的粒子构成的：(1) 6 种力子（都是玻色子）：引力子（引力场）、光子（电磁力场）、胶子（强相互作用力场）、中间矢量玻色子 W^+、W^-、Z^0（弱相互作用力场）；(2) 6 种轻子（都是费米子）：电子、μ 子（渺子）、τ 子（陶子）三种，带一个单位负电荷的粒子，分别以 e^-、μ^-、τ^- 表示，及其分别对应的电子中微子、μ 子中微子、

第二章 物质性空

τ子中微子三种不带电的中微子,分别以 ve、νμ、ντ 表示;(3)6 种夸克(都是费米子):上、下、粲、奇、顶、底。当然,物质粒子都有反粒子,称为镜像粒子。

不过这样一讲,读者会产生一个误解,认为我们这个物质世界就是由确定性的这些基本粒子构成的。之所以会产生这种误解,主要是有些读者从静态地看待所谓的这些基本粒子导致的结果。如果动态地从量子理论的角度去看这些基本粒子,那对不起,一切都是不确定的,并没有什么确切的任何粒子存在。因为根据量子理论,特别是对描述粒子行为的波函数理论,现实世界中的粒子不但都是波粒二象性的,而且其所处的位置、拥有的动量等行为表现也是根本上不确定的,就是《老子》所谓的"惟恍惟惚"。如果不去测量,根本就不能说有无粒子存在。这就是量子理论最重要的一个原理,即著名的海森堡测不准原理。

海森堡测不准原理指出,人们不能同时精确测量出微观粒子位置和动量,对于粒子未来的运动状态,我们只能给出一种概率分布,该分布只能告诉我们未来它处在这种状态的可能性。形式上,"我们首先把测不准原理陈述如下,如果位置的测量是以精确度△x 进行的,而动量的测量是同时以精确度△p 进行的,那么这两个误差的乘积决不能小于一个约为 h 的数。换句话说,△p△x≥(~h)(~表示约为)。"(玻姆,1982:118)

海森堡测不准原理是普适性的原理,一定记住,这个原理非常重要。值得注意的是,量子的这种不确定性是物质世界固有的本性,不是因为情况不明而代以统计估算的,而是你根本不可能使它情况明朗确定。导致这种测不准,或不确定的一个原因就是所谓的量子纠缠性,我们也称其为非力相关性。所谓量子纠缠,是一种跟任何力场没关系的固有整体关联性,所以也称这种现象为非局域性现象。指的就是物质最小组成部分,以一种超越任何可允许时空界限的方式相互关联。

量子世界的这种纠缠性不是建立在因果关系之上的,而是先天固有的一种本性。为了更好地理解这种量子纠缠本性,丹麦物理学家玻尔于 1927 年提出量子理论的互补性原理(principle of complementarity)。这个原理认为,描述量子理论必须使用相互排斥又相互补充的常规物理学概念,而且量子理论永远也不可能对量子现象的各个方面提供一个完全的描述。

代表着量子理论的哥本哈根解释学说,玻尔的"互补性原理"不但重要,也相当难懂。这里原因有二：(1)超出传统思维逻辑之外，不可能用任何方式将彼此互补的两种事物结合成一个无矛盾的统一体；(2)"互补性"概念的陈述是高度"非公理化的"，并且往往也是不可言说性的。用"公理化"的方式去理解"互补性"，不可能达到真正的理解。

事实上，互补性是对传统非此即彼的概念分别思想而做出的抗争。提出互补性概念，完全是基于作用量子不可分解性这一不合"逻辑"的要素，因为"这种要素不可避免地要求我们放弃因果描述方式，而且由于现象及其观察之间的耦合，这种要素就迫使我们采用一种新的描述方式，叫做互补描述方式。互补一词的意义是，一些经典概念的任何确定应用，将排除另一些经典概念的同时应用，而这另一些经典概念在另一种条件下却是阐明现象所同样不可缺少的。"(玻尔,1999:12)也就是说，作用量子的不可分解性迫使我们放弃因果描述方式而采用一种互补描述方式，以解决现象与观察之间的耦合。因为只有这样才是能无矛盾地诠释量子理论的方法。

总而言之，根据波尔的互补性原理，能够合理解释量子世界的量子理论，其核心内容主要包括这样六个方面的信条。(1)不确定性：不是出于对客观的无知，而是客观本性上的不确定，因而才体现出一种不确定性几率描述。(2)测不准性：量子属性成对互补性地存在，对其量值的测量由海森堡测不准原理所刻画。(3)量子纠缠(非局域性)：两个同谋粒子不管分离多远，总会"串通一气"，以非力相关地纠缠一起。(4)非实在论：西方传统上认为的客观实在是不确定的，关键在于对实在的主观测量与询问。(5)坍缩悖论：可能状态的叠加性及自测问题的难局，只有测量结果进入某人的主观意识之中，量子叠加态的混合体才会坍缩到具体的实在。(6)因果失效：对于量子世界，"因为……所以"这样描述是不存在的，因果律在量子世界中不再有效。

玻姆在《量子理论》一书中指出："量子论是物理学家为了正确地说明范围极其广泛的实验现象而进行的长期的、有成效的努力结果，这些实验现象是以前的经典理论，甚至不能着手去解释的。"(玻姆,1982:序)因此尽管量子理论貌似十分"荒谬"，但比起传统的经典理论却能够更好地解释我们所处的这个物理世界。

归纳起来，量子理论与经典理论之间主要的不同表现在两个方面："第

第二章 物质性空

一个区别是,经典理论总是处理连续变化的量,而量子理论还要处理不连续或不可分的过程。第二个区别是,经典理论完全决定了变量较早时刻与稍后时刻之间的关系(即是完全的因果论),而量子定律只能由给定的有关过去的条件决定未来事件的几率。"(玻姆,1982:31)这样一来,在量子理论看来,整个物理世界就成为本质上相互纠缠的一个整体。

总之,"无论如何,量子理论使我们的概念所发生的改变,甚至比严格因果律的破坏要深刻得多,我们必须重新审视'实在'的构成要素。"(牛顿,2000:169)于是对于量子世界,我们甚至根本无法谈论单个的粒子,因为所有所谓的粒子身份都是不确定的,物质粒子也不再像经典理论所认定的那样具有永恒性,一切都是变动不居的,一切都是不确定的。这就是量子理论所描述的量子世界。

事物确定性的丧失

我们知道,关于实在的客观独立性一直是经典物理学家的信条,也是大多数传统科学家的信条。物理实在应该是不依赖于人的主观而存在的,起码在人与可观测事物之间,没有任何因果关系。科学家,或起码物理学家的目的就是要研究并理解这种客观独立的实在。因此在经典科学的研究中,人们习惯于将观测者自己排除在所要研究的事物之外,以保证对事物的研究有一个完全客观的立场。但现在,量子理论却宣布,这样的"排除"是做不到的,观测者必须作为被研究事物的一个组成部分,才能够获得有效的观测结果。

量子理论最基本概念就是能量的变化不是连续的而是离散的,并且存在着最小的能量单位,称为量子,其大小由普朗克常数规定。这样一来,在量子理论中所有物理系统之间的相互作用也就都建立在作用量子之上了。当我们试图通过仪器去观测量子物理系统时,被观测对象与仪器之间的相互作用就成为观测现象中不可分割的一部分。必须强调指出的是,相互作用就意味着交换能量,其量值不会小于一个量子的能量值,从而不可避免地会干扰所要观测的物理量。在经典物理系统中,被观测对象与观测仪器之间也存在相互作用,但由于这种量子水平的相互作用相对于庞大的经典物理对象而言,是那么地微不足道,因此并不实质性地影响观测的结果。但对于同样处于量子水平的量子物理对象,这样的相互作用就变得非常可观,足以实质性地影响被观测的结果。

结果,一方面观测本身会对观测结果产生影响,使得对任意对象的观测都深深依赖于观测者本身;另一方面,由于海森堡测不准原理,任何对互补性物理量测量的不确定程度之积也不能小于一个量子的能量值。因此即使观测到的结果也都是统计意义上的,本质上也是不确定的。

但不管如何,现在我们起码知道,观测就意味着使量子态坍缩到某个确切的本征态之上,使得被观测对象"呈现"出预期的事物属性。要知道,我们对事物的了解都是通过事物的属性来达成的,而现在事物的属性又是通过观测者的观测来实现的。因此从量子理论的观点看,事物的呈现是通过观测者的观测来实现的。这也意味着,观测者能够看到什么,取决于他的预期和有意识的观测,这就是观测事物的主观性原理。

观测事物的主观性原理强调在观测过程中主观作用问题,也就是说,对于一个量子态,其呈现什么,这是依赖于观测者的观测预期。通俗地说,对于量子世界,如果不去观测它,那么就什么也不能说,其只能是一切可能表现的一个叠加态。只有当观测者去观测的时候,被观测对象才会根据观测者的预期要求,坍缩到一个本征态。比如说如果希望知道被观测对象有多少质量,那么观察测量后就会显示出来有多少质量。如果希望知道其有多少速度,经过测量后又会显示出来有多少速度,这完全依赖于观察者的观测预期的。原因是,对量子物理对象的观测活动中,观测者的这一观测活动本身也会改变被观测对象的状态。或者说,正是观测者与观测对象之间的相互作用引起了被观测对象的巨大变化,才导致观测结果的获得。

从某种意义上讲,在任意场合下,我们关于事物现象的知识毫无例外都是通过包括观测者在内的观测仪器,与被观测对象这样的相互作用来获得的。在这其中,观测者的预期影响是无法排除的。因此真正的量子纠缠性是观测者与观测对象之间所固有的相互纠缠。因为量子理论告诉我们,观测者的预期影响是不可能被排除的。这个道理很简单,观测者也是一个系统,也是由微观世界组成的量子系统。两个量子系统在一起当然会相互干涉了,一个系统对另外一个系统产生影响。

第二章　物质性空

也许人们可能会想办法通过严格分离观测者（仪器）与被观测对象，来避免干扰观测结果的任何相互作用。但遗憾的是，在量子水平上，这样的努力是徒劳的。因为当观测深入到量子（原子和亚原子）大小水平时，原则上观测仪器与被观测对象是不能彼此分离的（任何可以用作分离的器具本身也是一个物理系统，同样会与观测者和被观测物产生相互作用），甚至人们也根本无法在观测仪器与使用仪器的观测者之间做出严格的区分。因此观测仪器只能以一种不可化约的方式"干扰"被观测对象，甚至创造出被观测对象的某种表现形式。或者反过来说，如果我们真切希望观测仪器有效地对被测量对象进行测量的话，那么被观测对象对测量仪器的反作用是不可避免的，也是根本无法控制的！

当然，在量子物理系统中，追根问底地区分观测者与观测物之间的界线是一个令人棘手的哲学问题。问题的关键在于观测者总要借助于一定的观测仪器来观测被观测对象，那么这种作为中介的观测仪器是归为观测者呢，还是归为观测对象？而要严格区分哪些是观测仪器，哪些又是观测者也是根本不可能的，除非将观测者规定为精神主体。

的确，观测意味着观测者与被观测对象的相互作用，因此观测必然是受观测者主观影响的观测。那么具体地讲，这种主观性观测的主要原理又是什么呢？在量子物理系统中，被观测对象在观测之前，通常处在一种不确定状态，量子理论往往采用各种可能状态叠加的波函数描述形式来表示不确定状态。

具有各种不完全确定的潜在可能性，是量子微观物理对象固有的性质，某一个具体可能性的实现就依赖于这个微观物理对象与之相互作用的系统，比如像观察者或观测仪器，等等。一般将量子状态的各种潜在可能性称为量子系统的本征态，而从不确定的中间状态（观测前的"多选"叠加态波函数），到观测后转化为某个结果状态（观测后的"单选"本征态波函数），就被称为波函数缩编或坍缩，其反映的正是量子理论的核心原理。

我们知道，量子理论的核心原理揭示量子系统明显地具有这样一种性质，在没有任何与之相互作用的观测之前，量子系统就一直处于某种不确定的中间状态，直到实施一个观测后才概率性地迫使其坍缩为一个本征态，从而显明其身份属性。因此正是观测本身才使量子系统取得确定的属性值。

注意，量子系统的这种不确定性坍缩，跟抛硬币正反面取向的不确定性是不一样的。前者是本质上的，后者只是缘于我们的无知。

当然，观测就意味着希望了解被观测对象的一些量子属性，比如像位置、质量、能量、动量，等等，也称为可观察物理量。对于量子系统而言，我们只有通过系统的这些可观察物理量，来了解一个系统的存在与表现。而根据上面的论述，对这些量子属性的获得只有通过观测才能得以了解，也就是说要将不确定的叠加态，使之成为确定的本征态，从而获知有关的属性信息。

但由于观测的实施必定是通过触发一定的量子事件来实现，也就是说，通过有针对性地设计观测仪器作用于被观测对象来发生特定的量子事件，然后再通过对该量子事件所产生的宏观现象的分析，来获得希望了解的物理量。必须强调的是，由于观测结果是在相互作用的量子事件发生的基础上产生的，因此在获得量子可观测属性的同时，一定也对被观测对象的量子状态进行了破坏，这就使得观测成为一个不可逆的过程。用量子理论的行话说，就是在进行观测之后，根本不可能重构被测对象原初叠加态波函数。

举个例子，在著名的杨氏双缝实验中，人们发现单个光子通过双缝时也会产生相干波，就好像是一个单光子可以同时穿过两个狭缝似的。这意味着什么呢？这意味着尽管单个光子出发的时候，仅仅作为一个粒子，而到达的时候也仅仅作为一个粒子，但是这个粒子居然似乎同时穿越光栅上的双缝，并与自己相互干涉，其行为表现又典型是一种波。杨氏双缝实验所证实的正是波粒二象性这一事实。

后来进一步的实验还发现，即使采用具有一定质量的电子来完成双缝实验，结果也是相同的。甚至在20世纪90年代初，还有些科学家首次进行了原子双缝实验，发现也具有波粒二象性。我们知道，电子和原子是有质量的物质粒子，因此这样的实验结果不仅意味着，即使是物质粒子，也同样可以看作是一种波，称为物质波。而且也意味着，在物质世界中，波粒二象性是普遍有效的。

这样一下就把我们传统的经典理论的思想彻底动摇掉了，也就是说，当人们去观看微观世界对象的时候，根本没法说看到的是粒子还是波，因为微观世界的对象既可以看成是波，又可以看成是粒子，是一种波粒混合的叠加

第二章 物质性空

态。想起前面我们《老子》说的"惚兮恍兮,其中有象;恍兮惚兮,其中有物"来了吧,原来这个看不见、听不见和摸不着的微观世界,其所遵循的就是这样"恍惚"的不确定性原则。

更有趣的是,在上述的各种双缝实验中,如果我们试图通过仪器去观测粒子的行踪,那么在观测之后发现,粒子不是处在这一狭缝附近,就是处在另一狭缝附近,不再同时涉及两个狭缝而产生干涉。粒子似乎具有灵性,可以预先觉察到有观测仪器的存在,于是就显现出一种观测期待的回答:我在这里。对这一结果的合理解释只能是,在观测过程中粒子和观测仪器之间发生的相互作用导致粒子波函数的坍缩。对此英国物理学家格里宾在《寻找薛定谔的猫——量子物理和真实性》一书中得出这样的结论:"神秘的鬼粒子之间时刻存在着相互作用,在观察过程中随着波函数的坍缩,凝聚为一个真正的粒子。更严重的是,只要我们一停止对电子的观察,不管我们正在观察什么,这个电子就立即劈裂成一个鬼粒子列阵,其中的每一个都沿着它们自己的几率路径通过量子世界。只要我们不进行观察,一切都是假的。"(格里宾,2001:164)

是啊,观测是了解事物属性从而获得物理知识的途径。但在量子水平上,由于观测本身就是通过对被观测对象进行干扰,从而导致某种量子事件的发生来达到观测的目的。而没有观测者的干预,量子事件的发生又是不可想象的。因此观测者的干扰是不可避免的,也就是说,在量子物理系统中对观测者的依赖性也就变得更加突出。

更加让人棘手的是,如果人们倒推观测者,追踪询问到底谁在观察?那得到的回答肯定不是仪器在观测,而是人借助仪器在观测。此时如果进一步询问:那人怎么借助仪器呢?自然得到的回答是:人是通过眼睛来观测仪器。以及再来进一步询问"谁又来观测眼睛",如此等等,一直追问下去的话,那么这个所谓的观测者,最后一定会推到人的意识之上。这样就遇到主观意识起作用的问题。

我们知道,正是量子双缝干涉实验,证实了诡异的量子行为是非局域性的,并且其干涉条纹的呈现是依赖于观测者的主观观测的。现在既然认为推及终极,量子事件是依赖于主观意识状态的,那就可以试试看,不同的主观意识状态,是否会产生不一样的干涉条纹。2011年4月9日,美国学者

D. S. Radin 在互联网上发表了一篇题为"Consciousness and the Double-slit Interference Pattern:Six Experiments"的论文,介绍"意识和双缝干涉图案"相关联的六个实验。结果发现,进行观测的科学家处于不同的意识状态,如静息、注意、专注与正念等,确实会产生不同的干涉条纹图案。这充分说明量子事件的呈现方式,是依赖于主观意识状态的。

这就意味着,对人们主观预期的属性进行观测的结果,就是使人们得到粒子的某一属性,而原本粒子是无所谓属性的。或者说,只是因为我们主观意识性的观测,才导致粒子及其属性的呈现。事物的性质或存在是受主观意识影响的,这同王阳明的"你未看此花时,此花与汝心同归于寂;你来看此花时,则此花颜色一时明白起来。便知此花不在你的心外。"(陆九渊、王阳明,2000:280)倒是殊途同归了。这样说来,对于宏观世界也一样,一个物体的存在是依赖于主观观测的。

现在我们终于明白,世界之所以有事物呈现,是因为事物所呈现的全部属性都是通过引发量子事件的主观观测来产生的。归根到底,所谓的事物依然是建立在事件之上,是观测事件导致事物的呈现。记得鲁迅先生有句名言,说:"世上本无路,走的人多了,就有了路。"这也符合对于事物的描述:"世上本无事物,看(观测)的人多了,就有了事物。"就这一点而言,物理学家走得更远,英国的戴维斯与布朗在《原子中的幽灵》一书中指出:"我认为,存在一个领域,在那里我们的观察确实产生实在。如在人类关系中,当人们变得相互意识到对方的存在并且相互沟通信息时,它们就产生社会存在。"(戴维斯,1992:106)。

西方中世纪神学家阿奎那断言:"被认识的事物按照认知者的方式存在于认知者之内。"(希克,2000:57)这种主观性认知的要义就是:事物的呈现也就是我们主观内在意识的外在化反映。诚然,一切思维离不开观测,但一切有意义的观测同样离不开主观思维的预想。换句话讲,对于事物属性的呈现,仅依靠客观的仪器是不够的,观测者的"内心的眼睛"是一个不可或缺的先决条件。观测仪器除非与具有主观思想的观测联系一起,否则对事物的观测是没有意义的。因为正是主观参与的观测,才使得事物的呈现成为可能。抑或甚至可以这么说,观测者所要观测的事物,正是他自己不同意识状态之间的一种干涉现象,并产生了事物呈现的效果。

第二章　物质性空

这样一来,我们就知道了,事物存在的呈现并不是不依赖主观的,而恰恰相反,根据量子物理学,可以获知其与主观精神是密不可分的。正因为这样,才会有测不准原理,因为精神是无法精确地把握精神本身的。于是如果一定要把主观意识与客观物质分开来,那么观测自然就是会受到主观精神的影响。如果用形象比喻的话讲,就是"水之色即为容器之色"。对此比喻,分开来看,将这个容器表示主观,将这个水表示客观,那么客观呈现的东西,就是主观想要它呈现的东西。

在经典理论里,作为主体的人是没有特殊地位的,但在量子理论中,特别是量子理论的哥本哈根学派的解释,作为行使观测主权的人却走到舞台的中心。只有通过人的主观努力,事物的呈现才成为可能,并因此赋予我们这个世界以意义。更进一步,尽管经典理论能够进行精确地预言,但其为我们提供的只是一个僵硬的物质世界。相比而言,量子理论虽然只能提供概率性的估算,但量子理论却为我们的精神世界留下存在的空间。在这样的思想基础上,我们便可以思考长期困扰哲学家们的有关实在是什么的根本问题了。

18世纪最伟大的经典科学家艾萨克·牛顿,在其1730年所出版的《光学——论反射、折射、曲射与光的颜色》一书第三卷第31问中认为:"总而言之,上帝似乎是依照他本身的意图采取最为适当的方式在太初用固体的、厚重的、坚硬的、不可穿透的、可动的微粒做成了物质,使其有形有度,且富有特性并在空间上比例协调。这些原初微粒坚实无比,而其所构成之物却疏松渗透。它们如此坚硬,决不会磨损或破裂,凡间之力根本无法割断上帝最初所创的粒子。"(史密斯,2000:12)在这之后的很长一段时间里,由于受到牛顿经典物理学这种观点的深刻影响,我们许多现代人依然坚持这样一种信仰:"它相信,坚硬不破的死物质……乃是宇宙的唯一的终极实在。思想与意识不过是物质的副产品,在物质底下或以外,更没有什么实在。"(丹皮尔,1995:281)

那么牛顿的这种观点正确吗?显然由于任何试图证明物质客观性,都必然会涉及主观努力,离不开人们对物质客体的感知观测,而物质的存在与否同我们能否感知到物体,其间没有必然的因果关系。因此在宏观尺度上,牛顿的实在学说肯定是不自洽。或许这么说太抽象,为了使读者能够更好地理解物质客观存在的无法证实性,让我们通过如下的一则对话,来体悟其中的道理。

甲:"一张桌子是客观存在的,它是由物质组成的,因此物质是客观存在的。"

乙:"你怎么断定一张桌子是客观物质存在的?"

甲:"我看到它,我还可以摸到它,甚至必要的话,我还可以称它的重量,量它的尺寸。总之,我们可以通过观测感知到它。"

乙:"物质的存在一定能够感知到吗?比如空气,按照经典理论的知识,其中也有物质存在,你为什么无法感知到呢?"

甲:"起码感知到的物体一定是有客观的物质存在,不是吗?"

乙:"海市蜃楼、梦中事物、幻想幻觉,你都能感知到。但即便根据经典理论的知识,其中似乎并没有物质的踪影。"

甲:"那么问题出在什么地方?让我好好想想。"

乙:"不用想了,问题就出你试图主观性地证明经典理论强调物质客观存在性的结论,而这个证明本身也是主观的。用'主观'证明'客观',你不觉得奇怪吗?真正的问题是离开了主观,你又如何能够去证明呢?"

显然,通过上面的分析,我们起码可以知道:在经典理论的框架内,物质是否存在,其与物质能否被感知到,没有任何因果关系。因此通过经典理论意义上的观测感知,是无法证明物质的客观存在性的。这也就是我们感知到的,经典宏观物质世界中的局域性事物,都是虚妄不实的根本原因。

从玻尔互补性原理的观点看,那些认为世界是局域现实的观点是错误的。所谓"局域性"观点是指:(1)真实的事物是客观存在的,它并不依赖于我们是否对其进行观察;(2)从一致性的观察和实验结果中得出一般的结论是合理的;(3)任何效应的传播速度都不能超过光速。但遗憾的是大量的实验证实了量子纠缠性的存在,物质世界根本上是非局域的。

实际上,从逻辑上讲,双缝光栅实验的结果"其中的含意是,不管理论将如何发展,两件事物中必有一个是正确的,要么存在着幽灵般的超距作用,要么在微观层次上没有爱因斯坦所希望的意义上的实在。"(牛顿,2000:189)前种情况反驳的是爱因斯坦的光速为最快速度的假设,后种情况反驳的是爱因斯坦的实在论。因此无论如何人们只能接受量子理论的玻尔

第二章 物质性空

解释!

或许读者马上又会想到,所有的物质是由原子组成的,既然在经典理论的宏观尺度上无法证明物质的客观存在性,我们可以通过量子理论在微观尺度上来证明原子的客观存在性,这样不就可以证明物质的客观存在性吗?

遗憾的是,正是因为量子理论的诞生,才使得艾萨克·牛顿的信念变得更加不合时宜。艾萨克·牛顿坚信的那些坚实无比、永久存在的原初微粒,也就是组成物质的基本粒子,在量子理论那里统统变得不再是坚实无比和永久存在的了。且不说,所有存在的粒子都有各自的半衰期,大多数往往是瞬间即逝,即使那些持久"存在着"的粒子,也不过是主观观测的结果,并非客观存在的。正如英国物理学家格里宾所说的那样:"从来没有人看见过电子或是原子,我们推断存在着我们称为电子或原子的东西,是因为一旦我们做某些实验,就能得出与电子和原子的存在相符的结果。但是我们确切'知道'的只是对仪表读数,或荧屏上闪烁光点的感官印象,而从来不是对我们自信正在研究的粒子的直接感觉。"(格里宾,2000:3)是的,在量子理论看来,牛顿信念中的物质微粒,根本不可能被我们的感官所觉察,物质的所谓存在,仅仅是我们思想的产物。

比如再拿一张桌子来说吧。就我们的感官而言,一张桌子表现为一个实实在在的物体,但按照我们所信赖的物理学定律去探测桌子的物质结构,实验结果只能表明那张桌子几乎就是真空。比如探测实验会发现,这张桌子是由众多微小的原子组成的,而原子之间的间隔却是广阔的真空。这种情形就好像是每个原子都如一颗沙子孤独地呆在一间大房间中央,而原子与原子之间都被分割在不同的房间里。至于那些尺寸大约是为 10^{-8} cm 的原子本身,真正"实在"的原子核仅占据着 10^{-13} cm 尺寸的地盘,其随时都在生生灭灭,看起来也一点不"实在",基本上是空空如也。如果一定要在一张桌子中寻找到实实在在的东西,那么只有那些看不见的电磁力了,它们显然不是物质,却可以将虚幻的原子束缚一起来组成桌子。

因此在量子理论看来,那种确定性的真实粒子的概念不再有效了,并且所谓的基本粒子也不再是事物的终极组分,如果按照日常用语来理解"真实",那么没有什么东西是"真实"的。我们所见到的一切事物,都不是永久的"存在",所谓事物的"存在",不过都是一种假象,除非我们是在一种不确定的或暂时性的意义上来谈论"存在"。

总之,从量子理论的观点看,物质存在并没有内在的真实性,一切都处于不确定的虚妄之中。正如英国物理学家里德雷在《时间、空间和万物》中最后一章用诗歌形式所强调的:"我们说空空如也,我们说如也空空,我们说量子的笑容。看万物飘忽不定,谁能说时间匆匆?没完没了的问题,说也无穷!"(里德雷,2002:180)

面对"万物飘忽不定",除了说一切"空空如也",我们还能说些什么呢?所以我们必须要重新审视什么是实在的构成要素,我们需要知道的是,物质粒子也不再像经典物理理论所认定的那样具有永恒性。

当然,如果要从中国古代去了解什么是真实的话,那么只有那个终极之道是真实。而这真实之道,便是彻底的空无。此间道理,在《淮南鸿烈·说山训》(刘文典,1989:520-521)中,借用魄与魂之间的对话,给出一段非常精彩的论述。我将其转录于此。

魄问于魂曰:"道何以为体?"

曰:"以无有为体。"

魄曰:"无有有形乎?"

魂曰:"无有。"

(魄曰:)"何得而闻也?"

魂曰:"吾直有所遇之耳。视之无形,听之无声,谓之幽冥。幽冥者,所以喻道,而非道也。"

魄曰:"吾闻得之矣,乃内视而自反也。"

魂曰:"凡得道者,形不可得而见,名不可得而扬。今汝已有形名矣,何道之所能乎!"

魄曰:"言者,独何为者?"

(魂曰:)"吾将反吾宗矣。"

魄反顾,魂忽然不见,反而自存,亦以沦于无形矣。

不知读者是否明白借用魂魄来讲述终极之道的用心,能否道破其中天机,以及是否理解"魂魄"所谈论的空无之道?《老子·第十章》云:"载营魄抱一,能无离乎?"道之无形由此可知。

物质是什么?物质是一种"境",或称"物境",这是从非局域性的整体宏

第二章 物质性空

观角度看待"物质"的称谓。有时"物境"是一种"场波",有时"物境"又是一种"物体",这是"物境"的不同本征态。更经常地,"物境"是两者的叠加,或者干脆说,是"物体"与"场波"的叠加,处于一种常态——即"和合"态。而我们之所以感知到物体的存在,完全源于我们主观的观测。不过由于观测本身就是对实在本性的一种破坏,因此通过这样主观观测,我们只能给出物体的某种主观描述,而永远不可能呈现物体本性。所以从经典理论宏观感知的立场看,永远不可能了解物质这种虚幻的本性。

这样一来,我们也就明白了,经典物理学所给予的物质存在性信念,与其说是表明真实物质的存在,倒不如说是心灵观测作用的结果。正像在上面那则关于"桌子存在性"对话中所表明的,离开了主体,根本就无法证明这种真实存在性,但依靠主体来证明物质是独立于主观而客观存在的又是荒谬的,更何况,"证明"本身就是主观参与的一个过程。因此倒是量子理论给出了更加深刻的洞见,这些洞见更加接近日常的真实性,就是"没有什么是真实的,我们不去观察它们时,则什么也不能说。"于是那种认为存在着基本的、独立的、坚硬不破的物质元素必然是不能成立的,结果带来的便是事物确定性的彻底丧失。

整体宇宙的纠缠性

事物确定性的丧失,意味着构成物质的粒子对于整个宇宙能量场具有内禀的依存性。我们这个宇宙是整体关联的,物质与真空,时间与空间,质量与能量,以及小到粒子,大到宇宙之间,均具有内禀的关联性。整体宇宙的这种内禀关联性,在量子理论中通常称为超距非力相关性,或简称纠缠性,指的是物质最小组成部分以一种超越所有可允许的时空界限的方式互相关联。

对于量子水平上的纠缠性而言,指的就是同源粒子之间固有的关联性。比如一次量子事件中产生的一对粒子,不管后来分离多远,总会"串通一气",以超越一切时空的方式纠缠一起。它们之间的相互作用总是同时瞬间发生的,因此它们也被人们戏称为所谓的"同谋粒子"。对于我们常规逻辑而言,这是一个难以理解的事实。

设想有一副手套,一只左手套和一只右手套。现在如果将其分别存放在两只密码箱中锁上,然后分别让两位不知内情的人将两个密码箱带到两个相距万里的不同地方。只有当他们到达目的地后才能够获取密码,然后打开密码箱,从而发现箱子中的手套是左手套还是右手套。按照我们的日常思维,我们会知道存在这样一些必然的结论。

(1)在手套被分别放入不同的密码箱里的那一时刻起,每只箱子里的手套就都是确定的,不是左手套,就是右手套,并只能二者居其一。

(2)在箱子的旅途中,每只箱子中手套的身份是确定的,也是不会改变的,并一直保持到目的地。

(3)到达目的地后,当其中一只箱子被人打开暴露"身份"后,打开箱子的人立刻就能推知另一只箱子里手套的"身份"。也就是说,如果这位打开箱子的人看到的是一只左手套,那么便可推知另一只箱子里的手套必然是右手套。反之亦然。

现在我们将一副手套换成在一次量子事件中产生的一对粒子,比如在 π 介子分裂时产生一对光子,进行类似上述一副手套的旅程,来考察这对光子在自旋取向上的纠缠性。根据量子物理学的逻辑,得到的结论是这样的。

(1)根据日常思维会认为,在这对光子被分别放入不同的密码箱里的那一时刻起,每只箱子里的光子就都是确定的,不是自旋向上,就是自旋向下,并只能二者居其一。但是根据量子理论,这一条就不再成立了。实际上在没有打开观测之前,每个光子的自旋属性都是不确定的,两个光子都处于自旋向上与自旋向下的叠加态之上,概无分别。

(2)在箱子的旅途中,每只箱子中光子的"身份"依然是不确定的,这种不确定性也不会改变的,并一直保持到目的地。

(3)到达目的地后,当其中一只箱子被人打开,试图观测光子的自旋属性时,箱子中的光子自旋状态便坍缩到一个非上即下的自旋本征态。与此同时,远隔万里的另一只箱子中的光子也同时坍缩到与之相反的自旋本征态。此时,打开箱子的人也立刻就能够推知另一只箱子里光子的自旋身份。也就是说,如果这位打开箱子的人看到的是一只自旋向上的光子,那么便可推知另一只箱子里的光子必然是自旋向下的。反之亦然。

在这里,似乎发生了超出人们想象的事件,两个光子似乎具有神奇的魔

第二章 物质性空

力,彼此灵犀相通,并步调一致地要捍卫自己的个性。这就是量子纠缠性,一种超越时空的固有关联性。也许这样的事实难以置信,但1935年由Einstein、Podolsky、Rosen三人提出的EPR效应实验,1959年由Aharonov、Bohm二人提出AB效应试验,1975年由Colella、Overhause和Werner三人提出引力干涉效应实验,以及据《纽约时报》2015年10月22日报道,荷兰代尔夫特理工大学的科学家采用贝尔实验方法具体证实相距1.3公里的成对电子之间存在"量子纠缠",这些都无可辩驳地证实了确实存在着这种量子纠缠性。

由于量子纠缠性反映的是量子相互作用并不受时空范围所局限,因此量子纠缠性也称为量子的非局域性,显然与爱因斯坦局域性相对论观点是相对立的。所以如何调和相对论与量子论之间的矛盾,就成为一个困扰物理统一理论的问题。为此,爱因斯坦与玻尔之间曾经有过长达30年之久的争论。但分离光子的自旋状态将一直保持相关性的事实,却迫使爱因斯坦必须在如下两个结论中做出选择,要么承认我们的宇宙存在着幽灵般的超距作用,要么承认在微观层次上没有爱因斯坦所希望意义上的实在性。如果承认前者,那么无疑就否定了爱因斯坦最快光速假设的合理性;如果承认后者,则又否定了爱因斯坦实在论立场。总之,在这场论辩中,爱因斯坦的相对论局域性观念失效了,取而代之的便是量子非局域性观念。

总之,我们必须承认的是,由于宇宙中同源粒子之间是通过这种超距相互作用固有地关联在一起,而我们所感知到的一切事物又无不是由相互作用的粒子集体所构成,这些粒子无一不是通过宇宙大爆炸这一同源事件得以形成。因此我们这个宇宙整个地是固有关联一体的。

这样一来,人们在宇宙任何一处做出的干扰,必然会对遥远的某处产生影响,并且这种影响是同步性的,不受有限光速的限制。在宇宙中,任何两个部分,不管它们是多么遥远,多么微不足道,都将保持固有的关联性,并通过某种即时的通信方式相互知晓对方所处的状态。这种固有的纠缠关联性,加上不确定性(阴阳不测之谓神),其结论也就是《易传》中所说的"唯神也,故不疾而速,不行而至"。

与此可见,世界的局域现实观点是错误的,世界根本上是非局域的。在宇宙的最基本层次上,任何事物都没有内禀的孤立性,所有的性质都是关于

047

事物之间关系,世界上的任何部分的性质也都是由世界整体关系决定,是世界整体性质的反映。这种非局域性概念应用的结果就是,它彻底推翻了世界可以被还原为一个个相互独立不同组分的观点,从而树立起世界是一个统一不可分割整体的观点。尽管在宏观尺度上看,组成世界的各个部分似乎是完全独立存在的,但实际上这些宏观部分在微观尺度上却有着固有的量子纠缠性,将他们牢牢地捆绑成一个不可分割的整体。

在量子理论看来,整个物质世界本质上就是相互纠缠的一个整体。用英国物理学家李·斯莫林的话讲,就是:"在最基本的层次上任何东西都没有内在的固有性质,所有的性质都是关于事物之间的关系的。……这种思想就是,世界任何一部分的性质都是由它的关系决定的,并且与世界的其余部分纠缠在一起。"(布罗克曼,2003:293-295)

也正因为如此,世界任何一部分的本性反映也必定是整个世界的本性,正如张载在《正蒙·诚明篇》中指出的:"性者,万物之一源,非有我之得私也。惟大人为能尽其道,是故立必俱立,知必周知,爱必兼爱,成不独成。"(张载,2000:131)。中国禅宗的永嘉玄觉大师在《证道歌》里也强调:"一性圆通一切性,一法遍含一切法。一月普现一切水,一切水月一月摄。"(道元,2000:650)这些都是有真知灼见的。这样读者也就不难理解诸如"粒沙见世界"之类的话语了。

从原理上讲,确实如此,你如果能够消灭一颗沙子,你就能够毁灭整体宇宙。因为一颗沙子的质量(归根结底是能量)取决于宇宙中全部物质(归根结底也是能量)。实际上你不可能消灭一颗沙子,尽管你可以任意改变一颗沙子的形态。在整体宇宙的统一能量场中,能量的表现形式可以改变,或沙子,或玻璃,或核能,或射线,但能量守恒定律不能被破坏,否则整体宇宙真的将不复存在。

自然宇宙中的所谓各个部分之间的联系是内在固有的,是超距非力相关的,宇宙是一个不可分割的,时刻不断变化的整体。这种整体不是说宇宙是大于部分之和的整体,而是说宇宙原本就是一个不可分割的整体,在这个整体中任何孤立地谈论部分是没有意义的。

整体关联性本身即是事物显现的根本,并没有自身独立存在的实体,因此一切事物穷其根本均是性空而已。这个空性不是别的,正是量子真空的

第二章 物质性空

波动性,是海森堡测不准原理的必然。这与大爆炸宇宙万有均源于空性是一拍相合的。任何事物都不可能单个地独立于其他事物而存在,就意味着一切都是空性的反映。

于是我们可以假设,正是宇宙大爆炸起点时刻的那个唯一的空性,通过将其自身贯穿整个大爆炸事件过程的能量场波函数,通告给了后续发生的所有量子事件,这样真空就成了所有尺度事物非局域关联性(空性)的媒介。而所谓空性,代表的就是宇宙的整体关联性。实际上也确实如此,宇宙时空中充满了能量的相互作用,宇宙时空就是一个整体统一的能量场。而这一相互关联的整体能量场就是宇宙诞生时刻量子真空的特殊表现形式。因此充满时空的能量不过就是量子真空的零点能,从中产生了空性(正负能量相互作用的波动性),这样的相互作用成为跨越尺度不同等级层次全息能量场产生的媒介,不同尺度种类的能量场在主观观测作用下导致了可观察世界的呈现。

但必须记住,在形成的所谓"物体"中,粒子依然处在能量不确定性生灭波动之中,并没有固定不变的所谓"实在",一切都是变动不居的。也就是说,表面上静止不变的物体,实际上一直处于动态粒子的生灭过程之中。由于这种变化的时空尺度非常小,在宏观上根本不可能觉察到这样的动态变化,就像我们观看连续播放的电影,其实是离散的一样,都是我们视觉局限性使然。因此我们所看到的一切"实体",其实都是不确定的"虚体"。

物质的构成要素并非是一个个分离的微粒,而是遍布所有空间中能量不均匀分布的表现,那些能量集聚的地方代表的就是物质粒子。所有的物质粒子又都在整个能量场中运动,代表的是能量相互作用,其中由粒子构成物质的引力影响着能量场空间的形态。物质在能量场中呈现,非常类似于波浪在海水中涌动,看上去波浪好像是某种有形实物,但实际上完全是海水自身的一部分,并完全是由海水的运动所产生。物质粒子也如此,同样也是由能量的运动产生。当我们谈论一个波浪时,实际上它并不真的存在,同样当我们谈论一个粒子的时候,它也是不存在的。我们之所以为波浪或粒子取名,仅仅是为了区分能量或海水的不同表现。宇宙能量场如同海洋一样,是一个不可分割的整体,我们所有"见到"的物质粒子或波浪的表现,都是主观观测的结果。

这样一来，与其说有所谓物质实体的存在，倒不如说是一种能量场的表现形式。也就是说物质的存在，不过是宇宙中能量不均匀分布的结果。而不同的粒子也只是不同能量的表现方式，其实能量才是我们这个世界的基本构成。物质可以被消灭，能量必须守恒（这其中要满足爱因斯坦的质能转换公式）。物质作为能量的表现形式，体现出来的就是一切物质，都可以看作是具有某种确定形式的物质波，并固有地相互纠缠构成一个整体。刻画这种固有整体性的名称，就是老子所说的那个根本之道，或者周敦颐所讲的太极，或者禅宗所说的空性。这些名称在指称上，都是一回事，指的都是物质世界固有整体关联性。

的确，即使在宏观场合下，我们所有看到的、听到的、触摸到的等感知到的一切事物，都是由能量场相互作用产生的粒子波包集合所构成的。在这其中，一切都是变动不居的，不存在永久不变的、独立的物质实在，没有一种事物是不依赖于其他事物而存在的。因此最终的根源就是整个宇宙这唯一的能量场，正像我们在宇宙诞生描述中所看到的，其源自于空，又复归于空。

因此作为能量的物质必定是变动不居的，无法独立存在的，一切都处于宇宙的整体关联之中，并取决于能量场的变化。在这个变化的能量场中，不存在所谓自由独立的粒子，有的只是虚实粒子生生灭灭出没的无限运动。或者按照量子理论所说的那样，量子真空中总是充满着虚粒子的生生灭灭永不停止的过程，一旦这些虚粒子捕捉足够的能量，就会变成一个真实的粒子。而我们所处宇宙的广袤时空中，无处不存在这样具有生生灭灭过程的"真空"。正如《五灯会元》中跋陀禅师所刻画的，是"一微空故众微空，众微空故一微空，一微空中无众微，众微空中无一微。"（普济，1984：116）

至于那些"坚实的"原子，乃至更加宏观的事物，也早已消解于我们知之甚少的深层能量场的变化之中，并最终与整个宇宙的整体能量场相融合。美国量子理论学家玻姆在《论创造力》的《知觉运动的艺术》一文中就是这样论述的："我们所知道的任何事物，都能以如此方式最终消解于运动之中。……在这一运动中，无物存在着。更精确地说，'物'是从我们知觉和思想的运动中抽象出来的，而任何这样的抽象，都仅在某种程度上有限地符合真实运动。有些'物'可以持续很长时间且相当稳定，另一些'物'则如同知觉云朵时抽象出来的形状，倏忽即逝。"（玻姆，2001：87）

第二章 物质性空

在宇宙空性导演的这一幅整体能量场的图景中,宇宙的宏观性质与微观性质并不是彼此无关的,而是有着密切的固有联系。这种固有联系,自然也反映在量子微观世界与宇宙宏观世界所表现出来的一致性,它们都可以用量子物理学的波函数来描述,受制于同样一个能量场理论,起码在原理上是这样的。但在宏观尺度上,如果企图用量子物理学来描述整个宇宙(给出宇宙的波函数),就会遇到观察者本身也被包含在其中的悖论。此时便遭遇到一个观察之观察的问题,这又如何解释呢?很显然,观察仪器的无限后推必定指向物我合一的意识之心。于是观察就成为一种自因性的观察,结果同样回到宇宙"空性"显现!

实际上宇宙的整体关联性使得我们可以对量子波函数所描述的事实做出完全合理的解释,而根本无需对观测对象与观测者之间做出区分。用东方哲学思想来讲,对于梵我合一的空性,一切存在于意识的体悟之中。不存在什么"客观"的对象,一切"观察"都是"主观"的体现!要之,宇宙的终极本体既不是一个,也不是两个,而是一个具有叠加精神与物质两极的单一状态,是真空缘起的空性。也就是说,我们整个物质世界与我们的精神世界实际上是整体关联在一起的。

这一情形可以用"薛定谔的猫"来说明。在《原子中的幽灵》一书中,量子理论的"薛定谔猫的佯谬"是这样描述的:"'一只猫关在一钢盒内,盒中有下述极残忍的装置(必须保证此装置不受猫的直接干扰),在盖革计数器中有一小块辐射物质,它非常小,或许在1小时内只有一个原子衰变。在相同的几率下,或许没有一个原子衰变。如果发生衰变,计数器便放电并通过继电器释放一锤,击碎一个小的氢氰酸瓶。如果人们使这整个系统自在1个小时,那么人们会说,如果在此期间没有原子衰变,这猫就是活的。第一次原子衰变必定会毒杀了猫。'我们自己心里十分清楚(常规的逻辑),那只猫是非死即活,两者必居其一。可是按照量子力学规则,盒内整个系统处于两种态的叠加之中,一态中有活猫,另一态中有死猫。但是一只又活又死的猫,是什么意思呢?据推测,猫自己知道它是活还是死。然而按照冯·诺伊曼的回归推理,我们不得不做出结论,不幸的动物继续处于一种悬而未决的死活状态之中,直到某人窥视盒内,看个究竟为止。"(戴维斯,1992:26)

太不可思议了,一只既死又活的猫!如何解释这种奇特的量子行为呢?

以玻尔代表的量子力学哥本哈根学派认为,正是观测作用本身迫使量子系统坍缩到其可能选择的状态之一上。按照哥本哈根学派的观点,观测仪器就是一部状态转换装置,其将不确定的量子叠加态转变为确定的经典物理意义上的本征态。也就是说,观测是一个变换,在虚幻的量子世界与真实的经验世界之间架起了一座桥梁,而人类所能经验到的一切事物都是经过这种变换后所获得的认识。因此简单地说,哥本哈根学派强调的就是,没有自发的量子事件,只有取决于观测者的量子事件,是观测操作产生了特定状态的事物。

比如对于一个粒子,就经典物理学而言,粒子是一种既具有确定位置又具有确定动量的事物,但对于量子物理学,粒子要么给出确定的位置,要么给出确定的动量。但无论如何不能两者都同时确定给出。也就是说,在一次观测作用时,尽管两者均潜在可能成为较确定的,但要使其中一个属性的确定值梦想成真,结果必然以牺牲另一属性值的确定程度为代价。

此时,如果希望避免测不准性的测量,把握实在的本性,唯有将精神与物质合二为一,统一到空性上。当精神的主体与物质的客体合而为一,那就无所谓客观主观,达到物我两忘的状态,就可以超越任何概念分别。只有这个时候,才能真正地把握物质的本性,这个本性就是空性,或者称为物质世界的固有整体关联性。

你看,通过量子世界的深入探索,西方科学终于认识到中华圣学所讲述那个空无的真正寓意了。遗憾的是,反倒是我们现在很多东方人,被物象所蔽,不能明了空无的本真含义。必须清楚,我们讲虚妄不实,不是指物质世界本性上的虚妄不实,而是指我们可见世界表现上的虚妄不实。物质世界的本质是空性,空性不是虚妄,而是物质世界固有的整体关联性,主客体合一的空性。

现在读者是否明白什么是空无?空即是色,色亦是空;无即是有,有亦是无。所谓空性是有与无的叠加,当主观去测量客观世界时,客观世界便呈现有。如果主观不去测量客观世界,客观世界便无所呈现。所以这个终极的"空性",跟我们日常生活中理解的"空",不是一个意思,它的本意指的是,我们整个宇宙就是一个不可分割的大真空。因为整个宇宙的总能量可以假设为零,但整个宇宙的能量分布则可以是不均匀的,有正有负,当主观测量

第二章 物质性空

之时,能量聚集多的地方,就表现出了物质存在的一种形式。其实宇宙中的任何一处"真空"无不如此,因为海森堡测不准原理的作用,一旦主观加以测量,就必然会有可观测的物质效应产生。这样,在具有大量能量的局部区域,产生大量真实粒子在四种基本物理力相互作用的束缚,就形成了可观的物体。

所以"客观"世界的一切物质,归根结底都是刹那生灭无常的"空无"。对此境况,慧远在《大智论抄序》中非常贴切地作了深刻的论述:"生涂兆于无始之境,变化构于倚伏之场。咸生于未有而有,灭于既有而无。推而尽之,则知有无回谢于一法,相待而非原;生灭两行于一化,映空而无主。"(僧祐,1995:389-390)

如果进一步考虑到主客观之间的纠缠性,那么宗密在《禅源诸诠集都序》中给出的就更为全面:"心境互依,空而似有故也。且心不孤起,托境方生。境不自生,由心故现。心空即境谢,境灭即心空。未有无境之心,曾无无心之境。如梦见物,似能见所见之殊,其实同一虚妄,都无所有。诸识诸境,亦复如是。以皆假托众缘,无自性故。'未曾有一法,不从因缘生。是故一切法,无不是空者'。"(石峻,1981:434)

也就是说,你所观测的客观世界与你的主观是相互依存的。正因为这样,看起来好像是空,其实它不空;看起来好像是不空,其实它是空。就因为只要你主观与客观相互分离,就会坍缩到一个本征态。如果你把主观与客观合在一起了,那就是根本之道。

比如前面说的那个《老子》中的"惚恍",惚恍是什么?惚恍就是空性!空性是什么?就是"无状之状"、"无物之象",就是根本没有任何物质,又可以产生一切物质的那个本真,这就是空性。正因为有这个空性,而且有能量的波动效应,老子才会说"其中有物"、"其中有象"。这样,就清楚在中华圣学的天道思想中,理解空性不存在任何困难。可是西方人喜欢逻辑分别,非要说"是"与"非","真"与"假","有"与"无",非要运用概念分别,于是乎在西方的哲学上就变成一个困难问题了。

讲到了这里,读者也许就像前面看不懂《老子》关于道的论述一样,现在也被量子理论搞得晕头转向,不知所措。但你们不必为此灰心,因为提出量子理论哥本哈根解释学说的玻尔就指出:"这些规律超出于我们普通经验的领域之外，而给我们的习见知觉形式带来了困难。"（玻尔，1999：8）况且在量子理论的论述中，还有那许多晦涩难懂的波函数方程和推导，更是超出了非物理学专业普通读者的把握能力。

因此如果读者是学文科的，实在是不想关心量子理论的理论模型、波函数公式等这些晦涩难懂的科学论述，那读读《老子》就行了。因为《老子》书中描写的"道"，在思想层面跟量子理论关于物质本原的论述是一致的。尽管《老子》是两千多年前写成的，不像量子理论那样有很多科学公式推导、现象分析和具体实验，可是在思想深度上绝对不亚于量子理论的阐述。因此读者可以回到《老子》的"道之为物，惟恍惟惚。惚兮恍兮，其中有象；恍兮惚兮，其中有物。……"这就是物质世界的本性，恍惚空性。

为了形象地刻画这一"恍惚空性"，物质世界的本原，我们引用英国19世纪湖畔诗人华兹华斯（Wordsworth）写过的这样一首诗歌（希克，2000：39）：

  我感到一种存在，
  它以高尚思想的喜悦激荡着我的心灵，
  又感到深深地相互渗透的事物的崇高感。
  它寄寓在落日的余晖中，
  在滚圆的大海和流动的空气中，
  在蔚蓝的天空和人的心灵中。
  它是一种运动和精神，推动着
  一切有思之物，
  一切思维的对象，
  并流转于宇宙万物之中。

可以看出，这首诗歌写得非常通俗，但含义非常深刻，华兹华斯说"我感到一种存在"，我们这里要探讨的就是物质世界的存在本原。这是一种"深深地相互渗透的事物的崇高感"，注意是"深深地相互渗透"，包含有相互纠缠在一起的意味。而且这种本原性的存在，不但是无处不在的，"寄寓在落日的余晖中""在滚圆的大海""流动的空气中"以及"在蔚蓝的天空和人的心灵中"，而且也是一种无时不有的"运动"，更是"一种精神"。并以此"推动着一切有思之物"（思维主体），以及"一切思维的对象"（被思客体），这就是"流

第二章 物质性空

转于宇宙万物之中"的本原,那个恍惚空性之道。

其实更加全面而又简练生动描述这一空性之道,还是在中华圣学有关天道论述之中。在《周易·系辞》中对于根本之道的"易"是这么说的:"易,无思也,无为也,寂然不动,感而遂通天下之故,非天下之至神,其孰能与于此?""夫易,圣人之所以极深而研几也。唯深也,故能通天下之志;唯几也,故能成天下之务;唯神也,故不疾而速,不行而至。"从无思无为的"寂然不动"之空无,到"遂通天下"的万象,一个"感"字,就把通过主观测量而获得世界万象之状,刻画得淋漓尽致。至于"几"者,乃有无之间"动之微"也,正是万象产生的关键。而"神"者,为阴阳不测之"纠缠性",就是超越时空界限固有关联,从而导致"不疾而速,不行而至"的原因。所有这些全面深刻的描述,便是圣学关于天道本原论述的无穷魅力!

第三章

宇宙缘起

> 有物混成,先天地生。寂兮寥兮,独立而不改,周行而不殆,可以为天下母。吾不知其名,字之曰道……道生一,一生二,二生三,三生万物。万物负阴而抱阳,冲气以为和。
>
> ——《老子》

惊叹于宇宙的浩渺神秘,人们往往会发出这样的天问,我们所身处的茫茫宇宙是如何产生的呢?在前面一章里,我们了解物质世界的本原,就是恍惚空性,而且也指出这个恍惚空性是"其中有信"的,具有一种称为"几"的生发性。所以这一章我们就来看宇宙缘起的法则。这里,"缘起"是佛教教义中的词汇,强调一切事物发生发展都是因缘和合的结果。那么宇宙缘起的根据到底是什么呢?包括精神与物质在内的宇宙万有到底是如何产生的呢?为探明这样一个基本问题,当然需要依靠现代科学理论,去了解宇宙演变的进程,来还原出宇宙缘起的"真实图景"。

万有缘起的法则

首先,从哲学思辨的角度讲,要回答宇宙万有是从哪来的,大概有两种可供选择的答案,第一种是"有"生"有",第二种则是"无"生"有"。显然第一种答案是平凡的,等于什么都没说,根本就没解决这个"有"是从哪儿来的疑问。因此在人类的历史上,所有民族的先民,所形成的主流文化,都认为是"无"生"有"。

比如在中国先秦经典著作《老子》第四十章中就说:"天下万物生于有,

第三章 宇宙缘起

有生于无。"在《庄子·庚桑楚》中则说得更加清楚:"万物出乎无有。有不能以有为有,必出乎无有,而无有一无有。""无有"就是什么都没有,是"空无一切",而正是这个空无一切的"无有"产生了"有"。也就是说,万有的产生只能归结为"无有"之上。

至于"万有"是如何从"无有"中产生的呢?面对这样的问题,在古代不同的哲学思辨性学说中,形成了众说纷纭的不同答案。其中对人们思想产生重大影响的主要有三种典型的理论学说:(1)上帝创世的神创论;(2)万法唯识的心创论;(3)道法自然的自创论。我们分别做如下简要的介绍。

第一种是神创论。这是包括犹太教、基督教和伊斯兰教等在内所有一神教的共同观点,认为宇宙万有的一切都是神造的。这个观点最早写在《圣经·旧约》里,《圣经·旧约》"创世纪"说:"起初,神创造天地,地是空虚混沌,深渊上一片黑暗。神的灵运行在水面上,神说要有光,就有了光。"(黄朱伦,2009:9)以此类推,神要什么,就有了什么,最后要有人,人也就有了。总之,神用了6天,什么都有了,世界就被神造出来了。这就是神创论,不讲过程,也不讲机制,只强调神的全知全能,一切都是上帝之神造的。

第二种是心创论。主要属于印度佛教唯识论的观点,强调一切唯心所造。唯识论认为世界上的万事万物都是人心里造作出来的,本来都没有的。佛教唯识论的这个观点,虽然强调万法唯心所造,但所造之心,归根到底在于一个本原种子,就是阿赖耶识,类似于那个上帝之神,一切都是由这个种子缘起的。总而言之,这种观点认为万事万物是从心识种子里生发出来的。至于怎么生出来的,自然是主观观测的结果。因此这种心创论的观点,还是有一点科学道理的。

第三种是自创论。这种观点认为宇宙万有是大自然自发创造出来的,强调所谓"道法自然"的主张。可以这么说,中国古代主流思想学派,不管是儒家还是道家,都是持这样一种自创论的观点。特别是中华圣学就包括了丰富深刻的自创论思想,并且从孔子开始,经过历代思想家的不断努力,基于这种自创论的观点,还建立了非常复杂的天道理论体系。大致上讲,中华圣学建立起来的这种天道学说,起码在宏观层次上,基本上能够自洽地解释宇宙万事万物的发生发展现象和规律。

抛开信仰不谈(信仰是不能用来争辩的),上述三种学说观点,到底哪一种更加符合宇宙缘起的真实图景呢？或者说，根据现代科学，到底哪一种学说观点比较自洽合理，起码在逻辑一致性上能够与我们科学观察到的现象与规律相吻合呢？

为此，让我们来看看现代科学是怎么说的。根据现代宇宙学研究成就，迄今为止比较公认的宇宙起源学说，就是宇宙大爆炸理论。因此我们就从这个理论入手，来看看宇宙是如何起源的，宇宙的万有又是怎么产生的。或许我们不但能够从中发现一些有力的证据，弄清上述三种理论哪种更为自洽合理，而且说不定也可以解决困扰我们普通读者一直百思不得其解的许多谜团，比如说精神的来源问题。

我们知道，宇宙万有是从无有或空无中产生的。那么现代科学是如何解释空无产生万有的呢？此时，就要让我们再从空无的本性说起了。首先空无，物理学中也称真空，是指空无一物的存在，是没有任何物质的空间区域中能量处于相对稳定不变的一种状态。根据相对论量子场论的观点，可以将真空看作是一种能量处于零点基态的量子场。当然对于量子理论而言，能量不是连续的，因此量子态的能量往往用不同的能级来表示。由于能级是一个相对概念（主要是相对论量子场论中能量可以为负，因此能量的大小是相对比较而定的），因此为了讨论的方便起见，我们可以规定眼下考虑的真空量子态是处于零点能级上。

处于零点能级的量子真空具有什么性质呢？如果读者认为现代量子理论是合理的，那么根据量子理论，任何事物都具有量子属性。因此我们可以基于海森堡测不准原理去测量这个量子真空，这自然是没有问题的。可是当我们去测量这个量子真空的时候，根据海森堡测不准原理，真空里的能量一定是有波动效应的。什么是波动效应？就是对于一个物理量的测量永远会有不确定性的误差，这个误差对应到能量属性就叫能量波动效应。比如我们去测量这个真空，这个真空到底有多少能量？根据测不准原理，该真空的能量一定有误差，一会儿高，一会儿低，这个误差就叫波动效应。

显然，量子真空的这种波动效应可以看作是真空的本性，是依赖于时间的，具有时间属性。原则上，这种依赖于时间的能量波动性，是任何时空尺度下的真空都具备的性质。但由于 h 的数值非常小，因此只有在非常小的时空尺度情况下，才会有可观测的能量波动效应。如果在时间尺度非常小

第三章 宇宙缘起

的情况下，比如小于 10^{-43} 秒来观测真空（因而可观测的空间尺度也非常小，大约是 10^{-33} 厘米），那么根据真空的上述本性（通过海森堡测不准原理的公式计算 ΔE 的值），其能量涨落的幅度会达到无比巨大。量子真空里的能量波动，就成为波浪翻滚的沸腾海洋。

具体地讲，量子测量的不确定性是针对互为对易的物理量而言的，根据海森堡测不准原理的具体计算公式，真空中能量与时间是互为对易的一对物理量。因此其能量的误差 ΔE 与时间误差 Δt 之积要保持在普朗克常数 h 的水平上（h 是普朗克常数，为 $6.55×10^{-27}$ 尔格·秒），不能无限小。即我们有：

$$(\Delta E)(\Delta t) \geqslant h$$

据此，我们可以断定，真空中的能量永远处于 ΔE 范围的涨落之中。这便是真空的本性，简称空性。

现在如果让时间误差足够小，比如令 Δt 小于 10^{-43} 秒，那么 ΔE 一定要非常大，根据上述公式可以计算：

$$\Delta E \geqslant h/\Delta t = (6.55×10^{-27} 尔格)×(10^{43}) = 6.55×10^{16} 尔格$$

得到 ΔE 为一个是 10 的 16 次方尔格这么大的能量误差，这是非常巨大的能量波动。因此可以推断，在宇宙起始的最初 10^{-43} 秒之内（此时，宇宙空间也就在 10^{-33} 立方厘米范围之内），就必然存在这样一个具有巨大能量波动的时刻。

这么大能量波动是一个什么概念呢？我们宇宙所有正能量合在一起也就这么大。这也就意味着，量子真空在这么小的空间里，有那么大的能量在波动，意味着在 10^{16} 尔格到 10^{-16} 尔格的范围内，不停地发生着能量涨落现象。

所谓涨落就是指能量正负波动。作个比较形象的比喻，将真空比喻为海洋，大海海水的总容量代表真空的总能量，海浪就是能量的波动，海浪的高度就是正能量的幅值，那么对应于没有风浪的平静的海面，海平面的高度就是代表真空的零点能量值；对应于有风浪的海面，波峰取正能量值，波谷取负能量值。对于量子真空而言，其中的风浪就是海森堡测不准原理，而海洋的波浪翻滚就是真空的能量涨落，代表量子真空能量的波动效应。

在真空的海洋里，只要翻滚波浪不超过崇山峻岭的屏障，海水的总容量是不会变的。因为当有巨浪涌起的时候,相对地一定同时存在巨大的波谷,这样才能保持能量守恒,整个真空量子场的能量总和不变,依然是零点。但如果掀起的巨浪达到非常惊人的程度,足以越过海洋周围的崇山峻岭屏障(对应到量子真空,就是束缚真空的能量势垒。这种势垒会被穿透,称为量子隧道效应,简略地说,能量波动可以"借"到一些能量 ΔE,并在时间 $\Delta t = h/\Delta E$ 内把能量还回去,就可以维持平衡。但如果借贷到的能量一旦越过势垒,结果发生不可逆转的过程,借贷到的能量就无法归还了),那么就会发生决堤式的能量泄流,泄流的能量可以发生宇宙级别的大爆炸。

但真空毕竟不是海洋,在巨大能量暴胀的推动下,真空就发生不可逆转的能量暴胀变化过程。结果导致真空的海平面急剧下降,真空跃迁到更低的能级。真空能量的暴胀带来了空间的急剧扩张和物质的形成分化,同时伴随着的便是更加稳定的,更低负能级的真空,占据着所有的空间。这是一个能量守恒的共生过程,真空能量的暴泄与真空能级的降迁是相互纠缠的量子并发事件(同一个量子事件发生的事物,一定具有量子纠缠性)。物理学中一般将暴胀前的真空称为赝真空,而暴胀后的真空称为真真空,其实只是处在不同能级的真空。因此反过来讲,读者也可以将真真空的能级定为零点,而赝真空的能级定为正能级,对于相对论量子场论而言,这不会影响任何结果。

这就是宇宙诞生的大爆炸理论勾勒出来的一幅壮丽画卷。为了更好地弄清这一量子事件所带来结果的细节,我们再仔细考察物质在这一事件中具体的形成过程。事实上,1955 年,惠勒以原始粗略的方式结合量子理论和广义相对论的定律,得出在普朗克-惠勒长度,1.62×10^{-33} 厘米或更小的区域内,存在着巨大的真空涨落。如我们所知,真空涨落的空间充满着沸腾的"沸子",形成一堆量子泡沫。这些不断生生灭灭的"沸子",就是虚粒子对不断产生和湮灭的表现形式。

真空中的能量涨落,其实是一个不停借贷能量产生虚粒子对然后产生的虚粒子对再相互碰撞湮灭进行能量还贷的生生灭灭过程。在此过程中,如果一次产生的虚粒子对中的一个能够借贷到足够的能量,就会成为实粒子,同时在真空中留下一个负能量空洞,以确保能量守恒。当然大多数产生的实粒子通过衰变而瓦解,如果产生的实粒子是电子、中微子、上下夸克,那

第三章 宇宙缘起

么就具备了形成物质的砖块。而由实粒子身后留下的负能量空洞与真空一起就构成了虚粒子负能量海(也称狄拉克负能量海,因为这个概念是由法国物理学家狄拉克首先提出来的)。因此在现在宇宙的真空中,排除了物质和辐射等,剩下的就是狄拉克负能量海。其代表的正是更低能级的真空,并与所有物质性能量(包括辐射能、暗物质、暗能量,物质与正能量可以相互转换的,爱因斯坦给出的质能转换公式 $E=mc^2$,就是计算给定质量的能量值)一起叠加,还原为初始的零点真空,保持能量守恒。

总之,从科学理论上推断量子真空,一定会产生这种大爆炸,原来宇宙大爆炸之前那个赝真空,具有正能级的。当涨落的能量足够大,以至于产生量子隧道效应,突破了量子势垒的束缚,就形成了大爆炸。或者有人会问,现在真空也无处不在,为什么没看到大爆炸的产生呢?这是因为大爆炸之后的真空,能级已经非常非常低了,其涨落能量的波动效应,难以突破量子势垒的束缚,不足以再次引起大爆炸,只有之前那个高能级的赝真空能量涨落才能导致一场宇宙大爆炸。

现在的问题是,上述描述的过程是我们这个宇宙诞生的真实图景吗?我们的宇宙真的是由一个零点真空的大爆炸产生的吗?为了回答这个问题,让我们到美国天文学家哈勃的望远镜里看看宇宙正在发生的故事,然后再检验能否重构其整体宇宙真实的演变过程。

从1923年起,美国天文学家哈勃在威尔逊山天文台进行了一系列观察,到了1929年,证实了天文学上的多普勒效应(红移),发现所观察到的天体全都是远离我们地球而去,说明宇宙是在不断膨胀。哈勃对宇宙膨胀的第一次估算大约是每秒每兆秒差距500公里(1兆秒差距约等于300万光年),即相距1兆秒差距的星系相互间的退行速率是500km/s。根据哈勃的研究,可以得到这样一个定律,光源越远,离我们而去的速度也越快。这样一来,我们所处的宇宙就真的是一个不断膨胀的宇宙。

现在倘若我们倒转时间箭头的方向,即向宇宙前行的逆时间方向回退,那么无疑我们的宇宙就会收缩,变得越来越小。此时宇宙中所有的物质质量与辐射能量,连同所有的作用力,都会挤压在一个非常致密的小小空间之中。根据对目前星系的退行速度计算(根据2010年所得到的最佳观测结果),大约在300亿年至230亿年前的某一时刻,宇宙就会收缩成为能量无比致密的一个点。此时，由于描述这样的时空状态，广义相对论失效，因此科学家们也称其为宇宙"奇点"。也就是说，当我们将宇宙逆向推演到宇宙时间的尽头，在那 10^{-43} 秒的量子尺度那一刻，宇宙正是上述量子真空所描述的情形。不同的是，宇宙奇点所处的能级比较高，因此很容易跃迁到更低的能级，从而释放大量的能量，这就是宇宙大爆炸。目前我们的宇宙所具有背景热辐射，化学元素的相对丰度以及空间的均匀性，都已经成为支持宇宙大爆炸理论的强有力的证据。

至于当宇宙膨胀并冷却下来时，构成物质的夸克为什么没有与其对应的反夸克相互碰撞而全部湮灭呢？答案是因为早期宇宙是不服从时间对称的，即对于宇宙的前进或后退的时间方向定律是不一样的，这种现象称为对称破缺（美籍华裔科学家杨振宁与李政道因此获得诺贝尔物理奖）。也就说，在宇宙中存在着不服从时间对称的力，因此当宇宙膨胀时，相对于将电子变成反夸克，这些力更容易将反电子变成夸克，使得夸克数目比反夸克略多些。这些没有被湮灭的剩余夸克构成我们今天看到的物质。

根据现在的科学结论，宇宙大爆炸及其演变过程是这样的。在宇宙大爆炸的起初，由于巨大的能量顷刻爆发，宇宙呈指数式暴胀，几乎每隔 10^{-34} 秒，其尺度就增大一倍。在此阶段，宇宙也是一个充满辐射的地狱，无与伦比的高温，使得任何原子或分子均不可能存在下去。只有在数分钟之后，宇宙才冷却到能够形成最简单的氢原子核和氦原子核。这种状态一直持续下去，直到数百万年之后，宇宙才冷却到能够形成原子的物质生态。之后不久，又可以形成简单的分子。

相对而言，宇宙在大爆炸中所产生的物质是十分稀少的，如果将眼下宇宙中的全部物质均匀分布到整个宇宙空间中去，那么在每立方米的空间中大约只能拥有一个原子。这几乎就是真空，作为比较，科学家在实验室中所产生的最纯真空拥有的原子数还要比这多得多。好在宇宙中的物质在引力的作用下具有聚堆效应，这样在引力的不稳定性拉动下，微观尺度时期宇宙的微小初始不规则性被不断增大，致使原初物质分布的一点点不均匀就足以在长期演化过程中形成星系，星系中又形成数以亿计的恒星。这些星系又在引力的作用下相互聚集，使得整个宇宙形成超星系团套着星系团（大小横亘数百万光年的结构），星系团又套着众多星系的格局（包括可能是黯淡的恒星,也可能是奇异的粒子或者黑洞等暗物质组成部分)。

因此是引力决定天体演化的进程,并导致物质复杂结构的起源。确切地说,是引力与其他三种物质作用力(电磁力、弱核力、强核力)相互作用,决定着构成星系基本单位恒星的演化过程。

在宇宙的某一个星系中的某一个相对聚集的气云团(早先的恒星主要成分是氢与氦),在引力的作用下继续收缩,直到密度增加100亿亿倍的时候,就形成了恒星。在物质作用力中,质子间的电斥力比引力要强10^{36}倍,但由于恒星质量巨大,在大尺度上,由于引力的累积效果,及正负电荷的中和效应,反而引力成为主角,能够超过电子与质子之间的电斥力。此时巨大的引力趋向于引起恒星坍缩,最后将电子与质子挤压在一起,形成一种称为等离子体的物质形态。但当离子受到压缩时,电子与质子的运动越来越快,产生的热能也越来越多,从而又形成一种热运动压力,阻止进一步的引力坍缩。这样,在带电离子热运动形成的压力与引力相互作用下,恒星中心最终将变成超高温致密体,因而引发热核反应(俗称燃烧氢,代表的是强核斥力作用,与单个质子之间的引力相比强10^{38}倍),将氢转化为氦,产生的能量主要以光辐射的形式散发到太空。

恒星中的热核反应主要在其核心发生,因此恒星的核心最后将主要由氦构成。当恒星中的氢将要燃烧殆尽的时候,由氢核反应产生的能量越来越少,引力将在原来的动态平衡中重占上风,恒星再次开始坍缩,结果会使温度重新升高,加快氢燃烧的速度,不断增加的热量,引起恒星外层急速膨胀至数百千倍,恒星变成红巨星。

另一方面,随着氢的燃烧后产生越来越多的氦,恒星的核心会进一步坍缩,变得越来越致密。由于构成物质的粒子(质子、中子、电子)均为费米子,而费米子服从泡利不相容原理,要求不同的费米子不能出现在相同的能级上。因此当恒星压缩到非常狭小的空间密度时,泡利不相容原理将会阻止恒星的进一步坍缩(代表弱核斥力,与单个质子之间的引力相比强10^{34}倍),但更高的温度与密度会促使氦开始燃烧,将氦变成碳。氦的热核反应进行得非常快,最后形成一个炽热的碳中心,并把恒星所有外层部分都抛到太空中,剩下的内核变成一颗"白矮星",并随着时间(大约1万亿年)慢慢冷却,最终成为"黑矮星"。

如果恒星的质量足够大,或者处于一个双星系统中,形成的白矮星能够从其伴星中聚集大量的氢,那么恒星似乎不能再以可控制的方式找到其稳定状态了,就会发生超新星爆炸。由于超新星爆炸时能够达到极端高的温度,足以引起一系列的所有高阶热核反应,从而产生各种高阶元素。因此可以说,正是超新星爆炸,创造了组成地球的全部元素组合。而这些元素组合,就是复杂生命化学现象的建筑基元。

质量非常巨大的恒星,在氦燃烧生成碳的演化阶段完成后,还可以继续发生新的热核反应,一系列的热核反应将产生越来越重的原子核,直到最后生成铁。恒星的核心变成铁后,等到核燃料消耗殆尽,这时引力又开始起主导作用,恒星继续开始坍缩,当引力(恒星的质量)足够大到电子的泡利不相容原理也无法阻止恒星的坍缩的时候,电子与质子将引起弱核相互作用,变成中子,中子的泡利不相容原理将阻止进一步的坍缩,使得恒星又保持一种稳定状态,于是整个恒星变成中子星。如果引力大到超过中子的泡利不相容原理的阻止力,那么恒星彻底坍缩,形成黑洞。因为空间极端弯曲,任何物质,甚至光也无法逃脱黑洞的魔掌。

值得注意的是,在上述恒星的演化过程中,不同的结局取决于恒星的质量(从而取决于引力大小)。如果以太阳这颗恒星为标准,那么大于太阳质量1.44倍,小于3.2倍的收缩为中子星,不及太阳质量1.44倍的变为白矮星。如果恒星质量大于太阳质量的3.2倍,那么恒星将会演化成黑洞。由其引力半径所规定的时空界面,就是黑洞视界,在视界内光子也难逃被黑洞捕获的厄运。

恒星的这种演化成果,结果导致整个宇宙星系生态性的整体演化,老的恒星"涅槃"后抛撒出来包含丰富元素的尘埃物质,成为新生恒星重要组分的一个来源。此时在星云中气体收缩形成新的恒星时,由于非常微弱的自转,最后被非线性地加强。恒星形成足够强大的自旋,使得产生的离心力足以阻止所有物质全部落到恒星表面。于是那些没有到达恒星表面的物质就会因此留在恒星周围,围绕这颗新生的恒星转动。转动的这些物质将形成椭圆状的扁盘,这就是行星系统的雏形。然后其中的尘埃物质将频繁碰撞,相互结合,形成岩石团。这些岩石团又进一步结合成更大的物体,最后就合并成行星。

第三章 宇宙缘起

其实,在我们的太阳形成之前,可能已经有几代恒星完整地经过了它们的生命轮回,将太古时的氢转变成构建生命的一砖一瓦,并通过爆炸,把它们抛回太空。从氢原子、氦原子、氧原子,到碳、氮、硅、铁……直到第92号元素铀。这样最后的结果就是,我们宇宙不但形成包括太阳这样恒星在内的众多星系,而且像太阳这样的恒星系统还拥有了包含构成生命所有元素的行星,如我们所居住的地球。当然,正是在这些行星上,后来孕育了种种复杂的生物化学产物,并衍生出能够观察宇宙演变过程的我们人类自己。

时空合一的世界

自然宇宙大爆炸除了导致物质与能量的诞生之外,还意味着时空的诞生。其实爆炸必定有一个过程,这就有时间属性。爆炸也意味着疆域的扩张,这又带来了空间属性。爆炸自然是有起点的,因此时间是单向的,空间是不断扩张的。还有就是,由于爆炸过程中能量涨落的不均匀分布,因此带来的直接结果就是由引力作用下产生的时空也不是平直的,即所谓的时空弯曲。正如澳大利亚物理学家戴维斯在《宇宙的最后三分钟》中所描述的那样:"大爆炸时的条件意味着时间的无限弯曲,所以时间(还有空间)的实际概念不能外推到大爆炸之前。看来我们不得不得出这样的结论,即大爆炸是一切——空间、时间、物质和能量的最初开端。"(戴维斯,1995:18)

为什么是"万有"而不是"万物"?因为除了物质与能量,别忘了还有时空,宇宙是物质、能量与时空合一的宇宙。时空怎么来的呢?很简单,宇宙大爆炸,膨胀过程中产生了空间。宇宙爆炸是从一个点爆炸的,那么有一个箭头,越来越暴胀,那个叫时间箭头。所以时间和空间是宇宙大爆炸的必然属性。只要有大爆炸,一定有时空,只是要注意的一条是,在宇宙大爆炸中这个时空一定是合一的,不能把它分开。这就是为什么爱因斯坦在广义相对论里要把时空统一称作四维时空的原因。

更有意思的是,由大爆炸产生的时空并非是绝对的,而是相对于参照基准的,这就是爱因斯坦所建立的广义相对论所描绘的宇宙时空。广义相对论的核心思想是,时空是引力作用的结果,当我们将光速作为恒常不变量,如果不是以某个相对坐标系(惯性系)来作为参照基准,那么我们根本就无法给出空间中不同点上同时发生事件的判定。这样便彻底摒除了绝对的空间坐标系概念，并将时空融为相互关联的一个整体。这就是广义相对论所给出的时空观。

爱因斯坦在广义相对论中给出的第一个结论是：引力恰好就是空间和时间的曲率效应。也就是爱因斯坦认为，引力是导致时空弯曲的根源，就是说通过引力波传递影响时空弯曲。而引力波的存在最近刚刚得到实验的证实：2016年2月11日，LSC（激光干涉引力波观测站科学合作组织，LIGO Scientific Collaboration）向全世界宣布，人类首次直接探测到引力波，并且首次观测到双黑洞的碰撞与并合。

我们知道，引力是由物质质量引起的一种物理力，只要有物质就有引力。要知道，引力所代表的负能与物质代表的正能刚好抵消，结果宇宙从真空缘起就成为可能。现在我们说引力引起时空弯曲，实际上也可以说是物质质量引起时空弯曲，而时空弯曲又引发引力作用。宇宙是很奇怪的，不是人们想象那样处处都是均匀平整的，而是有引力拉伸弯曲的。当然，追根溯源，引力与时空弯曲都是宇宙大爆炸导致的结果。

广义相对论给出的第二个结论是，没有绝对的空间，也没有绝对的时间，牛顿经典物理的绝对时空概念彻底瓦解了。相对时空思想形成的相对性原理就是，不管什么物理学定律，都必须在相同的参照系上来处理所有的运动状态。以前牛顿的时空观是绝对时空，认为时空是绝对的。比如说，宇宙任何两点之间的距离都是固定的，不管用什么仪器怎么量都是一样的。时间也一样，无论是谁，每天花费的时间都是一样长的。爱因斯坦却对此说："不！"爱因斯坦的相对论认为，时空是相对的，相对于坐标系的。所谓相对论，其中提出观念的核心观点就是相对于观测者的坐标系。

广义相对论给出的第三个结论是，时间与空间构成融合一体的四维时空，在其中只有光速是绝对不变的，即所谓光速绝对性原理：无论空间和时间的本性是什么，其构成方式必定使光速在所有方向上都绝对地相同，并与观测者（参照系）的运动无关。

对于宇宙的空间而言，广义相对论的观点也将导出有限闭合空间的概念，也就是说，宇宙的空间是一个闭合空间。什么叫做"闭合宇宙"？简单地说，是指宇宙的空间是有限无边的。可以把宇宙的空间看作是由引力拉扯，

第三章 宇宙缘起

不甚规整的这样一个三维球面,就像气球表面是镶嵌在三维空间中的二维球面一样,我们的宇宙空间恰是镶嵌在某个四维空间中的三维"球面",只是我们身陷其中,不识庐山真面目,才感到其无限性。因此就空间而言,宇宙虽然没有边界,但却拥有有限测度标量的空间。

而导致闭合空间的原因,就是物质(归根结底是能量)相互作用的结果。应该说空间(还有时间)就是物质相互作用的属性,因此存在一个"先有"的绝对空间显然是错误的。用爱因斯坦自己的话讲:"总之,从认识论的观点来看,空间的力学性质完全由物质所决定。这一结果是很可以使人满意的,而这一点,只有在闭合空间的情况下才有可能实现。"(爱因斯坦,1976:118)

当然,根据广义相对论方程,理论上,宇宙空间达到无限也是可能的,其所代表有限闭合空间的一种极限情况,此时条件是宇宙空间中物质的平均密度为零。显而易见,对于我们的宇宙而言,这样的条件是不成立的。因此正像我们所证实的那样,我们宇宙的空间只能是有限闭合的空间。

至于宇宙的时间,毫无疑问,从大爆炸的起始就有了时间的介入,宇宙就是大爆炸这一事件本身。尽管这一事件引发了宇宙一系列事件,但宇宙只能指向未来,因此时间与变化都是不可逆的。在宇宙中,时间就是因果关系,但必须记住的是,在广义相对论中,时间的流逝完全是以光速为恒常参照的必然结果。因此时间也是相对于参照系的。对于具有不同速度运动的观测者,其所经历的时间是不同的。并且相对于光速而言,参照系的运动速度越接近光速,时间流逝就越慢。

爱因斯坦曾经提出一个著名的孪生子思想实验,即孪生子中的一位接近光的速度,到太空去旅游,而另一位则留在地球上。结果等到去太空那位回来的时候,发现留在地球上这位同胞兄弟,已经胡子一大把了,而自己却还依然很年轻。为什么会这样呢?因为根据相对论,时间依赖于参照系,到太空去旅游的那位是接近光速行走的,速度很快,时间过得就慢。而那位留在地球上依然过着慢生活,速度很慢,自然时间就过得就快。

不过从广义相对论的立场上讲,一个物体不能同时在两个地方出现的直觉是错误的,事物总是经历着同一个时间的直觉也是错误的。因为关于在各自空间中不同位置发生的事件是否同时,以及事物所经历的时间度量标准,不同的观察者是没有一致的结论的。比如再以前面的"孪生子佯谬"

思想实验来看,当这一对孪生兄弟之一进行太空高速旅行后,如果从留在地球上那位兄弟的角度来看,也会发现对方会比自己年老。这就是所谓时间的相对性,也就是说,时间的同时性取决于所发生事件与观察者之间的相对运动。

于是时间与事件变得不可分割,时间作用于事件,规定着事件的进展步伐。反过来,事件又影响着时间的伸缩。其实空间与物质也一样,一方面是物质作用于空间,决定着空间弯曲的程度;另一方面,空间又作用于物质,规定着物质的运动形式。所以宇宙中脱离真实事物的时空是毫无意义的,绝对的时空也是不存在的,时空永远存在于事物之间的关系中,同时事物又永远存在于时空之中。而事物总是在变化之中,总是以事件的形式出现,这就意味着空间和时间也是紧密联系在一起的,是不可分割的一个整体。这就是相对论四维时空观的微言深义。

当然,爱因斯坦在广义相对论的时空依然是一个连续的时空。但是如果考虑到早期宇宙能量的不确定性涨落以及随着宇宙快速暴胀所带来的巨大效应,时间与空间这种连续性只能是一种假象。量子宇宙学认为,在非常小的尺度上,量子不确定性不仅使物质和能量,而且使空间和时间在不同状态之间起伏。正如英国理论物理学家霍金在《时间简史:从大爆炸到黑洞》中所指出的:"测不准原理意味着,早期宇宙不可能是完全均匀的,因为粒子的位置和速度必定有一些不确定性或起伏。利用无边界条件,我们发现,宇宙事实上必须是从仅仅由测不准原理允许的最小的可能的非均匀性开始。然后正如在暴胀模型中预言的一样,宇宙经历了一个快速膨胀时期。在此期间,开初的非均匀性被放大到足以解释在我们周围观察到的结构的起源。"(霍金,1994:129)结果对于我们的宇宙而言,无论是空间还是时间,都不再是连续均匀的。这起码意味着,在量子尺度下,时空尺度都有极限的普朗克标度,其中普朗克长度是 10^{-33} 厘米,普朗克时间是 10^{-43} 秒。在普朗克标度下,任何对时空的测量都将会导致对时空结构的改变,从而产生新的时空。

总之,宇宙不可分割的时空是万有引力作用的结果,不管是时间还是空间,不但都是相对的,而且也都不是"连续无限"的。这完全颠覆了我们传统的经典时空观念,也深深改变了我们对宇宙的认识。

第三章　宇宙缘起

其实对于身处宇宙时空中的观察者而言,我们实际感受到的宇宙时空都是光子撞击到我们眼睛中的结果,此时当我们环顾自己四周的"空间",实际上所看到的只是由光子所携带的宇宙曾经的历史信息。此时所谓的"宇宙时空",就是我们通过光流所能观察到的可见宇宙(其中空间尺度范围为 $10^{-15} \sim 10^{25}$ 厘米;时间尺度范围为 $10^{-25} \sim 10^{20}$ 秒),大约就是 150 亿光年或 200 亿光年的一个区域,其中包含了宇宙演化中所发生的一系列事件。

的确,由于时空的非均匀连续性,因此其隐含演化的宇宙是由一系列可数的分立事件组成。从这个意义上讲,宇宙就是我们所感受到的一系列事件的世界。在这其中,空间与物体,时间与事件,空间与时间,都是不可分割的。一句话,我们所感受到的世界是一个时空并存的世界,这与相对论的时空观是完全一致的。

在这个时空并存的世界中,既不带电又无质量的光子,有着非常特殊的地位。光无须任何载体在宇宙中穿梭行驶,并以最纯粹的电磁场形式迁移能量,因此也构成宇宙世界中最纯粹最基本的能量交换流。可以这么说,这些可以毫无牵挂地在广袤的宇宙中川流不息的光子,它们既是信使又是宇宙事件的动因。

实际上,在茫茫宇宙中,自由穿梭的光子在认识我们的世界中扮演着非常重要角色是一点也不奇怪的。因为不仅其速度是确定宇宙相对时空的绝对基准,而且其本身也是参与宇宙事件的关键因素,是"照亮"宇宙事件的唯一信使。可以这么说,我们对时空并存的世界的认识,都是通过光子这一信使实现的。

宇宙时空、光、观察者,三者合在一起,就决定我们所能了解的世界。从宇宙不断演化的角度观察,无疑这个世界必定是由事件而非物质构成的,因为只有事件才是时空属性的具体体现者。所以时空并存的世界不存在固有的结构,而只有事件作为动态过程发生的事件。关于世界是由事件组成的这一断言,其实早就为哲学家们所认识。比如奥地利哲学家维特根斯坦在其《逻辑哲学论》中开宗明义地就指出:"世界是一切发生的事情。"(维特根斯坦,1996:25)再如古老的佛教教义也同样认为万法都是因果缘起的过程。

过去传统的经典科学认为世界是由物体组成,而事件只是物体的运动变化过程,这完全是绝对空间与绝对时间分离观念导致的结果。从统一的相对性时空观来看,世界并非存在物体与过程两种事情,有的只是统一的事件。如果一定要做出区分的话,那也只能说存在着变化相对快与变化相对慢的事件,但无论是快还是慢,时空并存的世界只有事件。

其实只要我们真正认识到构成世界的演变关系是时间关系,那么就不难理解,这个世界不是由物质组成的,而是由事件组成的。或者说是由宇宙所发生事情的过程组成的。在宇宙的演化中,所谓基本粒子也不是什么停留在时空中静态的物体,而是能量相互作用事件的表现过程,并将不断引发新的事件。

从观察者的角度看也同样如此。我们所观察到的,从而经验的一切,都必定以时间的形式出现。那些所谓以空间形式出现的对象,也必定存在于时间的表现方式之中,即以事件的形式出现,才能为我们所经验。卡特斯(Marina Katys)的《时间之河》诗作描写道(诺维科夫,2001:扉页):

  我对自己说,时间似流水滑过指间,
  渗入慢慢冷却的沙土,无处不在……
  即使冥河可以隔断生和死,
  世纪轮回之时,
  它也将消逝无踪。
  但有一条河将永远存在,
  没有岸堤能够限制它的流动……
  所有人都必将没入其中。
  它的水流透明而漆黑,
  世界万物尽在其中。
  文字中有它,音乐中也有它。
  每个人只能在河中跋涉一次,
  永远无法找到它神秘的源头。
  那时,时间蜷缩在小小的茧中,
  躺在"永恒"崎岖不平的胸膛上沉睡。

其诗中讲的就是此种意趣。因此推而广之,正是不断发生的宇宙事件与时空互为依存,主导着宇宙的演化。在这其中,不存在静止不变的物体,只有永恒变化的事件,而事件的不断更新源于宇宙大爆炸所产生能量的相

第三章 宇宙缘起

互作用。对于宇宙中不断变化的事件,也没有绝对的时间尺度,事件变化的快慢完全取决于整个宇宙所有事件的相互关系,因为独立于事件之外的绝对时间是不存在的。如果希望了解一个事件的变化快慢,只有通过将其发生速率与其他事件进行比较才能确定。宇宙并没有固定的时空背景,宇宙中动态发生的所有事件本身决定着相对的时空舞台,因此相对论的时空观就是一种与背景无关的时空观。宇宙演化本身决定着宇宙的时空,宇宙又在其时空中演化。

总而言之,时空并存世界的本质是创造变动不居的"整体过程",而非静止不变的物体或原子所组成。所谓的事物都是以事件面貌发生的,并永远充满了创造的潜力。宇宙中事件的创造是日新月异,生生不息的,代表着宇宙演化的过程。宇宙中的事件之间彼此相互关联,事件的整体关联性是宇宙诞生与有序演化的枢纽,并推动宇宙不断走向未来。

那么作为这种相对论时空描述下的宇宙将如何演化呢?我们已经知道的是,在宇宙大爆炸之后,宇宙在爆炸力的推动下一直处于不断膨胀之中,从而也诞生了我们时空并存的世界。那么这样的膨胀一直会持续下去吗?宇宙又会以什么样的时空结局收场呢?

理论科学家的研究认为,决定宇宙未来时空演化形态主要因素体现在这样六个宇宙系数之上:(1)电磁力/引力之比值 $N = 10^{36}$;(2)原子核内聚捆绑强度 $\varepsilon = 0.007$;(3)宇宙密度 $\Omega = 0.3$(目前估计值),理想密度 $= 1$;(4)宇宙常数(反引力系数,膨胀加速度)$\lambda \to 0$;(5)宇宙结构的质能比 $Q = 10^{-5}$;(6)宇宙空间维数 $D = 3$。而决定宇宙未来时空演化的结局主要体现在膨胀力与引力相互斗争之上。

如果膨胀力小于引力,那么由于宇宙常数随着宇宙的膨胀将趋于零。于是最终引力将战胜膨胀力,宇宙开始快速反演,进入从膨胀到收缩的快车道,最终回到了宇宙奇点,与其起初大爆炸瞬间的状态全然相同。此时,世界的一切事件都将不复存在,没有时空,也没有观察者。

如果膨胀力大于引力,那么宇宙即使在其全部质量引力的拉曳下,也将永远无法制止宇宙的时空膨胀,宇宙将永远不断地膨胀下去。根据热力学第二定律,宇宙将进入缓慢热寂过程的慢车道,最终在无序的热寂之中而寿终正寝。

明道显性：沟通文理讲记

如果膨胀力大致等于引力，那么就称宇宙处于临界状态，宇宙的命运就变得扑朔迷离，难以预料。不可思议的是，目前的所有证据似乎都表明，我们的宇宙正是以极其接近于这种临界状态的方式在不断地膨胀下去。

当然，我们希望宇宙不断地膨胀下去而进入慢车道，这样人类就有足够的时间去发明利用宇宙能量的先进技术，来满足维持自身有序性的需要。显然，只要宇宙存在局部能量的不均匀分布，只要具有足够长的时间，那么总能想出办法去利用这种能量分布的差异，从而来为人类服务，并在此过程中，人类也不断地进化为越来越智慧的生物。

果真如此的话，那么就会出现一幅十分有趣的场景。一方面，随着宇宙热寂过程的不断加剧，宇宙中可利用的能量资源越来越少；另一方面，随着时间的推移，智慧生命不断进化，其对宇宙资源的利用能力也越来越强。这样的场景，从理论上讲，可以一直延续到宇宙完全热寂的那一刻。但此时人与自然的区别也不复存在了，也许存在的只有宇宙的精神。

按照戴维斯在《宇宙的最后三分钟》中的描述："我们不应当忘记时间是相对的，我们后裔的主观时间将取决于他们新陈代谢和信息处理的速度。……在一个温度逐步升级的宇宙中，信息处理的速度也会加快。……如果余下的时间在观察者的意识中可以无限延伸，那么就无须担心时间的末日。……如果这个超人能够做到与振荡保持同步的话，那么振荡本身就可以提供推动思维过程所必需的能量。……因此根据假设，也就为这位超人提供了无限的主观时间。所以即使物理世界在大危机时突然寿终正寝，精神世界也许永远不会完结。"（戴维斯，1995：94-95）

有趣的是，眼下欧美一些研究机构正在开展一项具挑战的大脑逆向工程，就是对人类的大脑进行扫描，绘制出神经细胞、轴突、树突、突触以及其他成分的位置，以及相互之间的联系和具体内容的图谱。这样，在具有足够容量的仿脑神经芯片上，就可以随时备份扫描得到大脑的整体结构及其所记忆的内容。甚至借助于激光通信技术，还可以将全部图谱的信息，编码在激光束中。于是代表我们个体生命的精神，就可以脱离物质而游荡存在于宇宙之中。这样说不定真的可以让"精神世界也许永远不会完结"成为现实。

最后补充一点，即使宇宙真的处于能量均匀的热寂状态，或者进入快车

第三章　宇宙缘起

道回到宇宙起点,那也没有关系。因为这意味着在宇宙的任何一处又都可以产生一个新的宇宙,就像宇宙大爆炸那样。旧的宇宙死亡,新的宇宙又诞生,宇宙又开始新的轮回。反过来说,我们现在所处的宇宙,又何尝不是另一个死亡宇宙的后代呢?

精神伴随的宇宙

为了探寻精神的由来,还是让我们回到宇宙性空缘起的那一时刻。显而易见的是,在那样一幅从量子真空的奇点出现大爆炸图景的描述中,严格意义上说明的正是宇宙万物从无到有的创生过程。在宇宙奇点的量子真空里,没有时空,没有物质,也没有任何概念分别,有的只是具有能量涨落可能性的赝真空状态。

看来我们现在的宇宙真的是从一个量子尺度的真空中诞生,在这个过程中产生了我们的物质宇宙,同时伴随性地也产生了必须与物质宇宙相互抵消的狄拉克负能量海,否则能量就不会守恒。有意思的是,由于我们太关注于物质宇宙的形成问题而忽略了与其相伴随与纠缠的狄拉克负能量海,这个实际上是非常重要的"副产品"。其实量子波函数中的虚部(虚数i),就是与狄拉克负能量海相关联的。

现在为了方便起见,我们把由零点真空产生宇宙的物质性能量部分称为物质宇宙,而伴随物质宇宙同时纠缠产生的狄拉克负能量海称为精神宇宙,也就是说零点真空产生的宇宙是物质与精神纠缠性叠加的结果。于是宇宙就是真空,真空就是宇宙。而空性,那个产生宇宙的原动力,代表的就是宇宙的整体关联性。

《关尹子·六七篇》说:"形可分可合,可延可隐。……以一气生万物,犹弃发可换,所以分形;以一气合万物,犹破唇可补,所以合形。以神存气,以气存形,所以延形。合形于神,合神于无,所以隐形。"(尹喜,1990:115)如果将这里的"形"看作物质之形,"气"看作能量之气,"一气"理解为宇宙整体能量(零点能),而"神"看作精神之神,"无"当作量子真空,那么《关尹子》这样的认识,就解释物质宇宙与精神宇宙之关系而言,大体上是不错的。

如果说物质的产生有一个过程(大爆炸),那么这个过程的伴随性产物就是精神,并与物质相纠缠,具有固有的整体关联性,共同构成整体宇宙(或零点真空)。从微观上讲,这种整体关联性主要体现在同一量子事件中虚实粒子之间的固有超距作用之上(即所谓的量子纠缠性)。从宏观上讲,则体现在零点真空能量泄流的物质宇宙与降迁真空的精神宇宙之间的纠缠之上。降迁真空负能量在物质宇宙的作用体现便是万有引力,从而确保整个宇宙的能量守恒。实际上,我们的引力定律确实确保了宇宙中所有质量之间的(负)引力位能,永远与每个质量 m 相关联的(正)能量 mc^2 的总和大小相等,符号相反。

如果我们将电磁力、弱核力与强核力这三种作用力统一称之为斥力,那么由于代表精神宇宙的引力与代表物质宇宙的斥力之间具有超逻辑性质的量子纠缠性,无法依靠逻辑一致性的科学理论加以统一描述,因此也就可以明白引力与斥力难以统一的真正原因。换句话说,引力要与斥力统一,只有统一在超越概念分别的(零点真空的)空性之中。在那里,宇宙的时空尺度必须均小于 10^{-33} 数量级(引力与斥力无论是强度还是作用距离上,基本上都相差这样一个数量级。在强度上,引力比斥力弱 10^{-33} 倍以上。而在作用距离上,反过来引力比斥力要大 10^{-33} 倍以上),其实这也是人们建立在概念分别之上的理性认识能力的极限。因此互补性的引力与斥力(引力倾向于取消空间,属于时间性的;斥力倾向于保持空间,属于空间性的),代表的正是宇宙整体关联性的信使(关联方式)。

实际上在宇宙星系的演化过程中,代表宇宙整体关联性的就是引力,其暗示着虚粒子负能量海所起的作用。当然更加确切地说,整体关联性是通过引力与斥力相互作用的体现。而物质斥力正是通过释放能量来与代表负能量的引力相抗衡,并因此产生了宇宙丰富的物质元素及其所构成的星系复杂结构,就是所谓的物质宇宙。

也就是说,精神宇宙与物质宇宙一起构成一个量子态,就是零点真空,或称为宇宙。注意,宇宙的整体关联性就是空性,而精神宇宙本身就是一个更低能级的真空,因此同样具备这种空性。这样一来,精神代表的不是别的,就是宇宙的整体关联性。如果说物质宇宙是由局域性分布的物质构成的,那么体现所有局域性分布物质的整体性质的,就是精神宇宙。因此说宇宙空性,说宇宙精神,说宇宙整体关联性,从某种意义上讲,其实本质上都具

第三章 宇宙缘起

有相同指的。

首先真空(空无)存在着能量涨落(空性),导致宇宙大爆炸,同时产生物质及其伴随性精神(虚粒子负能量海),并两者具有天然的联系(纠缠态)。显然,同中国古代的哲学思辨一样,真空不能用概念来描述,你根本不能讲真空是什么,正是在这种不可能性的描述中,真空的存在出现了。这种存在是一种自在,真空就是存在本身。

其次空性,即真空能量涨落,是正能量与负能量的纠缠态,用中国传统观念来讲,空性就是所谓的阴阳和合之道。正能量属阴,促使阴性物质的产生;负能量属阳,促使阳性精神的诞生。正能量中有形粒子为阴,无形波包为阳,波粒二象叠加之为道。其中光为波粒二象之典范,为阴中之阳,是体现与负能量海相互作用之代表,也是正能量与负能量的联络信使,即光照作用。所谓光照显现空性,指的就是这种作用。

至于物质,则是空性在空间中的投射(虚粒子获得能量变成实粒子的过程),代表宇宙实有形态本身,是能量在空间中不均匀分布的表现形式。精神代表真空能量涨落(空性)中虚粒子负能量海,是宇宙整体关联性的体现者,没有空间属性,是空性(叠加态)在时间上的投射结果(虚虚实实的量子泡沫变化)。因此精神也是一种虚拟过程,与宇宙万物伴随始终。正如《庄子·知北游》所言"夫道,窅然难言哉!将为汝言其崖略:夫昭昭生于冥冥,有伦生于无形,精神生于道,形本生于精,而万物以形相生。"

如果把这里的"宇宙精神"理解为中国古代"神"这一概念,并与《周易·系辞》中"阴阳不测之为神"及"神者,妙万物而为言者也"结合起来,那么尽管没有西方科学理论那样严密,但在基本思想层面,中国古代所主张的天道观与上述所描述宇宙缘起的科学原理别无二致。实际上同宇宙缘起的科学观点一样,中国古代有关宇宙万物发生发展的天道观也是一种强调宇宙精神伴随万物缘起的自创论学说,其集中体现在《老子》与《周易》,以及其不断相互融合发展的思想著述之中。

首先老子认为"天下万物生于有,有生于无。"(《老子·第四十章》)也就是说,是"无"产生"有",然后这个"有"又产生万物。那么这个"有"是什么呢?老子认为:"有物混成,先天地生。寂兮寥兮,独立而不改,周行而不殆,可以为天地母。吾不知其名,字之曰道,强为之名曰大。大曰逝,逝曰远,远

075

曰反。故道大，天大，地大，人亦大。域中有四大，而人居其一焉。人法地，地法天，天法道，道法自然。"(《老子·第二十五章》)也就是说，首先出现的这个"有"就是"道"，其不但代表的是万物发生发展的根本法则，即所谓"道者，万物之奥"(《老子·第六十二章》)，而且也是万物自发产生的自然本性，强调道法自然。

要注意一点，道不是什么有形之物，而是一种无形法则，不断地运行，是"独立而不改，周行而不殆"，不仅是创生万物的本源("为天地母")，而且也是支配万物运行的法则("人法地，地法天，天法道，道法自然")。于是根据这样的论述，最终万物的产生就可以归结到这么简练的一段话上："道生一，一生二，二生三，三生万物。万物负阴而抱阳，冲气以为和。"(《老子·第四十二章》)

汉代的严遵在《老子指归》中对此解释道："道虚之虚，故能生一。有物混沌，恍惚居起。轻而不发，重而不止；阳而无表，阴而无里。既无上下，又无左右，通达无境，为道纲纪。……为太初首者，故谓之一。一以虚，故能生二。二物并兴(事物发生的量子互补原则)，妙妙织微，生生存存。……生息不衰，光耀玄冥。……存物物存，去物物亡，智力不能接而威德不能运者，谓之二。二以之无，故能生三。三物俱生，浑浑茫茫……不可揆度，不可测量(测不准原理)……一清一浊，与和俱行……根系于一，受命于神者(阴阳不测之谓神)，谓之三。三以无，故能生万物。清浊以分，高卑以陈。阴阳始别，和气流行。三光运，群类生。……谓之万物。"(严遵，1994：18)如果读者将这里的描述与前面我们所介绍的宇宙大爆炸理论进行对照，就会发现其有许多相通之处，很值得我们思考。

这段话就是说，道既然是恍惚空性，那么一定会有能量波动效应，所以严遵说道是"恍惚居起"，其中"轻而不发"是虚粒子，"重而不止"是实粒子，"阳而无表"是精神，"阴而无里"是物质。宇宙的起始是无所谓空间的，故说是"既无上下，又无左右"，但因为有了空性之道，却可以"通达无境"，这就是"为道纲纪"。

开始先有个空性之道，接着这个"道"又产生波动性，这个就叫"一"。再接着，就产生宇宙大爆炸，结果就是物质与精神的"二物并兴"。二物并兴之后，继续着正负能量的纠缠变化过程，就是所谓"妙妙织微，生生存存"，可以

第三章 宇宙缘起

看作是虚实粒子的不断生生灭灭。然后就会有"生息不衰,光耀玄冥",宇宙中充满着热辐射。于是"存物物存",一会儿物出来了;"去物物亡",一会儿物又消灭了。当然,物质与精神具有固有的纠缠性,超出一切理性的思考,所以是"智力不能接而威德不能运者"。

然后精神与物质虽"谓之二",但终归代表是空性,所以有"二以之无,故能生三",阴(正能量)、阳(负能量)与和(负阴而抱阳之为和,正负能量之纠缠态),是为"三物俱生"。但是这"俱生"的 三物,却是"浑浑茫茫,不可揆度"的,强调的正是海森堡测不准原理。因此这"一清一浊"的阳神与阴物,总是具有固有的纠缠性,是"与和俱行的"。所以说归根到底,还是那个"波动性"在起作用,所谓"根系于一",并遵循着"阴阳不测"之神,所谓"受命于神"。

最后,缘自空性而产生的阴、阳与和,就成为产生万物的依据,因此说"故能生万物"。于是就有了"清"(辐射能量)和"浊"(可见物质)的分离,有了弯曲的空间(高卑以陈),有了物质与精神的分别(阴阳始别),正负能量的纠缠流动(和气流行),以及日月星辰运行(三光运),生物的演化生息(群类生)等所谓的万物。

这样,严遵对《老子》思想的解释,就构建了一个完整的宇宙创生学说。不但强调"无生有,有生万物",而且论述万物的生成过程完全是"道法自然"的结果,并给出"负阴而抱阳,冲气以为和"这种精神(阳)与物质(阴)相互纠缠法则的描述,具体给出一种万有发生发展的自创论学说。根据我们上述系统的分析,经严遵阐释《老子》的这一学说,与现代科学的宇宙大爆炸理论在思想层面是十分吻合的。特别是两者都认为宇宙是自然而然产生的,既不是神创,也不是心创,而是自创。

更有意义的是,在中华圣学的道统中,《老子》的这种学说思想后来与源于《周易》的易学思想相融合得到了进一步的发展。历代思想家通过吸收《易传》中的思想,发展出一种更为完善的天道学说,将太极作为万物发生发展的根本法则,能够更好地解释宇宙万有的缘起。

首先,在《周易注》和《周易略例》中,王弼引入了老子"无生有"的思想,并强调这无生有的过程是依据太极之理的。也就是说,所谓太极,不是说宇宙万事万物源自太极,而是指宇宙万事万物发生发展的根本法则遵循太极之理。这样一来，宇宙万物的缘起原理不仅强调"无生有"，而且特别强调支配从"无"到"有"的根本机制就是"负阴而抱阳"的太极之道。

后来，王充著《论衡》，提出"气"是为生成之物的基本过渡，扬雄著《太玄》，又指出其中的阴阳之"和"的太玄原理，以及《列子·天瑞》所阐发出："夫有形者生于无形，则天地安从生？故曰有太易，有太初，有太始，有太素。太易者，未见气也；太初者，气之始也；太始者，形之始也；太素者，质之始也。气形质具而未相离，故曰浑沦。"（杨伯峻，1979：6）都为"无生有"学说，引入更为细致的中间环节。

再后来，到了北宋，周敦颐著《太极图说》，提出无极概念，明确太极乃宇宙万事万物发生发展之理，并非是另有一物，故云"无极而太极"。并进一步强调万物资生的过渡中介"气"的概念。继周敦颐之后，张载也提出"太和"及"气"的概念，将太极之理更加精细化，认为"由太极，有天之名；由气化，有道之名。合虚与气，有性（精神本性）之名；合性与知觉，有心之名。"（张载，2000：94）进一步发展了天道学说。宇宙的缘起就成为"无生气，气生万物"了，而支配这一过程发生发展的依然是太极之道。

在上述新的天道学说中，太极乃阴阳变化之道，如果将"气"进一步界定为能量之"有"，那么就可以说明宇宙产生万物的基本原理了。就阴阳而言，首先《淮南鸿烈·精神训》有曰："夫精神者，所受于天也。而形体者，所禀于地也。"（刘文典，1989：219）主要思想是，精神为阳生，形体为阴生。而《太极图说》认为："（阴阳）二气交感，化生万物，万物生生变化无穷焉。"（周敦颐，2000：48）强调的都是正负能量相互作用之规律就是阴阳变化之道，体现的就是物质与精神的相互纠缠之原理。所以在中国古代，太极之道，并不是简单的分阴分阳，而是强调阴阳之和的三性之玄，即"太玄"，也称太和。

关于"气"就是能量的明确认识，是在明代方以智提出的"火一元论"学说中确定的。方以智在《物理小识》中，将张载的元气本体论思想作了深化发展，明确指出"气"乃是能量的聚散。所谓"气动皆火"与"运动皆火所为"，提出能量是万物变化的根本，从而完成中国天道论有关能量作用的基本理论。

归纳起来，在中国古代天道学说中，无极或称无有，就是虚空之境，万物之始。太极乃阴阳变化之道，是空性。太和，则强调精神与物质纠缠之和合

第三章 宇宙缘起

性,和则生气。气乃能量之微的称谓,散而为无形之波(辐射),聚而为有形之物(物质),乃能量之不同存在形态。能量之态,主要有气态、液态、固态、离态(等离子态)与原态(辐射),即物类五行之数,中国古代的举例说明,称为木、水、金、火、土。五行相生相克之理,乃能量形态相互转化之规律。

在这其中,体现阴阳合和的太极之理,则是反映宇宙万物跨越层次尺度的根本法则。因此无论什么层次,什么尺度的事物,其发生发展的变化规律无不遵循太极之理。比如能量表现形式就体现这种阴阳合和法则的,负能量的精神与正能量的物质,无形之气的辐射与有形之气的物体,等等,都是相互依存,相互作用,相互转化。就作用力而言也一样,有正电,就有负电,互为阴阳;有引力,就有斥力,也互为阴阳。如此等等。

再如物质最小单位,也是分阴分阳,相互叠加表现,或为粒子(有形者为阴),或为波包(无形者为阳),所谓波粒二象性。物体的性质,总是动量(为阳)与质量(为阴)的叠加,也互为阴阳。至于生物,也是分雄分雌,阴阳相合而繁衍。就是整个宇宙,宇宙背景乃无形之为阳,云团星系,有形之为阴。阴阳相互变化,符合宇宙生态太极之理。

总体上讲,中华古代有关天道演化学说,可以用宋代思想家周敦颐的《太极图说》来概括,下面我们对其作简要的分析(周敦颐,2000:48):

> 无极而太极。太极动而生阳,动极而静,静而生阴,静极复动。一动一静,互为其根;分阴分阳,两仪立焉。阳变阴合而生水火木金土,五气顺布,四时行焉。五行一阴阳也,阴阳一太极也,太极本无极也。五行之生也,各一其性。无极之真,二五之精,妙合而凝。"乾道成男,坤道成女",二气交感,化生万物,万物生生而变化无穷焉。

首先第一句话"无极而太极",一开始什么都没有,什么都没有但有一个性质,这个性质叫"太极",可以对应到空性。然后这个太极会动,"太极动而生阳",对应到空性的波动性。波动后就有阴阳,正负能量的波动,于是"分阴分阳,两仪立焉"。阴阳是互根的,相互纠缠在一起的,精神宇宙与物质宇宙是纠缠在一起的。接下来说:"阳变阴合而生水火木金土",产生了五种能量表现形式,然后"五气顺布",有了空间;"四时行焉",又有了时间。讲完这段,接着强调所有这些五种能量表现都有阴有阳,都是精神和物质的叠加,都是纠缠在一起的,所以说"五行一阴阳也"。当然一阴一阳的叠加就是太极,就是空性,是阴阳之纠缠态,所以说"阴阳一太极也"。太极则是无极之空无的性质,就是空性,所以说"太极本无极也"。

这样就差不多把整个宇宙的起源讲清楚了,起源讲完后,继续讲"五行之生也,各一其性"。五种能量表现就有五种不同的性质。接下来讲"无极之真,二五之精",二指阴阳,五指五行,它们的精华"妙合而凝",就靠这个产生一切事物。这说的只是物理世界,那么生命世界呢?于是继续说到"乾道成男,坤道成女,二气交感,化生万物",男就是雄性,女是雌性,生物界的两性繁殖开始有了。因此两性繁殖化生万物。现在各种各样的生物种类从哪里来的?都是繁殖演化出来的。万物生生变化无穷,这就是我们的宇宙蓝图。

总之,不管是宇宙万物之整体,还是这一整体的任何部分或性质,其运化规律均体现阴阳变化太极之理这一根本法则,强调的就是精神宇宙与物质宇宙的相互纠缠的整体关联性,就是宇宙缘起的空性。

为了突出中国天道学说与西方科学理论的异同,在美国科学家里斯所著《六个数:塑造宇宙的深层力》一书图 1.1 的基础上(里斯,2001:6),我们通过加入中国古代的先天太极图(也称天地自然之图),形成一幅先天太极缘起宇宙万有图,如图 3.1 所示。

图 3.1 先天太极缘起宇宙万有图

第三章 宇宙缘起

在里斯原图中,主要表现的是西方具有象征意义的一条蛇"奥拉波鲁斯",旨在体现"在粒子微观世界与宇宙宏观之间纠缠"。在《六个数:塑造宇宙的深层力》一书中,里斯对该图的解释是:"一个奥拉波鲁斯(ouraborus),也就是《大不列颠百科全书》中所描写的'古埃及和希腊的一种有象征意义的蛇。它尾巴咬在自己的嘴里,表示不断的自我吞食和再生……表示万物的统一性,无论是物质的还是精神的,它们从不消失,但却在毁灭与再生的永恒循环中不断改变自己的形式。'"(里斯,2001:6)

我所做改造后形成的新图,则试图将东西方关于认识天道规律的思想成果结合起来,从而表达这样一种全新的理念图景:遵循西方传统的科学成就可以通过画一条宇宙蛇来加以象征,这条蛇自己把自己的尾巴咬到了,这就是量子宇宙与宏观宇宙的关系。而遵循中国古代的天道思想,则可以通过画一条太极鱼来加以象征,这条鱼就是支配宇宙蛇任何一处截面的根本法则。

现代西方科学已揭示,从量子真空可以爆发出一个大宇宙,这个大宇宙是基于量子的,所以大尺度和小尺度是合在一起的。这就是一条蛇自己把自己咬住了。古代中国天道观指出,不管宇宙哪一个层次尺度的变化(宇宙蛇的任何一处截面),都必须遵循一阴一阳的太极之道。这就是东西方的差异,西方科学揭示了宇宙发生发展的一个完整过程,而中国天道学说则揭示出宇宙发生发展的一个根本法则。或者简单地说,现代西方科学家画一条宇宙蛇,古代中国玄学家画一条太极鱼。一条蛇加一条鱼,就可以将东西文明天衣无缝地结合起来。这就是我们所要描述宇宙缘起的核心内容。

应该承认,现代科学的优点就是有实验有证据,就宇宙缘起而言,有众多科学家用广义相对论、量子理论的波函数各种工具,加上实际观测证据的佐证,能够形成一个充分自洽的理论体系。而中国古代有关天道学说,仅仅停留在思想层面上,缺乏理论的推演和实验观测的佐证,所以认识远不如科学系统。正如美国科学家萨根在《魔鬼出没的世界》引用伍德的话指出:"物理学和玄学之间的区别并不在于一类实践者比另一类实践者更聪明,而在于玄学家没有实验室。"(萨根,1998:43)不过有一点是相同的,无论是西方科学,还是中国玄学,无不强调宇宙缘起中精神与物质的相互纠缠性,强调空性是宇宙万物缘起的根本。

确实，宇宙比我们以前所了解的要更复杂，宇宙中的精神与物质也更具有相干性和整体性，有时正是我们过度运用理智能力，使得我们在探索宇宙的发生发展中忽略了精神的一面，从而导致对精神现象的忽视。现在是我们找回这久已失落精神的时候了，不是退回到那迷茫的远古时代，而是在崭新的科学时代。

第四章

生命演化

> 世界在不停地旋转,从生到灭,像水中的泡沫,闪烁、破裂、再生。
>
> ——(德)雪莱《海拉斯》

现在我们知道,伴随万物的精神与物质一起在宇宙诞生的那一瞬间就同时产生了。为了更好地了解与万物相互纠缠之精神的本性,我们必须首先来考察物质在宇宙中不断孕育复杂结构与功能的演化历程。只有当我们了解作为复杂物质存在形态的智慧生命,我们才能够理解与这种生命相结伴的精神本性。我们将会看到,正是由于宇宙诞生时所伴随的斥力(物质力量)与引力(精神力量)的相互作用,赋予宇宙一种精致的能力,这种能力能够将宇宙中的物质真正转化为令人惊奇的生命形式。而地球生命演化过程的根本动因,恰恰就是这种能力的具体体现。

生命化生的规律

怀着对神奇生命现象的敬畏与好奇,科学家们一直在孜孜不倦地探索生命现象的根本规律。现已基本探明,在地球超过45亿年的演化过程中,从最初的生物分子,到人类的心智及其延伸的文化,智慧生命经历漫长的起源、繁衍与进化历程。这一历程,与非生命物质宇宙的发展一样,也是一个自然过程,可以用同样的自然法则来解释。正是通过自然的法则,宇宙自身将无生命的物质转化为令人叹为观止的复杂生命形式。

不像看不见的微观尺度的粒子和摸不着的宏观尺度的星系,生命现象应该是读者比较熟悉的,日常生活中经常接触到的事物,处于恰到好处的中观尺度。因此更加适合古代先哲对其进行详尽的观察和分析,从而可以形成众多具有深刻洞见的理解,并建立起比较系统性的学说,将生命化生同样归结为"万物之奥"的根本之道。

首先是先圣孔子的观点。孔子在《论语·阳货》中说:"天何言哉?四时行焉,百物生焉,天何言哉?"意思是说,不言而行的天道,支配着一切事物生化演变。言下之意,就是我们必须遵循天道规律,无为成物(用现代的话讲,就是遵循和敬畏天道,避免人为对生态环境的一切干扰)。所以在《礼记·哀公问》中,当鲁哀公问:"敢问君子何贵乎天道也?"孔子便对曰:"贵其不已。如日月东西相从而不已也,是天道也;不闭其久,是天道也;无为而物成,是天道也;已成而明,是天道也。"

当然,对繁复生命化生规律更加全面认识的是道家,并集中体现在《老子》、《庄子》和《列子》的有关精辟论述之中。《老子·第十六章》指出:"万物并作,吾以观复。夫物芸芸,复归其根。"这个根当然是道,老子这里的意思是万物欣欣向荣,产生如此繁复的芸芸众生,归根到底的一个根本动因,最终还是归结到这个道根之上。

《庄子》相关篇章继承《老子》这里的思想,并进一步强调生物的自生自化。《庄子·在宥》借鸿蒙(我们古代有个传说,叫鸿蒙开辟,就是这个鸿蒙)之口说:"汝徒处无为,而物自化。……万物云云,各复其根。各复其根而不知,浑浑沌沌,终身不离。……无问其名,无窥其情,物固自生。"将孔子的"天何言哉,无为成物"思想与《老子》的"夫物芸芸,复归其根"的思想相结合,进一步提出"汝徒处无为,而物自化"思想,强调的正是生命自生自化的演化之道。

然后在这种"自生自化"的基础上,将上述思想加以具体深化,于是《庄子·知北游》继续说道:"天地有大美而不言,四时有明法而不议,万物有成理而不说。圣人者,原天地之美而达万物之理。是故至人无为,大圣不作,观于天地之谓也。今彼神明至精,与彼百化。物已死生方圆,莫知其根也。扁然而万物,自古以固存。六合为巨,未离其内;秋毫为小,待之成体。天下莫不沉浮,终身不故;阴阳四时运行,各得其序。惛然若亡而存,油然不形而神,万物畜而不知。此之谓本根,可以观于天矣!"

这里是说,不管是四时的更替变化,还是万物的沉浮变化,都是源于背

第四章 生命演化

后那个支配万物生化的根本之道,而万物却浑然不知("万物畜而不知")。

较之《老子》与《庄子》,《列子》在《天瑞》篇中,对生物的自生自化之规律,论述得更为具体明确。《列子·天瑞》中说:"有生不生,有化不化,不生者能生生,不化者能化化。生者不能不生,化者不能不化,故常生常化。常生常化者,无时不生,无时不化。"(杨伯峻,1979:2)这里强调了两层意思:第一层意思是说,万物总在变化之中,一切生物都是生化出来的,所谓"生者"、"化者";第二层意思是说,有一个不变的根本动因,那是"能生""能化"之道,而这个"道"本身却是固有的,不是生来化来的,所以称之为"不生者"、"不化者"。要之,是根本之道这个动因,导致自然生物界永不停息的"生生化化"。

总之,古代中国的先哲认为天地万物一直处于不断变化之中。自然,生命也是自生自化不断演化的结果,而支配生命这一演化的根本动因,就是那个无处不在的根本之道。如果读者要问世界上繁复多样的生命是从哪里来的?那么按照古代中国先哲的学说,就是自生自化演变而来的,而且其之所以能够导致生命的起源与演化,根本的原因仍然是那个根本之道。

那么古代中国先哲的这些观点符不符合自然界生命起源与演化的真实情形呢?鉴于中国古代先哲的这些观点都比较笼统,为了一窥其真,让我们去看看现代生命科学能够告诉我们一些什么。尽管在现代生命科学中,许多问题还没有得到彻底解决,但是起码有关生命起源与演化的大体理论框架已经完备,容我摘其大要,概述介绍如下。

大约在45亿年前,在太阳系的形成演变过程中,伴随着天体不断地撞击,我们居住的地球逐渐冷却到可以在表面凝结成水,形成大洋,而岛屿从大洋中升起,扩展成为大陆。起先的大地一片荒芜,水中也毫无生命气息(记住这一点非常重要,这是生命起源的前提。因为如果地球上已经充满了生命,各种有机分子还没有来得及进一步聚集形成更高级生命形态,就已经被先存的有机生命吞噬干净了)。但地球却远非平静,剧烈的火山活动,喷发着大量的沸腾的岩浆,到处弥漫着硫化氢的气味,营造着生命起源的最初温床。

最初的地球大气层中没有氧气,构成原始大气的主要成分可能就是氢气(H_2)、甲烷(CH_4)、氨(NH_3)、水气(H_2O)和硫化氢(HS),加上水中含量极低,但却是制约生命发展关键的磷酸盐,构成生命的主要元素碳(C)、氢

(H)、氮(N)、氧(O)、磷(P)、硫(S)都已经具备。

生命首先是一台复杂万分的化学机器,因此它的起源必定与化学作用密切关联。而这种化学作用力,则是源于物质力之间整体相互作用的精致表现,其作用的结果便是自发形成,广泛分布于宇宙中的有机小分子。在前生命时期的物理化学环境条件下,这些分子会聚集于复杂性不断上升的反应螺旋中,最终产生主宰如今生命的核酸(RNA 和 DNA)、蛋白质和其他复杂分子。

这一大约 40 亿年前形成的化学反应网络,持续提供今天生命表现的基础。从原始生命的起源来说,生命不过就是复杂化学系统的一个自然属性,当聚集一起的分子种类超过特定的临界数目时,一个自我催化的代谢机制,就会倏然出现,并将生命诞生纳入正规的一系列化学反应之中。

是的,生命起源第一个起作用的就是代谢机制,一种体现自生自化的自催化过程。因此生命属于一种自组织的现象,其中所包含的复杂结构,必将引发某种超循环,以维持生命必需的代谢活动。总之,只要有生命存在,就一定离不开代谢机制。如果代谢机制出了问题,那么必定会影响生命的正常运转。所以说代谢机制是生命活动的关键所在,而实现代谢机制的内部作用过程就是自催化,所谓自生自化。

应该说,自我催化的代谢活动是一种地地道道的自足催化反应循环,其能够保证催化循环各参与部分的整体关联性。也就是说,一方面催化整体起着催化剂的作用,控制着各个组成环节部分的催化反应;另一方面,各个组成部分的催化反应不但对维持整体催化起着决定性的作用,而且也为整体催化反应的存在而存在。因此自我催化是一种具有耗散结构特点的催化反应系统,从而显示出典型的自维生行为,导致自主生命意义的涌现。

从本质上讲,一个有能力催化自身繁衍的化学物质系统就是一个活的生物体。事实上,无论是细胞进行能量转换,复杂大分子的合成,生物自催化演化等,都通过细胞中这样的生物代谢活动得以完成。

首先,任何单独的分子(包括核糖核酸和蛋白质那样的生物大分子)本身不可能表现完整的生命活动,只有在特定的细胞系统整体中的代谢活动机制作用下,才能真正体现出典型的生命现象。因此细胞生命的整体关联性正是通过代谢作用机制体现出来。

第四章 生命演化

其次,在代谢作用机制的个体生命中,我们看到生物的所有生理特性,都是通过脱氧核糖核酸(DNA)或核糖核酸(RNA)分子所携带的遗传信息在世代间传递进程中控制的,它们是生物遗传信息的携带者。这种生物携带的信息,引入了分子互补性,作为生物识别的通用机制,制约着多种多样的生命现象。加上基因突变的偶然性,在生境(物理的、化学的、生物的、认知的环境)的作用下,导致生命多样性进化的必然进程。这在宏观意义上显示了生命表现的时间单向性。

最后就是细胞生命的自我装配能力。生物大分子包括蛋白质,核糖核酸都有一定的自我装配能力,即在适合的环境条件下,能按一定的程序和规律,自行装配成更高一级的结构,以执行细胞的各种功能。自我装配是大分子之间相互作用的结果(只有在分子表面结构互补时才结合),所以也可以看作是细胞(由大分子组成)整体的性质。其所形成的稳定形态结构则依赖于大分子间相互作用的强度。细胞器(细胞核、细胞质和细胞膜)是自我装配的,细胞也是自我装配的。

归纳起来,自我组装、分子操纵和预先排列三个方面的密切配合,构筑了具有自我代谢机制的细胞生命。因此有理由相信,自我催化的代谢机制,能够自足形成自我繁衍的化学系统,使之成为最初细胞生命出现的基础,并也因此成为后来出现的一切生命活动形式的物质基础。

让我们记住,在地球生命诞生并得以不断繁衍发展过程中,在我们这个蓝色星球到处都布满千奇百态的生物体里,第一个重要的生命自然法则,就是自我催化的代谢机制。其代表的就是生命有机体的整体关联性。

这个代谢机制的最大特点就是超循环,就是化学反应的网络中有个超循环反应环路,能够形成一个完整的自催化过程。非常巧合的是,对于生命这种代谢机制重要性的认识,在中国古代先哲的思想里也有独到的认识。比如《庄子·山木》记载有:"何谓无始而非卒?仲尼曰:'化其万物而不知其禅之者,焉知其所终?焉知其所始?正而待之而已耳。'"其中讲的就是"化其万物"是一种"无始而非卒"的超循环,其中起关键作用的就是"禅(代谢)"这一机制。

关于这一点,《庄子·寓言》进一步明确指出:"物固有所然,物固有所可,无物不然,无物不可。非卮言日出,和以天倪,孰得其久!万物皆种也,以不同形相禅，始卒若环，莫得其伦，是谓天均。天均者，天倪也。"不但是说一切事物都是有根本法则支配的，这个根本法则就是所谓的"天倪"（天际之道），非用极端的醉言式方式，不能言明（道，可道，非常道）。而且更重要的是强调，所有的物种都是由一种根本机制支配的，这个机制就是"以不同形相禅"的不断循环（始卒若环），难以把握其形（莫得其伦）。这就是放之四海皆准的规律（所谓天均），就是天道法则（所谓天倪）。

注意，"禅（读音 shàn）"在中国古代最早用在"禅让"上，表示君王一代接替一代的让贤制度。在这里面表示禅代，甚至直接说表示"代谢"也没关系，因为清代有一个研究庄子的学者叫郭庆藩，他对此的注疏就是："禅，代也。夫物云云，禀自造化，受气一种而形质不同，运运迁流而更相代谢。"（郭庆藩，1981:623-624）强调的正是万物皆种的代代相续，其中代谢便是生命延续循环的根本。当然这里的禅代更多着眼点是生命演化之间的代谢，而不是生命内部运作之间的代谢，但其机理是类似的，是跨越内生态与外生态的共同机制。

这样，大约在 37 亿年前地球上就出现了原始细胞生命，这种今天所有地球上的生命形式共同祖先的出现，经历了一个较长的时期，其根本机制就是细胞代谢活动组织下的自我装配过程。在经历原核生物（今天的细菌）的进化与分化，原核生物到真核生物的转化后，导致吞噬细胞的出现。这种新生的真核细胞通过获得各种其他细胞作为细胞器，比如线粒体和叶绿体，与被吞噬细菌建立共生关系，产生了细胞间结合、分化、仿效、通信、协作等新的运作机制。于是我们的地球便进入多细胞生物时代。

多细胞生物时代是我们最为熟悉的地球生命发展阶段。我们目前肉眼能够看得见的那些大生物体，如动物与植物，其实曾经都是由一度独自生存的微生物合并而来的。也就是说，地球在经历了 30 亿年的微生物养育之后，终于被高度复杂性的植物、真菌与动物所占据。其中的一个重要步骤就是有性生殖的产生，引入新的进化因子，使生物的不确定性得到强化，并导致真正意义上的生物多样性，以及高度复杂生态网络系统的形成。

那么主宰生命这种不断演化发展的基本规律又是什么呢？经过生物学家长期不懈的考察分析、实验验证和归纳总结，终于明白，所谓进化，就是群体中大量随机性的遗传变异，再加上新组成基因型的淘汰性竞争选择所导

第四章 生命演化

致不可逆的生物群体的演化。注意,由于所有变化都发生在由遗传上各不相同的个体所组成的群体中,所以进化一定是逐渐和连续的漫长过程。在这漫长的进化过程中,在不断演化的物种之间起到关联作用的就是生物的遗传机制,其中关键因素就是所谓的基因变异与因袭。所谓"万物皆种也"(《庄子·寓言》),以及"种有几……万物皆出于几,皆入于几。"(《庄子·至乐》)

根据达尔文进化理论,虽然所有的生物都来自于上述共同起源的祖先,但物种并非恒定不变,在生物的每一代中都会产生出很多遗传变异,导致新物种的增殖,结果就是生物的多样性。当然,遗传变异出现的新物种后代能否存活下去并繁衍出后代,取决于自然生态环境的选择。那些最有可能成功地生存下去并且繁衍后代的个体,就是那些由于拥有特殊品性组合而最适应环境变化的个体。然后个体的这种适应能力必将导致群体的变化,这一过程就叫作进化。

现已探明,所有的生物染色体中的基因(DNA)都是由四种碱基大分子的配对组成,四种含氮碱基主要是:腺嘌呤(A)、鸟嘌呤(G)、胞嘧啶(C)、胸腺嘧啶(T,RNA 则替换为尿嘧啶 U)。不同的基因片段含有的碱基对数目差异很大,从几千到上百万不等。所有生物之所以具有这种相同的基因组合方式,是因为事实上都是源自于一个共同祖先。当然,生物基因中的每一个碱基对都有可能会发生变异,这便是导致新物种不断产生的根本原因。如果说,生物的相似性是源自于所有生物都从一个共同祖先那儿继承的遗传基因,那么生物的差异性就在于所继承遗传基因的变异。因此仅仅是死板复制的遗传是不够的,有效的遗传机制必定要提供基因发生变异的可能性。

对于生物进化而言,随机性遗传变异的因素有很多,如基因突变、基因流动、遗传漂变、有偏向的变异、移动因子和非随机配育,等等。但发生变异的遗传物质还必须经受自然环境的检验。只有那些可以适应环境而生存并不断繁衍后代的基因组合,才能够延续香火,这就是进化论中的自然选择原理,叫作适者生存。

诚然,基因偶尔的出错导致生物进化的突变,但并非每一个出错都是有效的。在生物进化过程中,大多数出错是有害的,只有很少的个把出错,偶尔将变异的生物体带入一个更加适应于生存的境地,于是新的物种就产生了。在此过程中,一切取决于生物基因组的外在表现而不是其内在"素质"的改变,只有内在"素质"能够转换为更好外在表现时的改变,变化才会被自然环境所认同。这种只看结果不看本质的自然选择,表面上似乎是无情无义的,但这就是自然的法则。

实际上,自然选择是一种非常特殊的最优化过程,没有预设的目的,也不受任何定律控制,一切都是由随机性的基因变异与环境作用所决定。当然,环境不能改变基因,只能对基因所合成的生物表现型进行优胜劣汰的选择。因为每个基因都有若干不同的形式,叫等位基因,决定群体中不同个体的差异。原则上在一个群体中,没有两个完全一样的个体。正是这种差异,导致不同个体对生存环境的不同适应性,即群体中个体间有彼此不同的生存概率。如果一定的性状提供竞争优势,那么这种性状出现的比率就会越来越大。考虑到当一个群体中不同个体之间的差异是(至少部分是)可以遗传的时候,那么经过许多代之后,自然选择必定会导致进化,这就是进化的总原则。

这样在遗传变异与自然选择的不断相互作用下,适应不断变化环境的物种及其繁衍方式也就应运而生。其中有性繁殖方式的出现,进一步推动了生物基因不确定性组合的发展,导致越来越广泛的生物适应性选择范围。

的确,适应性选择使得基因变异的可能性增大,从而加快了进化的进程,加快了生物复杂性发展的进程。有更多种类的基因组合可能性,促进自然选择的多样性,加上物种之间对环境资源的竞争,生存环境也在不断变化。于是不断更新的自然环境选择,导致更加优良,更加有效,更加复杂生物群体的出现,使得对于一个生物群体而言,其遗传结构不再是固定不变的,而是具有更大的灵活性,从而更好地应对频繁变化的环境。

结果我们发现,生物物种不是恒定不变的类别,而是有着某些变化差异的生物体构成的群体。在一个群体中的每个个体,不但具有一些共同的遗传特性,同时也都有着自己特有的个性。所谓物种,指的就是这种大量地域性群体组成的生物共同体。在自然环境中,每一个物种都是以群体方式生存着,群体中的个体既有共性,又有个性。以整体群体的表现来应对不断变化的生存环境,正是群体中的变化代表了物种的进化。

第四章 生命演化

可以说,物种是进化的产物,而产生新物种的基础就是生物群体的遗传更新。因此所有物种随时都在不断进化,结果在充满竞争的自然环境中,物种的多样性格局就此形成。这其中物种具有竞争优势的性状(基因),就有更大的可能性被传承。物种正是以这样的方式,从而得以不断繁衍生息,代代相传。

于是进化论在这种意义上讲,就是一种群体遗传进化论,主要用以解释每一个群体中个体所经历的代际遗传更新原理。这种全新的进化论归纳起来有三个原则:(1)首先是在群体中要有不断发生的遗传变异事件;(2)然后还要有一定的淘汰机制,在群体的每一代中要淘汰绝大多数成员,只留下个别最适应生存环境的优秀个体;(3)最后,当然任何生物的遗传必须符合"中心法则",即不会发生获得性遗传。这里所谓获得性遗传,是说遗传信息不可能从环境的适应中形成,而只能是依靠大量的变异,靠环境来选择。

如果对上述群体遗传进化原理进行详细地分析,那么第一个原则加上中心法则,无非要求任何自然群体都必须经常存在着足够的遗传变异,并且要保证这种变异是随机的,以供不断变化的环境对物种进化做出种种不可预料的选择。当然,群体的进化完全取决于环境的变化与自然的选择。因此足够多的遗传变异能够确保群体的遗传结构去应对特定环境的选择,从而保持最佳适应状态。从某种意义上讲,进化就是一种适应过程,是通过自然选择作用,施加于一代又一代生物群体生息繁衍过程中的生物适应性过程。

是的,在我们的生物世界里,物种的基因组在不断地变化着,形成各种新的遗传性状。这些新的遗传性状只要能够适应当前存在的某种自然环境,它们所代表的基因组就能够在那个环境里获得成功体现。请记住,这就是生物繁衍的遗传机制,是物种代际之间跨越时间的整体关联性的体现。进化是时间存在性的,通过多样性的基因分布,从遥远的过去进入将来,连绵不尽,将一切不适应环境变化的物种加以淘汰。

《老子·第五章》说:"天地不仁,以万物为刍狗。"从生物进化的角度上讲,这确实是千真万确的,自然选择是无情的。因为大多数基因突变是有害的,只有生物的某一个特征有助于一个生物,或者一个社会群体的生存及生殖成功,这个特征才是适应的,新物种才得以延续下去。我们必须记住,那些适应的幸运儿并不是一个有目的的过程，而是经自然选择淘汰后剩余的产物。换句话讲，某一个特别的个体可以以各种不同的基因表现方式来呈现，至于实际以何种方式可以生存，则取决个体所生存的环境。

这样，在遗传进化机制的作用下，经过漫长的物种进化过程，大约在200万年前，伴随着人属的出现，自然生命的进化便进入一个全新的时期。这一时期进化的结果，仅是在数百万年中进化的一步。到了8万年前，由神经元所组成的人脑得到高度进化并趋于稳定，结果促成现代人类的诞生。

动态演化的生态

在我们这个星球上到处是各种各样的生物，有人眼看不见的微生物，也有在原野上生生不息的各种动物，以及覆盖广袤大地的森林植物。这些不同形态的生命，都是自然生态系统的有机部分，应该说任何物种的可持续演化，也都离不开自然生态的稳定演化。

在生物适应性进化过程中，由于环境的不断变化，包括不断出现新物种对环境变化所做出的贡献，意味着物种也不是恒定不变的。这样随着物种的不断增殖与环境的不断变化，必然导致生物的多样性，或者说生物多样性是环境与生物共同进化的必然产物。导致这种生物多样性的一个最有趣的例子，就是陆生蜗牛品种的多样性。

由于栖息地的复杂生态环境（光照多样性）形成了陆生蜗牛基因的多样性，体现在100多万种不同外形的蜗牛壳图案表现之上。毫无疑问，正是陆生蜗牛外部生存环境的选择作用，导致其内部基因的多样性，从而形成陆生蜗牛品种的生物多样性。这里没有任何预先的安排，也没有任何有目的的控制，完全是物种与环境共同演化的结果。自然选择通过不停地优胜劣汰式地筛选，经过无数世代，适应的陆生蜗牛品种的有益基因变异就会越积越多。最后繁荣发展起来，形成叹为观止的100多万种不同外形蜗牛壳图案的现实。

杨伯峻在《列子》"天瑞第一"的注解中有曰："夫群动之物，无不以生为主。徒爱其生，不知生生之理。生化者，有形也；生生者，无象也。有形谓之物，无象谓之神。"（杨伯峻，1979：1）这作为"生生者"的自然法则（无象），正

第四章 生命演化

是我们一切生命遗传进化机制，也是生物多样性（芸芸众生）生息繁衍的根本答案（神）。

自然生物的进化，正是靠着遗传物质创造的个体与生态环境的相互作用，营造出精妙无比的生命衍生的遗传机制，并在我们这个无数生物共生的行星上，形成一个复杂繁荣的生态系统，创造越来越复杂高级的生命。迄今地球上分布的数以亿计的物种，相互关联，共同构成自然生态系统，正是生物进化力量的体现。

实际上，任何物种都是相互关联的，它们共同构成整体演化的自然大生态。在自然环境的选择作用下，遗传进化机制导致生物多样性，多样性的生物又改变生物赖以进一步遗传进化的环境。因此是共同起源的生物多样性与生存环境一起构成动态演化的生物与环境并存的系统，我们称这样的系统为一个生态系统。

对于一个生态系统而言，除了物种的适应性遗传进化外，我们更加关心的是物种与物种，物种与环境，以及环境与环境之间的整体关联性。其实从生态系统的角度看，物种对环境的适应，也就是对整体生态系统的适应，体现的就是对这种整体关联性的维持。在大自然中，任何生物都不是独立存在的，而是总会与环境和其他生物相互关联。因此强调生态系统的整体关联性，就是强调这种有规律相互关联的统一性。生命的价值就存在于整个系统的整体关联性之中，而不是存在于每一个孤立的生物个体之上。生物个体只有成为整个系统复杂关系网中的有机一员时，才能体现出其生命的价值。

生态系统的基本单位是生态位。所谓生态位，就是指生态系统中可为某种特定生物个体或种群提供的各种生存条件及其关系的集合。自然，每一个物种往往只适应于某种有限的生存环境。因此我们才这么说，进化并没有既定的目标，它只是在探索一切可能的空间。这可能的空间就是生态位，进化就是尽可能地占领各个生态位。随着漫长年轮的流动，结果必然导致生物多样性的生态系统。而生态系统的整体关联性正是通过其所涵盖的全部可能的生态位的相互叠加、牵扯与渗透而发挥作用。

如果两种生物拥有的生态位不发生交叉，那么这两种生物之间就不会存在竞争关系。反之，如果两种生物拥有生态位发生交叉，那么这两种生物必然会存在竞争关系。生态位之间交叉的程度越大,这种竞争也就越激烈。对于物种的繁衍生息而言,生态位狭小的物种(如大熊猫)生存的空间就不如生态位广阔的物种(如人类),因此也往往在进化中缺乏竞争优势。

从生态的角度上讲,各个生物所秉承的进化策略,就不存在"谁比谁好"的问题,而在于找到一个适应于自己生存发展的生态位,这才是进化的关键所在。因此只要有生态位就有可能进化产生与之相适应的生物物种。从某种意义上讲,生物漫长的进化过程,就是不断探索可能的生态位并加以占据。因此生态位也可以看作是生物的一种谋生方式,不同的生物占据着不同的生态位,并得以繁衍生息。而这种永不停息地不断探索并加以利用,本身又不断改变着生态位,并创造出新的生态位,使得物种的新老更替成为可能,推动着生物进化发展。

正是这样,物种的进化过程就不是一种被动、受制于环境的简单过程,而是环境进化出来的物种还能够创造出新的生态环境来。作为生物的一种更高层次的自适应能力,复杂的适应性物种总是会创造出很多小生境,被那些能够适应在其间发展的其他物种所利用。这样循环往复,就为生物的进化打开更多的生存空间,形成真正复杂万分的生态系统。生物与环境的这种相互作用,使得不同物种共同进化过程本身也在不断进化。这样就为越来越复杂生命体的诞生,创造了根本的生存机制。

考夫曼在《宇宙为家》一书中描述的"芸芸万物,此消彼长,依着不同的旋律和节奏,舞动生命。而这一切的生命律动,因着指挥的缺席,而变得更加奇妙壮观。每一种生物,都是靠着另外的生物创造的精妙的小生境而生存。每一种生物,在盲目地找寻自己的生活的时候,也创造了其他生物的生活方式。"(考夫曼,2003:249-250)正是生态系统中这种生生不息情形的生动写照。

由于生物多样性,不同物种的生态位之间就形成相互制约、利用、叠加等错综复杂的生态关系网。一方面,自然界中任何一个物种都是以群体方式生活着,而生物的群体又以群体内个体之间某种协作与抑制的相互作用为特征。另一方面,不同种生物相互作用会施加选择压力,从而导致共同进化。而物种之间的共同进化,不仅改变自身,同时也会改变它们之间相互作用的方式。

第四章 生命演化

当然,生态位也具有跨越尺度的层级嵌套结构,大的生态位往往包含着众多小的生态位。由于同源性,我们对物种的区分实际上是无法理清的。我们认为,对于任何长时间演变过程而产生的种类分布,是很难给出明确的分类界限的,特别是无法给出统一标准的一致性分类。实际上大到门纲,小到个体,差异和趋同都是普遍存在的。这种情形跟语种的确定是一样的,大到语系,小到个人语言习惯,无法给出统一的划分原则,能给出的只是相对某一标准的近似性划分。不管是从基因型入手,还是从表现型入手,生物系统中物种表现的复杂性都会使任何明晰的分类尝试显得苍白无力,无法反映真实情形。

因此小到生物个体,大到整个生物界,都可以看作为一个物种,而最大"物种"对应的生态位就是整个生态系统。反过来讲,每一个生态位都可以看作是一个生态系统,而生态系统本身也具有跨越尺度层级嵌套结构的性质。这正是《老子》中所指出"万物并作,吾以观其复"的状况。对此,唐代隐士无能子说得更加具体:"夫天地之内,物之颁形者千万焉。形之巨细,分之大小相副焉。随其形,足其分,各适矣。"(王明,1981:38)从而形成了我们今天所看到的一个无比复杂繁荣的生物及其相互作用的网络系统。

在这个复杂生物网络中,不同物种的生物通过所依存的生态位发生相互关系,并共同繁衍生息,就是不同物种的生物具有共生关系。在具有共生关系的物种之间,一种生物的繁衍生息活动会通过相互关联的生态位影响着其他生物的繁衍生息活动。所谓共生,是不同物种互为依存的繁衍生息方式,不同物种的生物同时在共同的生存环境中繁衍生息。

共生是我们这个星球上生态系统中的普遍现象。如果我们稍作留意,就不难发现在我们的周围共生现象无处不在。比如真核细胞就是多种细菌的共生体,我们人类个体也都是生活着多种微生物的共生体。此外像蚂蚁与蚜虫,白蚁和鞭毛虫,珊瑚与藻类,等等,甚至大自然中普遍存在的生物链也是一种相互依存的复杂共生体系。生态系统的生物链是环环相扣的,动一牵百。比如消灭了食肉动物,将会导致食草动物的繁盛,结果是植被被啃光,于是整个生态环境便遭到灭顶之灾。

在生态系统的物种之间的相互关系也是复杂多样的,除了不能同处同一生态位的排斥性竞争外,其他作用关系包括有捕食、寄生、抗生、侵害、合

095

作、互助和利他等，其中大多都有共生的成分因素。由于在所有生物的生存斗争中，彼此相互适应以求稳定是总的策略。因此在竞争中妥协共生，必然也成为主要趋势。正是这种趋势，使得众多物种共生的生态系统，能够成为一种相对稳定的适应性复杂系统。

　　自然界的生命是共生协调的，不同种类生物之间的共生关系几乎是生命繁衍生存的一种固有需要。一方面，新的细胞、组织、器官、生物以及物种的起源，往往都是建立在长期共生之上的，称为共生发源，有利于生物进化的多样性；另一方面，不同生物的共生协作可以通过相互作用产生选择压力，结果导致共同进化，有利于生物更好地适应环境。当然，生物之间的共生也会使得共生生物的自主性削弱，不利于单个生物个性化的发展。但作为共同整体，生物之间的整体关联性得到更好的体现，其必将在更高的层次上涌现出全新的自主性。因此共生也是导致生物复杂性的动因，更好地体现生物系统的整体相干性。

　　生态系统最为核心的性质就是相干性。因为生态系统是一个整体，生态系统不但包括环境，而且也包括一切物种，以及环境与物种的全部关系。什么是相干性？在生态系统中，任何物种之间，生境与生境之间，物种与环境之间都是相互关联、相互影响的。比如说，人类生存会影响环境，影响环境之后，环境又反过来影响人类的生存方式，这种相辅相成的关系，就叫相干性。物种也一样，两个物种之间是相互作用的。比如说，脚丫中有多种细菌，细菌达到共生平衡状态，就不会发生脚气。但是一旦菌类的分布打破平衡，而导致脚气的那种真菌茁壮成长，就会爆发脚气。因为物种之间是相互作用的，需要维持共生平衡的。

　　这种生态系统的相干性是很微妙的，表面上往往看不出来，实际上却暗地里在相互作用。为了说明这个相干性如何微妙，我们来说一个日常生活就可以进行的实验。这个实验的情形是这样的，假如有两个暖瓶，用热得快给它们加热，假设两个暖瓶的水是一样多的，热得快的功率也一样。如果单独分别加热各个暖瓶的话，需要五分钟。现在问大家，其中一个暖瓶提前0.05秒开始烧，另外一个滞后0.05秒开始烧，把这两个暖瓶放得足够靠近，你们认为哪个暖瓶的水会先烧开？实验结果是非常不可思议的，两个暖瓶同时烧开。显然，如果按照常规时间思维计算的话，应该提前0.05秒先

第四章 生命演化

烧的那个先烧开,但是实际上是一起烧开。这就叫相干性,这就是非线性系统里的胁迫同步振荡效应。

生物系统的整体相干性,小到细胞,大到生态系统,是一种生物系统固有的关联性,具有非局域性、非线性和多维性等特点。其超越了生物作用的范围,往往涉及量子物理学领域中所发现的原理。实际上,每一个生物系统,不管处于哪个层次上,都有自身丰富的反馈机制、平衡机制以及多重适应机制,不可能完备性地加以描述,这就是生物系统相干性的意义所在。就像量子纠缠性一样,对它的任何观测描述,必定导致量子态的破坏;对任意生物系统分解性的描述,必然也会破坏其整体相干性。从而使得这样的描述毫无结果。

真正的生物相干性,是一种跨越尺度的整体关联性,推动着生态系统作为一个整体的进化过程,以应对自身环境的选择压力。因此对于生态系统而言,进化本质上是一个自适应过程,进化的结果就是不断自我超越,涉及的正是非线性动力学机制。一方面是组成系统的各个成员的微观进化过程,另一方面则是生态系统作为一个整体的宏观进化。这两个过程是相互依赖,同时进化。

当然,生命群体的整体关联性,并不意味着抹杀个体生命的差异性。与物种在环境作用下必然走向多样性的规律一样,个体生命的表现型也是生物在发育过程中基因型与环境相互作用的产物,必然也具有不同性状的差异性表现。因此表现型体现着生物个体可能不同于其他生物个体的形态、生理、生化和行为等全部性状。

在这其中,宏观过程必然成为微观过程的环境,决定着微观过程的进化过程。反过来,微观过程的进化又是宏观过程进化的前提。如果再考虑到生态系统本身的跨尺度的嵌套现象,这样一个多层次的复杂系统的进化过程,必然是不可还原为任何一个层次的描述之上的。这便是生态系统整体相干性的体现,具体反映在诸如物种的遗传通信,物种间共生关系以及系统的共同进化机制之上。

于是生态系统这种整体性进化不断突破原有界限,实现了不断自我超越。在这过程中,进化机制本身也将被不断超越。当这样的生态系统涌现出自主性的时候,那么这种层级生态系统跨尺度的相干性必然就是一种自相干性。因为没有外面的指挥，系统必须依靠自身将内在各部分相互干涉起来，实现自相干。

实际上，在一个层级生态系统中，在一个层次推动着另一个更高层次的进化过程中，较低层次部分本身也得到进化，产生更加复杂的动力学行为，比如自主性的加强。

所以说，宏观的与微观的进化是同时进行的，宏观的进化离不开微观的进化。反过来，微观的进化也离不开宏观的进化。在整体性的生态系统进化中，相互关联的每个部分都可以看成是整个系统的缩影，即所谓跨越尺度的自相似性。这样就导致一个复杂万分的生物的层级生态系统。

层级生态系统通过这种自主性的共同演化来实现不断的自我构建，其本质是通过动力学系统不断产生新的临界状态（所谓混沌边缘），来实现有序到混沌边缘再到新的有序的自我转变。这种突破原有界限的进化过程便是自我超越，在这过程中，进化机制本身也将被不断超越。也就是说，正是因为进化本身可以改变进化方式，才使得生态系统形成不断变化的、丰富多彩的生物景观。

确实，在层级生态系统中存在着非常复杂的生态位分布，每个生态位适应不同的物种生存，而物种之间通过其生态位相互作用共同进化。共同进化有两个含义，不仅是指物种的共同进化，而且还是指整个生态系统在宏观层次和微观层次相辅相成地共同进化，具有跨越尺度、自相似性地不断进化。正因为这样，自组织不仅对整个生态系统起作用，而且对生态系统的每个层次也起作用，这便是老庄所说"自生自化"的根本之道。

自生自化的机制

涉及生物大生态，不但要探索生命过程的运作机制，而且还必须探索生命外部生存环境的运作机制。而在生态系统中某种生命现象的外部运作机制，也往往就是另一更高级生命现象的内部运作机制，并且两者相互关涉。就整体而言，这些运作机制又无不体现非线性规律。

那么什么是生命现象中的非线性呢？用通俗的话讲，生命现象中的非线性是指生命遵循的规则本身包含着改变规则的规则。因此非线性就意味

第四章 生命演化

着自涉性,如生命现象中的自同构、自组织、自维生、自涌现、自更新、自催化、自相似、自复制、自适应、自学习、自组装,等等,都是生命非线性的具体表现。应该说,正是非线性的自涉性,导致生命现象丰富多样性与复杂性。

以往人们往往认为井然有序的线性规律是常规的,很少人注意到其实混沌非线性现象才是普遍的,是自然界真正的灵魂所在,而那些线性现象不过是非线性的一种特例而已。正如无理数要比有理数稠密得多一样,在自然界中非线性现象比线性现象也同样要普遍得多。

现在不同了,随着非线性科学的不断发展,聚集在非线性名下的科学术语也随之蜂拥而至,像"混沌"、"复杂性"、"分形"、"奇怪吸引子"、"蝴蝶效应"、"三体问题"、"分岔"、"超稳定性"、"突变"等几乎成了科学的时髦流行用语。

在这样的科学潮流的发展中,自然也因此建立起各种非线性科学范式理论,如系统论、突变论、分形几何学、耗散理论、协同学、超循环论、混沌理论,等等,并都无不与生命现象深入研究密切相关。特别是其中的混沌理论,几乎成为非线性科学的代名词。混沌理论强调的正是事物发展变化的非线性演化过程,而不是事物存在不变的静止状态,因此也最符合对生命现象与规律的描述。

实际情况也确实如此,对生命现象与规律进行解释,所需要的全部原理都可以在非线性反馈之中找到。从某种意义上讲,生命演化过程就是非线性反馈加上混沌现象。《列子·天瑞篇》有言:"浑沦者,言万物相浑沦而未相离也。"(杨伯峻,1989:6)其实这也就是对生物大生态本性的最好描述。

首先在生命现象与规律中,非线性的一个主要特点就是混沌边缘效应的创生性。典型的例子就是生命起源中自催化超循环的代谢机制的形成,以及生态系统中复杂有序性的产生。前者促成生命的起源,后者则奠定生物多样性的平衡条件。

正如美国科学家克拉默所言:"没有混沌,就不会有任何新事物产生。一切新的重要的事物都是非线性的。"(克拉默,2000:47)大自然中的一切新的生命事件,都产生于非线性的混沌变化过程之中。这里需要解释的是,所谓混沌边缘,指的是介乎事物发展从无序走向有序的过渡阶段。沃尔德罗普在《复杂》一书的"概述"中指出:"混沌的边缘就是生命有足够的稳定性来支持自己的存在,又有足够的创造性,使自己名副其实为生命的那个地方。混沌的边缘是新思想和发明性遗传基因,始终一点一点地蚕食着现状的边缘的地方。"(沃尔德罗普,1997:5)

表面上简单无序的运动可以创造出有序的生命现象,已经成为科学界的共识。生命就是从无序的海洋中,通过非线性的自维生机制产生出有序的模式。无序的混沌是新事物诞生的先兆和必要条件。混沌并不是混乱,而是一种超复杂性的规则。而这种复杂性又难以为人们所把握,所以人们称其为混沌。

简言之,宇宙正是从无序的大爆炸非线性相互作用中不断地产生着新奇事物,这些新奇事物之间本身又发生着越来越高级的非线性相互作用,于是不断向着更加有序的方向演化,并形成我们目前所处的这个无比复杂的生物大生态。

在生命现象与规律中,非线性的第二个特点就是对边界条件扰动的敏感性。也就是说,对于生命事物的发生发展,往往微小的干扰就会带来完全不同的结果。因此掌控着微小扰动,就成为生命演化的关键所在。所以《周易·系辞》说:"子曰:知几,其神乎!君子上交不谄,下交不渎,其知几乎!几者,动之微,吉凶之先见者也。君子见几而作,不俟终日。"注意,这里的"神"指"阴阳不测",而"几"就是"动之微"。

当然,在西方科学中,对非线性系统的这一性质的发现工作,主要是由美国气象学家洛伦兹在20世纪60年代完成的。当时洛伦兹正在研究如何通过非线性微分方程的建模与仿真来正确预报天气,但结果意外地发现,"真正发生的事情是,出现了两个几乎(但非完全)一样的状态,它们看起来十分相似,但其后的状态却不必彼此相似,从而观测到了明显不同的演变。在某些动力系统中,两个几乎一致的状态经过充分长时间后会变得毫不一致,恰如从长序列中随机造取的两个状态那样。这种系统被称作敏感地依赖于初始条件。"(洛伦兹,1997:7)

这样,洛伦兹就发现了所谓的混沌效应,后来被戏称为蝴蝶效应。意思是说对于天气预报而言,如果要预报美国纽约是否会下一场大暴雨,那么其结果也许就依赖于英国伦敦是否有一只蝴蝶在扇动翅膀这一微不足道的小小事件。

第四章 生命演化

由此洛伦兹进一步推得的是，一切混沌系统都具有这种敏感地依赖于初始条件的内在变化规律，其长期行为是不可预测的。洛伦兹指出："在任何系统中，对初始条件的敏感的依赖性所导致的直接结果之一是不能作准确预报，而对充分遥远的未来甚至连粗略预报都不可能。"（洛伦兹，1997：8）

自然，这一结果对于生物非线性系统也同样有效。实际上小到基因突变，大到生态系统的兴衰，生态环境的破坏，都无不体现着这种对边界条件扰动的敏感性。就我们的生命体而言，微观上的一些无序变化，如心律紊乱，将会造成宏观上的灾变，如心肌梗死，结果导致死亡。

微小的扰动会引起巨大的变化，就是所谓"差之毫厘，失之千里"的科学表述，小小的多米诺骨牌游戏很能说明这一点。因此对于生物非线性系统而言，系统的稳定性就成为生命存在的关键所在。有机整体要存在，必须具有稳定性。因为"不稳定的系统是不能存在的"，也就是不能立足于处处都有不稳定背景的干扰之中，为了保持稳定性，有机体必须具有自适应机制，这便是有序的意义。从对抗环境扰动的角度上讲，适者生存也就是稳定者生存。生命演化出越来越复杂的功能组织，其原因也就在于此。生命的复杂性是用来应对环境因素的扰动性。

在生命现象与规律中，非线性的第三个特点就是多尺度跨层次的自相似性。所谓自相似，就是指事物的整体与其部分之间遵守某种共同的组织规律。这也是自然生物界普遍遵循的法则。小到生物形态的分形刻画，生物结构的层级递归，大到层级复杂生态系统的形成，都体现这种跨越尺度的自相似性规律。

自然界的分形，这个由美国科学家曼德勃罗所发现的现象，是无处不在的。过去我们认为所有的形体都可以在我们整数维空间中加以描述，比如规则曲线、球体、正方形，等等。但曼德勃罗发现，更多的形体确实无法用我们的整数维空间来描述与度量，而只有在被称为分数维的空间中才可以进行描述与度量。

按照曼德勃罗的研究，分形的最大特点就是其形态结构上的自相似性，比如对于科克曲线，就是大的三角中套着小的三角，小的三角中又套着更小的三角，这样可以一直递归下去。注意，在分形中，整体与部分之间尽管形态相似，但尺度不同，所以称为跨越尺度的自相似性。简单地说，就是在不同的尺度上图案中套着与其相似的图案。

不仅仅是形态上是如此,在生命现象中,其支配的规律以及发生发展的过程,也都具有这种跨越尺度的自相似,比如个体的发育过程就是如此。可以说,中医诊断方法的有效性很大程度上是这种跨越尺度自相似性在起作用。另外,大生态系统套着小生态系统的组织原则更是如此,如果说通过局部环境的了解能够对更大生态系统的现象有所察觉,利用的也正是这种跨越尺度的自相似性规律。

实际上对于宇宙小到微观粒子开始,其非线性作用机制本身,都是一种跨越层次多尺度的自相似性质,其中量子系统是亚原子级的,化学系统是原子级的,基因系统是分子级的,神经系统是细胞级的,生态系统是生物级的,银河系统是星球级的,宇宙系统是星团级的,它们都是非线性规律支配下的复杂系统,具有跨越尺度的自相似性。

对于这种事物跨越尺度自相似性,英国作家斯威夫特(Jonathan Swift)有一首非常形象刻画的诗歌:"学者观察惟仔细,蚤身复有小蚤栖。小蚤之血微蚤喙,循环无穷不止息。"(盖尔曼,1997:63)在某种意义上讲,对于生命现象而言,确实存在着普适性的规律,其不同的表现不过就是做了一些尺度变化而已,而这个规律本身就是支配无处不在的非线性变化的那个根本之道。

因此如果把大自然看作是由非线性规则支配的一个巨大混沌动力学系统,那么大自然外在表现的历程,就是一个随时间演变的轨迹,并通向一切可能状态构成的奇怪吸引子。这里动力学法则是决定性的,是内在的发生发展机制;形态学表现是可能性的,是外显的具体存在临时状态。根据外显形态学表现的分析,虽然可以推知局部内在动力学的性质,但从根本上不能重建动力学模型。反过来,如果知道动力学模型,我们却原则上能够完整地给出形态学分布。但即便这样,由于动力学系统对初始条件的敏感性,要想具体知道系统随时间演变的轨迹也是不可能的。也就是说,我们不可能预知系统最终会沿着什么轨迹,并落入到哪一个具体的可能结局状态,这是由动力学系统的非线性混沌效应所决定的。

反过来讲,这也意味着,对于我们所处的自然生态系统,只要有非线性因素,就不可避免会带来不可预测性的生态涨落,导致任何人为干扰,都会

第四章 生命演化

带来动态生态平衡不可逆转的改变。就是说,混沌现象的本性就是不可预测性。弥尔顿在《失乐园》第三章中描述道:"'混沌'坐着当裁判,/判出更多的混乱,/他就靠混乱来掌权。/然后,/一切都由一个高级的裁判/'机会'来总管。"(里德雷,2002:144)《庄子·应帝王》中也讲到:"南海之帝为倏,北海之帝为忽,中央之帝为浑沌。倏与忽时相遇于浑沌之地,浑沌待之甚善。倏与忽谋报浑沌之德,曰:'人皆有七窍,以视听食息,此独无有,尝试凿之。'日凿一窍,七日而浑沌死。"道出的都是混沌效应的不可预测性。

可以把这里的"机会"、"倏忽"看作是"无常变化",或看作老百姓喜欢使用的"命运",那么就可以知道,对生态的控制,乃至对人生成败的掌控,也绝非个人力量所能把握,而是环境一切因素之积聚的总和力量所使然。美国科学家考夫曼在《宇宙为家》中就指出:"在这么一个若危若安的世界中,我们必须放弃那种自命不凡的远期预测。我们无法知道自己最佳行动的真正后果,我们所有玩家所能做的,只是把自己门前的事儿明智地办好,而不要去管全球的事。"(考夫曼,2003:37)

是的,非线性系统或者说是混沌动力学之所以难以把握,并不在于系统本身的规模,而在于系统的复杂性。自然界生物系统的复杂性缘于其发生发展支配规则的非线性,一个生物体的复杂性并不在于其有多少基因的细节上,而在于这些基因之间构成相互作用的非线性关系之上。基因构成的网络系统具有根本复杂性的特征,其所表现出来的可能个体形态是真正不可预言的。

其实"混沌"这个词本身就意味着不可预见性,中国古代往往将其视作一切事物的根本起点,甚至是宇宙的根本起源。这也从另一个侧面说明,生命现象中普遍存在的这种非线性机制,从根本上讲就是宇宙精神存在的表现。美国后现代科学的倡导者拉兹洛在《微漪之塘》中就这样认为,他指出:"生命毕竟是一台特别复杂的化学机器在运作,把数以亿计的原子、分子和细胞集合在一起。它也可以是与物质世界完全不同的一种实在——一种在本质上是精神实在的表现形式。"(拉兹洛,2001:32)

很明显,在代表生命整体关联性方面,无论是代谢催化机制,还是遗传变异机制,以及生物适应机制等,都是建立在非线性规律之上的。因此从某种角度上讲,是非线性决定着生命现象的复杂性,是非线性决定着生命形态的多样性,是非线性决定着生命过程的自主性。说到底,我们的生命演化过程就是一部非线性的展现史,宇宙精神便蕴于其中。

混沌揭示的是复杂事物的本性,也是事物发生发展的内在动力。因此凡是复杂的事物,特别是像生命现象这样无比复杂的事物,必定受到混沌动力学规律的支配。换句话讲,混沌现象所体现出来的非线性,在生命领域中必然是无处不在。

因此生态非常复杂,相互作用,这种非常复杂就是我们前面讲过的非线性相互作用。我们讲过非线性相互作用的机制,最终可以归纳出来的就是自组织。因此我们这么复杂的生态系统也是一个自组织系统,没有外在的支配者,完全是自我调适,是自催化、自组织、自干涉……总而言之,就是一个"自生自化"的"自"字。大自然的奥秘就在于这个自组织机制。自组织机制,也就是中国古代先哲所说的那个道,或者是那个能生、能化的"不化者"、"不生者"。

这样,根据生物演化普遍存在的非线性规律,从机制上看,从细胞的代谢(自催化),到物种的进化(自适应),再到共生的生态(自相干),无处不体现着生命现象的自组织过程,从而导致生命现象的复杂性。而出现智慧生命的动因,也必源自于跨越尺度生命自组织机制的全面展现。自组织就意味着事物自我整体性展现的使然。

张载在《正蒙·参两篇》指出:"凡圜转之物,动必有机。既谓之机,则动非自外也。"(张载,2000:101)这种非自外的机制,就是自组织机制。万物的流转生化(发生与演化),除了自为之外,别无他途。故《列子·天瑞篇》中说:"故生物者不生,化物者不化。自生自化,自形自色,自智自力,自消自息。"(杨伯峻,1989:4-5)因此自组织机制是一切事物发生发展的固有本性,也是导致智慧生命出现的必然途径。

是的,在生物系统中,除了导致生命结构与功能表现越来越复杂外,自组织也同样是导致智慧生命出现的自然作用机制。应该说,从物质片断发展成为结构不断复杂的生命有机体,乃至出现智慧生命,就是自然界从混沌不断走向有序的复杂自组织过程。自组织贯穿着生命发生发展整个进程,并且还将继续主导着智慧生命高级形态的发展。

可以肯定地说,从生命的起源(分子如何协作组成了细胞),到物种的进

第四章 生命演化

化(个体如何协作组成群体),到生态的平衡(物种如何协作组成生态系统),再到进一步的社会经济活动(社群如何协作组成社会),这一系列的现象都是自组织规律的自然表达。在这不断升级的自然演化过程中,实际上就是一物生一物,不断走向更加有序的动态过程。

在简单个体生命的组织层面,生命个体所发生的有序结构就是自发产生的,通过生物系统的自催化,将非常复杂的分子网络有序协调起来,充分体现那个令人惊叹的自组织规律。从本质上讲,一个活的有机体就是一个有能力催化自身繁衍的化学反应系统。这种催化机制可以用艾根(Manfred Eigen)提出的超循环理论来描述。所有生物学化学反应都是由酶催化的,催化反应中形成的产物又是下一步反应的催化剂,形成所谓的催化循环。这样的催化循环除了保证一个循环的产物必须支持下一个循环外,每个催化循环还必须是自我复制的。由若干网状的催化循环组成则形成催化超循环,实现的便是催化闭合功能,具有自足催化性质,自组织生命的意义就由此涌现!生化反应的催化闭合确保了整体的存在依赖于部分,而部分的存在,不仅有赖于整体的维持,而且又实现整体的维持。

很显然,作为与环境不断交换的有机体内部稳态,即系统整体的各个部分之间的关系达到的动态平衡,会随着时间推移和吸收新部分而不断动态地打破,为了有机体维持内稳态或建立新的平衡,这便称之为自维生。系统自维生就是通过与外部环境进行连续地交流来不断更新调节自身以保持其结构的整合性。正是这种反馈过程促使生命结构的创造性进化。在生命有机体的超循环自催化系统中,连续地更新调节自身的核心作用力,就是代谢通信机制。因此代谢通信机制也就是有机体整体关联性的体现者。

自维生也带来了有机体对环境的自适应,而且恰恰在自维生系统的生存环境充分交叠的地方,通信才是可能的。在生命领域,信息传输并不是单向过程,而是循环交换的过程和产生着新东西的过程。特别是自维生系统中的信息交换与情景关系有密切联系,造成一定的效应,且完全依赖于具体环境,并在遗传通信与代谢通信的相互作用中显出进化的成效,从而不断涌现出的新的生命形态。

自组织就意味着充分的交流,因此系统内部的通信机制就成为维持整体关联性必不可少的关键。在生命领域中起作用的通信机制主要有三种,第一种是以维持有机体生存为目的的代谢通信，主要由专门的信息分子，即激素来传送，一方面调节多细胞生物内部发展的平衡，另一方面应对环境涨落对于有机体的影响，增强有机体的自主性。第二种则是以维持种群延续为目的的遗传通信，在一定物种生命周期量级的时间间隔中发挥作用，使得系统发育和跨越许多代的相干进化成为可能。第三种生物通信是由神经系统实现的，因而可以把它称为神经通信，主要是在大脑中进行。神经通信的速度极快，比代谢通信平均快大约 1000 倍。具有神经系统的动物，可以通过神经通讯外延到语言、手势、表情来进行个体之间通信。正因为有外延，才使得这样的动物生存能力远远超出没有神经系统的生物。通过个体之间的交流，他们可以更好地应对自然环境。

很显然，自然正是通过不断增加的整体相互关联手段，从物理力的相互作用开始，经由代谢作用、遗传作用、神经作用的层级自组织，使得整体关联性变得越来越复杂，并同时集中体现在神经系统的运行法则之中，最终涌现出我们称之为意识的现象。特别是在生命高级阶段进化出现了意识，使得基于神经系统的智慧生命自涌现出宏观意义上的智慧自决能力。在这其中最终出现智慧人类及其文化现象，也就是自然而然的事件了。正如周敦颐《太极图说》中接着"万物生生而变化无穷焉"而指出的那样："唯人也得其秀而最灵，形既生矣，神发知矣。五性感动而善恶分，万事出矣。"（周敦颐，2000：48）

所以我们的意识实际上就是一种整体关联性。也就是说，当人们把物质世界、生存环境等所有的一切通过神经活动来认识把握以后，所产生出来的一个整体性的认识。所以说意识是整体性的。这种意识是整体性的反观能力，正是神经系统展示自决的结果。这种意识反观能力，不是固定空间结构中的，而是作为神经系统自组织过程的产物。

其实自然进化中的任意自组织系统都具有这种自涌现能力，当一个自组织系统超出自己存在的界限时，就会发生这种自涌现现象，并拥有不同程度的自决能力。没有自组织的涌现性，就不可能产生新事物，也不会拥有自决能力。一方面，涌现的自决能力来自于复杂事物从低级到高级不断升级的自组织过程；另一方面，一旦拥有自决能力，事物就可以从高级到低级反观制约自身的行为。拥有自决能力，就意味着拥有主宰自身命运的更大自

第四章 生命演化

由度与更大的灵活性。当然在原子的层次上,自决是微不足道的。但随着越来越复杂的生命系统的出现,在更高层次的有机体中,自决也变得越来越鲜明和强大。

比如作为一个整体的细胞系统,由于其自组织活动所固有的经验选择性,就表现出了一定自决能力,可以影响其构成分子的活动。这样的分析可以逐级递推,直到具有复杂思维能力的人的出现,无不如此。美国后现代科学倡导者格里芬教授在《后现代科学:科学魅力的再现》一书中就认为:"人因而呈现为一种经验的等级结构,范围越广,其中的经验就越少,心与脑细胞之间的关系就是每一细胞与其构成要素之间关系的再现。在每种情形下,大量较低级别的经验充当了较高级经验的'身',而一系列较高级的经验便充当了这个'身'的'心'。……借助这种等级结构的概念,我们可以解释人的心对其身的每一等级的'物'所产生的影响。心的经验可以影响细胞的生命活动,细胞的生命活动又可以影响其分子的活动,而分子的活动又可以影响其原子的活动,原子的活动又可以影响其亚原子的活动。"(格里芬,1995:199)

从某种意义上讲,系统展示自决便是展示思想,代表的是更高层次上面的整体关联性,即反观性智慧。也就是说,反观性智慧的涌现,正是神经系统展示自决的结果。这种人脑固有的并不是固定空间结构中的反观性智慧,就是作为神经系统自组织过程的结果。因此神经通信也是生命通信的最高级形式,所涌现的反观性智慧活动,也已经超越了生物的进化,从而可以反向性制约生物性遗传进化规律。比如计划生育措施的制定,或放弃繁衍后代的出家修行等,就是对生物遗传进化法则的反制。

从上述的描述中不难看出,从原子级的化学系统,分子级的基因系统,细胞级的神经系统,无论是自创生与自维生,自复制与自适应,还是自涌现与自反映,无不体现着自组织的发展规律。也就是说,自组织是系统跨越尺度的共同规律,乃至更加宏观的生态共生系统的演化,同样也遵循着这一根本规律。其实从单细胞生命到多细胞生命,乃至智慧生命,从个体生命到生命群落,乃至人类社群,都可以看作是某种尺度上的生态共生系统,不仅遵循着共同的自组织发生发展规律,而且跨越尺度之间共同演化的生命层级体系,也同样遵循着这样的自组织发生发展规律。

应该说，自组织机制正是生命层级体系的动因，这一作用机制的直接结果就是宏观进化和微观进化在宇宙中同时进行。一方面，宏观结构作为微观结构的生态环境，决定性地影响着微观结构的进化，并使分子合成、细胞生长、生命进化成为可能；另一方面，微观结构的进化则成为宏观结构（如整体生命、生物群落、生态环境）的形成和进化的根本因素。一句话，自然生态系统的演化是在宏观世界和微观世界相互依赖的意义上同时进行着。而导致各个层次共同进化的根本机制就是自组织机制，并不断涌现出新奇性，促进着生命形态向着越来越高级的阶段发展，拥有更高的自主性，更多的自决性。

自组织机制给我们的另一个启发是，在大自然中，各种生命形态并非是完全独立和任意的。任意一个个体，你都可以把其同时看作是一个生态系统，或者是更大生态系统的一个组成部分，所有不同层次的生命体或组建都很有规律地相互关联着，遵循着自组织机制的支配原则。"生境"也有同样的情况，既可以表现为"生物体"，又可以是"生态场"，更多地则是两者的统一。比如当从外部看待某个个体生命，其表现的无疑是一个独立的"生物体"。但从内部看待这同一个个体生命，其无疑又是一个多细胞构成的生态系统，这恐怕是任何生物学家都不会怀疑的事实。

生命演化是一个自组织过程，强调自然生命演化的自组织，就是强调生命系统是一个整体，具有相互依赖和统一的整体关联性。生命的价值就存在于这个完整的体系之中，而不是存在于构成生命系统整体的构成之中，哪怕是独立的一个生命个体，也是作为整体生态环境这个整体中的一员而存在的，个体的生存价值只有投身于这个整体的复杂关系网中才会有意义。反之亦然，离开了构成成员的整体也不存在，整体系统的意义从根本上取决于全部成员及其相互作用。

自组织就是一个整体关联网中的自组织，因此自组织不仅仅是构成要素的简单积累，而是一个生命实体的内在属性，是生命体整体关联性的反映。真正的自组织，是整个系统的一种根本属性。归纳起来，作为事物根本属性的自组织，其具体表现在这样三个方面：一是在给定环境条件下，具有一种进行自我组织的特殊能力；二是与环境进行连续交换，从而与环境共同进化；三是自我超越，能够创造新的事物与现象。

第四章 生命演化

自组织机制蕴含在一切事物的发生发展中,大到宏观的宇宙星系,中到介观的可见生物,小到微观分子原子,都在不同尺度上受到自组织机制所支配。因为从自组织的观点看,宇宙万物均是所生者,也均是生生者,万物共同演化,这便是自维生、自繁衍、自适应、自涌现的共生原则。实际上自宇宙大爆炸以来,自组织就是物质的一个根本属性。这意味着,物质在诞生初始就是先验性充满着精神"种子"的,即在物质的内部(四种固有的作用力及其相互作用)就携带着自组织机制,并必然地演化出智慧生命。

《庄子·秋水》曰:"道无终始,物有死生,不恃其成。一虚一满,不位乎其形。年不可举,时不可止,消息盈虚,终则有始。是所以语大义之方,论万物之理也。物之生也,若骤若驰,无动而不变,无时而不移。何为乎,何不为乎?夫固将自化。"

自组织就是《庄子》这里所说的"固将自化"之道,其"无动而不变,无时而不移"。这个道,如果从动态变化的角度上看,就是阴阳变化之道。自然从现代科学的角度看,这样的阴阳变化过程是非线性的,具有混沌效应。因此是不可预测的,即所谓"阴阳不测之谓神"。在某种意义上讲,"阴阳不测"的根本所在就是对微小变化的不可把握上,而变化不测乃是万物发生发展的本性。是故《周易·说卦》说:"神也者,妙万物而为言者也。"

正因为是非线性变化过程,宇宙自组织的"自生自化"之道,因此才能够成为复杂生命演化过程的根本动因。对于把握这一动因,《周易·系辞》除了要求人们"知变化之道者,知神之所为乎",而且也必须知道这样的规律:"易,穷则变,变则通,通则久。"我们的自然,正是通过无处不在的阴阳和合变化的生生不息之道,才得以"天地絪缊,万物化醇;男女构精,万物化生"。

第五章

意识反观

> 明夫日用平常之心何思何虑,虚明无体,广大无际,天地范围于其中,四时运行于其中,风霆雨露雪霜动散于其中,万物发育于其中,辞生于其中,事生于其中。
>
> ——(宋)杨简《著庭记》

我们已经知道,宇宙拥有意识能力的智慧生命,是经历漫长进化过程的。可以说意识是迄今为止宇宙中最为复杂的自然现象,目前人们对意识这种现象的认识依然是那样地扑朔迷离,莫衷一是。南宋张栻在《南轩集卷十二·敬斋记》中指出:"心也者,贯万事统万理而为万物之主宰者也。"(张栻,1999:724)如果这里把"心"理解为"意识",那么意识的这种能力确实是神奇的,可以为万物之主宰!那么意识现象的本质到底是什么呢?意识能力为什么会具有"贯万事统万理"这种反观能力呢?意识的这种反观能力又是如何实现的呢?本章我们就来试图解答这些问题。

追寻意识现象之谜

物质、宇宙、生命与意识,一直是科学研究的四个本源的探索方面。到了21世纪的今天,有关前三个方面的探索结果,正如我们前面已经介绍的那样,都已经各自建立基本的科学理论体系。但在意识方面,我们却连哪怕是十分简陋的科学解释理论也没有,我们对微观的神经活动如何产生宏观的意识现象知之甚少,更没有像广义相对论等那样完整一致的理论体系。正如美国科学家霍根在《科学的终结》一书中指出的那样:"科学固守的最后

第五章 意识反观

一块阵地,并不是太空领域,而是人的意识世界。"(霍根,1997:235)

确实,对于科学研究而言,意识问题是一个十分棘手的问题。尽管我们每个人都有意识,但到底意识是什么,学术界却一直没有统一的解答。意识问题之所以难以探究,其中一个重要原因就是这里存在着一个基本的悖论现象。这个悖论就是,一方面我们每个人的意识可以囊括整个"宇宙"的一切,也就是说,人们所知道的一切事物都在他们的意识之中,离开了意识,人们就什么都不知道了。另一方面,这拥有意识能力的个体又无疑是属于其所意识到的"宇宙"的。

美国女诗人爱米丽·迪更生(Emily Dickinson,1830—1886)在一首充满哲理的小诗中写道(艾德尔曼,2004:270):

The brain-is wider than the sky-(大脑,比天空更要广阔)
For-put them side by side-(这是因为,如果把它们两相并立)
The one the other will contain(大脑与天空,可以互相囊括)
With ease-and you- beside(并且轻易地,连你也置身其中)

这首诗所描写的内容正是一直困扰我们有关意识与宇宙的关系问题。一方面从深层次讲,与我们大脑所伴随的意识是唯一的存在,整个宇宙,对于每个人来说,不过是自己意识的一部分;另一方面,毫无疑问,我们每个人,包括每个人的大脑又都是这个宇宙中小得不能再小的组成部分。

因此面对这样一种困境,对于意识的本质问题,人们自然难以建立统一的认识。事实上,对于意识是否存在,如果存在其本质和发生机制又是什么,目前学术界就存在着众多截然不同的态度和观点。如果从最终能否科学地认识意识这一终极问题来分,那么已有的意识理论大致可以分为神秘主义、取消主义和简化主义三个大派别。

第一种是神秘主义态度,主要是以哲学家为主,认为采用科学的方法和手段,根本不可能解决意识问题。这种观点虽然承认意识是存在的,但认为意识是万物的本原,是一种主观神秘现象,靠人类自身的能力是不可能了解,或者理解"意识"为何物的,就像老鼠不能理解微积分一样,人类自身的局限性使得人类也不可能理解像"意识"这样神秘的东西。特别强调的是,具有自明性的意识活动是不可能还原为物理过程的,因此靠科学还原论方法不可能理解什么是意识。

第二种是取消主义态度，也是以哲学家为主，认为根本就不存在意识这种东西。所谓的"意识"现象，都是人们幻想出来的，我们这个世界没有意识只有物质，所以意识问题是一个伪问题，应该予以取消。退一步讲，即使相信意识的存在，但认为有无这些心理状态对于物理世界完全没有因果效力，或者意识之心与神经之脑是完全同一的。因此意识问题完全是多余的，没有必要去研究。

第三种态度就是简化主义的观点，主要以科学家为主，这是一种积极的态度，认为意识不完全是一种幻觉，而是一种特殊的生物物理过程，是一种对神经系统自身情况做出反应的过程。认为科学，特别是脑科学，早晚可以解决意识难题。比如对于意识问题完全可以通过物理还原方法来把握理解，强调意识不过是某个人脑神经动力机制所产生的一类特殊物理过程而已。

在上述对待意识现象的态度上，取消主义论者，不过是一种推诿或回避的说辞。因为，论述任何不利于意识活动的存在（比如说意识活动不是实在的，不存在所谓意识体验的东西等）的理论，必然都具有自毁性质，因为这些理论本身就是意识活动的结果。我们只能靠我们的意识去认识事物（包括意识本身），因此必定受制于意识能力的局限，并且任何一致性的理论也必定要以意识为根本支点。我们可以否定客观世界的存在，但不能否定意识的存在，这就是全部哲学的共同特点。否则的话，就必定产生自相矛盾的理论陈述，或具有自毁性的命题陈述。

简化主义观点则是与西方客观论哲学传统一脉相承的。这种观点的总体思路认为先有物质，后有意识，物质经过数十亿年的盘旋演化，创造出生命，而生命发展到足够复杂的程度时，就足以突现出意识的产生。这刚好与强调主观论的神秘主义哲学传统大相径庭，他们则认为是先有意识，然后才有物质表现形式，物质不过是有意识生物复杂思维的心像产物。

显然，不管是客观论，还是主观论，似乎都没有很好地说明宇宙万物的演化法则。根据对宇宙缘起的全面认识，正确的观点应该采取双遣双非的中观论，既否定主观论，又否定客观论，才能显现精神与物质的纠缠态"空性"。要知道，精神与物质构成不可分割的一个整体，源于宇宙空性。

在这样一种论述意识的框架中，不管是将意识还原为物理过程，还是认

第五章 意识反观

为意识根本不存在，或者将意识当作不可理喻的神秘事物，无疑都是不完整的。将意识这样的心理属性归到脑的概念范畴上是不合理的，意识说到底根本就不是一种实体，而是一种能力或作用，是作为人整体性的一种能力，而不是人的某些局部（比如脑）的属性。而否定意识的存在，经不起逻辑上的反驳，因为这些否定本身就是意识活动的结果。从深层次的意义上讲，我们每个人的意识活动是唯一的存在，所谓"我思故我在"，而天底下一切可见的事物构成的世界，不过都是作为我们意识活动的一部分而存在，并随着我们意识的流逝而消亡。至于认为意识是不可洞明的，更是对意识本身所具有自我反映能力的无视，同样会走向否定意识存在的死路。

因此为了能够更好地澄清意识现象问题，我们必须就意识现象做比较全面的分析。为此，让我们来看看苏东坡写的一首诗吧，对什么是意识现象先有一个比较直观的认识。苏东坡这首诗是在拜访镇江焦山寺长老时写的，题为《书焦山纶长老壁》，诗云：

　　法师住焦山，而实未尝住。我来辄问法，法师了无语。
　　法师非无语，不知所答故。君看头与足，本自安冠履。
　　譬如长须人，不以长为苦。一旦人或问，每睡安所措？
　　归来被上下，一夜着无处。展转遂达晨，意欲尽镊去。
　　此言虽鄙浅，故自有深趣。持此问法师，法师一笑许。

诗中的机锋禅语暂且不论，从其所举"长须人"之苦的比喻，就道出一个"意识现象"："长须"的存在是依赖于我们的"意识"的，当我们没有"意识"到"长须"存在时，"长须"似乎并不存在。但当我们一旦"意识"到"长须"存在时，"长须"就会时刻萦绕着你的"意识"，成为挥之不去的"烦恼"。这是一个典型的现象意识问题，涉及我们的感知经验，身体感觉，感受反应，情感态度以及感受心境等意识现象。至于要解释苏东坡诗中的机锋禅语，必须要了解意识的本性到底是什么？

这样就发现，意识问题涉及许多令人困惑的问题。当代西方心灵哲学中，为了研究方便，往往将意识问题按照易和难两个方面加以划分。这里，所谓意识的易问题是指那些能够用神经机制加以解释的意识现象，比如感知能力、信息整合、心理状态的可报告性（元认知），内部状态的理解力，集中注意力，行为控制，区分清醒与睡眠状态，基本上属于公共认知能力的范畴。

而意识的难问题则是指心理活动的体验问题，是那种伴随我们上述公共认知活动的一种主观性感受体验。比如霍根就认为"（大脑机制的解释问题也许还算好处理）但意识作为觉知的主观感觉，却一向被看作是一类完全不同的难题，即它不是个实证科学的问题，而是个形而上学问题。"（霍根，1997：235）

实际上，美国学者查默斯，在《勇敢地面对意识难题》一文中（高新民，2002：360-395）对区分意识的难易问题做过系统的分析。查默斯指出："意识的容易问题是这样一些问题，它们似乎可直接接受认知科学的标准方法的处理。基于此，一种现象可用计算或神经机制的术语予以解释，而困难的问题则似乎是抵制这些方法的问题。"（高新民，2002：361）就是说，容易的意识问题对应的是那些公共认知能力范围的心理现象问题。并进一步指出："这些现象能否从科学上加以解释，对此不存在真正的争论，所有这些都易于直接根据计算的或神经的机制而加以解释。"（高新民，2002：362）

但与意识的容易问题不同，查默斯则把意识体验的主观性问题称为意识的难问题。查默斯认为："意识的真正困难的问题就是关于经验（体验）的问题。当我思考和感觉时，有一信息加工过程的匆匆而过，但也有一主观的方面。……这个主观的方面就是经验（体验）。"（高新民，2002：362-363）这个就构成了意识的困难问题，即对主观体验如何给出合理科学解释的问题。"如果有什么问题有资格成为意识问题，那么非它莫属。"（高新民，2002：363）也就是说，所谓意识问题指的就是意识的难问题。

查默斯在界定意识难问题之后，进一步阐述道："容易问题之所以容易，显然是因为它们涉及的是对认知能力和功能的解释。而要解释认知功能，我们只需具体说明能够实现功能的机制就够了。认知科学的方法最适合于这类解释，因此也适合于关于意识的容易问题。相比较而言，困难问题之所以困难，主要是因为它不是关于功能执行的问题。即使所有有关功能的执行都得到了解释，该问题依然如故。"（高新民，2002：364）

也就是说，意识现象本质上是主观感受性的，而这个感受性是没有具体功能的，是伴随神经系统活动的。因此即便把所有意识功能都运用神经系统作用机制解释清楚了，这个主观感受性的产生机制问题还是没法得到解决。

第五章 意识反观

所以在西方心灵哲学中,有时直接将感受意识称为现象意识,看作是构成意识难问题的根本所在。既然现象意识成为一个难问题,就引起很多聪明绝顶的人试图要去解决这个问题。那么迄今为止,人们找到了解决这一问题的任何科学解释理论了吗?回答是否定的。

显然,为了能够解释意识的体验问题,我们需要一种不同于认知科学研究方法的全新方案。因为认知科学,乃至神经科学的方法对于意识体验问题的解释是不可能有效的。具体地说,就目前科学家们所给出的种种意识解释理论而言,比如像克里克的绑定理论(同步振荡)、巴尔斯的全局工作空间理论(剧场隐喻)、埃尔德曼的神经达尔文理论(竞争涌现)、杰肯多福的中间层理论(中间表征)、神经动力学方法(意识突现),以及意识量子理论(纠缠坍缩),等等。从解决意识困难问题的角度,归纳起来,这些理论无非就是采取如下策略:

(一)寻找替代物并转向解释该替代物,比如将"可报告性"、"自我概念"等作为"意识体验"的替代物。这种策略可以称为推诿问题的策略。

(二)选择取消问题,直接否认存在意识体验现象。可以称其为回避问题的策略。比如前面所介绍的取消主义观点就是如此,说压根儿就不存在意识体验。

(三)直面问题的本性,倡导对意识体验问题直接给出正面解释,称为直面问题的策略。这种策略虽然比较可取,但迄今为止还没有任何正面的解答。

(四)转向意识体验的结构分析,并给出其解释。可以称为迂回解决问题的策略,就是不直接回答意识体验是什么,而是去分析意识体验的结构,希望通过这样的分析后,能够再来回答原先的根本问题。

(五)将意识体验的基质分离出来,然后加以解释。可以称之为解决核心问题的策略。这种解决问题的策略是将意识体验问题的本性找出来,然后对其进行解释,从而进一步解决意识体验问题。

遗憾的是,到目前为止,这五种策略不管是科学还是哲学,都还没有给出任何有说服力的解答结果,都没法解释清楚这个感受意识到底是什么?之所以没有,问题就在于这个感受意识压根儿是不可还原的,是一种主观性体验。

意识难问题的根本在于意识体验的"主观性",而所有已有解释理论难以说明的正是为什么会有意识体验的主观性这一问题。意识体验也许源自于某种物理相关联的过程,但它决非是物理过程所能蕴含的。因此仅仅通过物理过程或者神经过程的还原论解释,是不可能解释体验的主观性到底是什么的。也就是说,体验的主观性问题超出物理解释的范围。现有的那些意识科学解释理论,说到底都还没有触及意识的这一核心问题,都还只是在意识体验这一核心的外围兜着圈子。

因此意识的难问题就是意识的主观体验问题,这样就必然导致所有与意识相关的研究都变得无从入手了。而正是因为意识体验的主观性,要想解决意识难问题,领略到现象意识的精神本性,必然会给建立在还原论原则之上的科学研究,带来种种意想不到的困难。这便是西方心灵哲学提出意识难问题的根本原由!

我们必须清楚,将排除主观性意识体验之后的意识称之为容易问题,是因为这些问题所涉及的心理活动,其发生机制完全可以归结为神经物理过程。如果将这一部分的心理活动称之为心理活动的脑智部分,那么可以预计,随着目前脑科学研究的不断深入,对于这部分脑智问题,我们迟早可以给出完美的科学解释理论。

与脑智觉知这一容易问题相反,意识体验问题之所以困难,主要是因为其不是关于功能执行的问题,而是意识活动整体关联性的体现,即使所有的脑智功能都得到解释,作为不可还原的意识整体性问题依然存在。贝内特和哈克在《神经科学的哲学基础》一书中就明确指出:"心理能力的运用是脑的一种功能,这并不是表明行为和体验可以通过神经来解释。"(贝内特,2008:68)

难以理喻的在于,一方面这种意识体验不能还原到脑智神经活动的解释之上,另一方面却又是与脑智活动形影不离。正如朱子《近思录》所言:"有感必有应,凡有动皆为感,感则必有应。所应复为感,所感复有应,所以已也。感通之理,知道者默而观之可也。"(朱熹,2000:30)也就是说,只要有心智活动,就会有这种感应。而对于这个感应是不可分析的,只能"默而观之",讲的就是这种意识感受。

比如当我们观看事物的时候,除了感知事物这一意向对象外,我们同时

第五章 意识反观

还体验到一种视觉主观感受,如色彩体验、明暗体验、深度体验等。其他如躯体感受,内在呈现的心像,情绪感受,甚至意识流的体验。此时,不管人们对视觉观看红色物体的神经过程描述如何精确细致,也无法解释从这样的神经过程中,是如何跳现出来那种感到暖色感的主观体验。所谓"如人饮水,冷暖自知",正是这种主观性体验,使得有意识的心理活动已经成为完全不同性质的过程,不可还原为神经系统的结构与功能而得到解释。

诚然,我们心理活动的意识内容是源自神经活动的物理过程,但意识体验则是主观性的,个体对自己意识体验有直接的感受,这种感受是他人所无法了解的。意识的这种主观性体现出来的就是体验意识的私密性,其在根本上讲是不可公度的,无法通过公共认知手段来进行交流。比如对颜色的体验是一种主观体验,就是无法用任何科学描述或理论来加以说明。对于颜色,科学描述可以告知光的频率、波长、强度以及照射时间等,但无论如何,也不管有关颜色辨别的神经机制的科学描述多么精确与完美,你都无法让一位从未感受过颜色的色盲者产生颜色的这种体验。

或许有人会提出疑问,既然主观体验是不可交流的,那么何以肯定存在体验意识呢?为了说明这一问题,让我们通过一个颜色颠倒的思想实验来给予读者一些启发。希望通过这样的启发,注意是启发而不是理论描述,读者能够有所感悟。然后起码从逻辑上无可辩驳地说明体验意识的独立存在性,其不能归结为物理性质,颜色的不同感受的的确确存在并会影响我们的心理体验活动。

颜色颠倒的思想实验最早可以追溯到英国经验主义哲学家洛克,主要假想的场景是,想象我们有一天早上醒来,发现由于某种不明的原因,世上所有的颜色都颠倒过来,而且我们发现在我们大脑或躯体中根本就不存在可以解释这个现象的物理变化。这样一来,就引发了有关内心体验的存在问题。支持存在内心体验的观点认为,由于我们可以无矛盾地想象这一情景的发生,因此我们可以仅通过想象来改变事物向我们呈现的属性,而根本无须物理基础。

论证的要点是,如果颜色颠倒的洞见是可信的,那么我们就必须承认内心体验是存在的,并且是非物理的。也就是说,世界存在的现象并非都可以归结为物理的,其中像意识研究中无法回避的主观体验现象,就是那种无法还原到物理层面上的现象。只要承认这个颜色颠倒的证明是严密的,那么就不得不承认这个世界上是存在相对独立于物质的东西,这就是我们的主观体验。

举例来说,有一位小朋友打小看到红颜色的体验是暖暖的,另外一个小朋友看到红色的体验是凉凉的。后来到了牙牙学语的时候,他们的妈妈指着红颜色都告诉他们这是红色,于是后面一位小朋友知道了,这凉凉的感觉是红色,而前面那位小朋友则知道,这暖暖的感觉是红色。再后来,等到两个小孩都长大了,都看到红色,有人问是什么颜色,他们异口同声都说红色。尽管他们的意识体验是不一样,但却并不影响他们物理性交流。

正因为如此,在西方心灵哲学讨论中,意识体验往往涉及感受质(qualia)的概念。"感受质"这个术语,通常用来强调质变(quality),以区别于谈论物理性质或描述,并指出一种非物理性质之现象的存在。从这个意义上讲,意识最为本质的方面也可以说就是感受质。但由于意识现象的复杂性,这个感受质的概念目前已经陷入十分混乱的境地。不同哲学观点对其本性的认识往往有着完全不同的理解。

应该承认,意识体验一方面是我们心理生活中最为核心、最为明显的表现方面,谁也难以否认;另一方面从根本上讲,意识体验又是难以还原为物理过程的主观性精神活动。于是无可奈何,威廉·西格尔不得不指出:"突现是不可能的,还原是荒谬的——因此意识的要素必须在宇宙的基本构成材料中去寻找。"(高新民,2002:410)

此时,根据我们宇宙起源的描述,除了宇宙物质这个基本构成材料之外,仅有的另一个基本构成要素就是精神。也就是说,不可还原为物理过程的体验,地地道道只能是一种精神过程。这样一来也就不难理解,建立在物理过程基础上的认知科学或神经科学,为何无法解释这种精神现象的意识体验了!因为意识的主观体验代表的就是精神的整体关联性,是根植于宇宙诞生之初的精神所起的作用。

因此就可以明白,意识的体验问题,根本就不是一个科学可以实证的问题,而是源自于宇宙空性的精神投射问题,是一个地地道道的形而上的问题。如果说,脑智活动是物质性神经系统涌现的结果,那么作为精神的属性,意识体验从根本上就不能像脑智活动那样还原为物理过程,原因就在

第五章 意识反观

于此。

这样一来,我们就可以把感受质界定为体验的本性(其本身不可感受),是意识体验产生的根源,也就是宇宙精神作用的体现。也就是说,那个令人困惑的感受质不是别的,正是那个人们心理能力所不可描述、不可见与不可支配的精神本性。正是这一不可支配的精神本性,支配着心理活动中私密性的主观体验过程,并与物理过程相互纠缠。所以《淮南鸿烈·精神训》指出:"精神淡然无极,不与物散,而天下自服。故心者,形之主也。而神者,心之宝也。"(刘文典,1989:226)这里"心之宝"类同于《老子·第六十二章》所言的:"道者,万物之奥,善人之宝。"对于人而言,指的是"天命之谓性"的心性,也就是天道赋予人心的精神本性。

感受质是属精神的,只可整体把握,不可还原分解。世界上存在的现象并非都可以归结为物理过程的,那些超越物理过程的现象就可以称之为精神现象。因此像体验这种精神现象的存在有着必然的可能性,而真正反映意识本性的就非体验莫属了。显而易见的是,处在心理状态中的核心地位就是意识体验,代表的就是整个心灵的整体关联性,是宇宙精神在有机体上的投射。

而这个精神,正如我们在宇宙起源里所说的,就是那个狄拉克负能量海。这也因此说明,正是这种主观体验,使得有意识的心理活动已经成为完全不同性质的过程,不可还原为神经系统的结构与功能而得到解释。因为精神与物质是相互对易的纠缠体,源自于宇宙大爆炸这一量子事件,所以精神属性是不可以还原为物质的。

必须清楚,遵循因果关系的物理机制,不管如何复杂是绝对不会产生主观性的体验意识的。因此唯一的解释就是,体验意识代表着宇宙精神的投射作用。意识是精神在高度复杂智慧生命中的一种特定表现形式。要知道,无论是多么复杂的物质形式,宇宙中的事物总有整体关联性及其作用方式与其伴随,而对于智慧生命而言,正是意识体验代表着心理活动的整体关联性。

正因为这样,现有的意识理论,特别目前发展起来的各种意识科学理论,都只能解释意识的脑智活动而无法解释意识的体验过程。我们的结论就是,对物理过程的纯粹解释都无法解决意识体验是如何产生的,以及为什么会产生这种意识体验？体验意识的出现完全超出科学还原研究方法的范围（神经系统的结构与功能），而反映神经系统整体关联性的意识体验纯属于精神现象，超出结构与功能解释的范畴。

这种意识体验作用是不可还原的，因为在意识的体验情形中，压根儿就没有所谓的意识内容可还原，体验本身就是意识。一句话，意识的不可还原在于意识是自指的现象，在于神经系统的整体关联性。也就是说，意识体验是根据显现其活动本身的整体性，并通过精神作用途径直接投射才得以实现。因此意识体验就是宇宙精神作用的显现。

每个意识状态都是整体呈现的，而这种意识状态又是丰富的，即有各种各样意识状态来与丰富的外部或内部激活相对应，并且神经系统必须处理各种可能性而又不失其整体性，因而这种意识状态具有其他自然现象所没有的主观性特征。不管体验的是一种感觉，一幅影像，一种思想或一种情结，也不管在回忆的时候看起来是简单还是复杂，每一种可区别的意识体验都表示一种不同的主观特性，都是在反映神经系统每时每刻的整体关联性。而主观的体验则是宇宙精神之场的一种作用，因此具有整体性、丰富性、纠缠性、简并性等所有场的特有性质。

所谓主观性，是指那种无法"客观地"通过判断真或假的方法来决定的心理过程。正是这种主观性，才使得脑智活动具有关涉外部世界信息的意向性，因为世界本身谈不上什么观点，只是因为我们有了对意识状态的体验，通过我们的情感态度，我们才有了看待世界的某种观点。但也正是这种主观性，使得我们的体验成为具有私密性的精神过程，无法直接通过公共认知能力来进行交流。这也说明意识体验本质上是不可言说的，尽管我们可以描写产生这种主观体验的充分必要条件，但一旦要描述主观体验本身，就往往出现众多不真实的描述。从理论上讲，任何描述都不能代替个体对某种主观特性的体验。

总之，意识问题是最令人困惑的问题，意识问题的困难就在于意识的主观体验性。在排除脑智活动这一容易问题后，除了有意识的体验外，就再也没有其他东西了。而同样，在宇宙起源之中，排除一切物理过程之外，除了宇宙精神之外，也同样再也没有其他东西了。因此将不可还原为物理过程的意识体验看作是宇宙精神投射是合理的。因此那个不可物理还原的主观

第五章　意识反观

体验意识,其反映的正是人们认知能力所不可描述、不可言说与不可支配的那个精神本性。

重建唯识理论体系

诚然,意识问题是一个十分困惑的问题。但我们不难看出,现有西方主要的意识学说,对于意识本性的认识都有偏颇,不是陷入不可知论,就是否定意识的存在。那种承认意识存在并认为可以把握意识机制的简化主义,也仅仅把意识看作是物理过程的产物,从根本上忽略精神的作用。因此为了弄清意识的本性,我们必须回到起源于古代印度的唯识学之中。在那里我们将会发现,在古老东方的唯识学思想体系中,却能够很好地给出有关意识的本性解释。

根据佛教唯识学,对于心识现象的解释,主要是通过五蕴八识描述体系来给出。佛教唯识学中的五蕴,包括色蕴、受蕴、想蕴、行蕴、识蕴五种心理范畴,是横向分析心识的一种学说。八识则包括眼识、耳识、鼻识、舌识、身识、意识、末那识、阿赖耶识,是纵向看待心识的一种学说。两种学说通过心法概念(包括色法、心所法、不相应法、心法等)的联络,就形成完整的唯识体系。在这个体系中,如果不考虑因宗教本体哲学需要而设立互根的末那识与阿赖耶识,那么唯识学的一切研究都是围绕着意识展开。

事实上,按照唯识学对意识的解释,结合现代西方心理科学和神经科学的知识,对于有神经系统的有机体所表现出来的神经活动,可以按照有无意识伴随来加以分类,并大致可以归纳为如下三类六种。

第一类叫无意识状态,典型代表应该是植物人的神经活动状况。我们都知道,植物人是没有意识,但是其神经系统还有活动的,并非是死寂一片。实际上,植物人之所以处于无意识状态,仅仅只是在知觉所需要的"更高级"联想脑区存在功能上的断开表现。联想脑区存在功能开启是产生有意识活动的最小神经状态表现特征之一,如果缺乏这样的表现特征,就无法涉及意识现象表现。

一般而言,无意识的神经活动是指那些并不产生显明的自觉心理效应的神经活动。比如对于普通人,处于深度睡眠、自动过程、阈下反应、程序记忆、语义记忆、信息过滤、遗忘活动、贮存记忆、长时记忆、内隐记忆、内隐认知、内隐学习、预设观念等,都属于这类无意识的神经活动。其他像工作记忆中非复述内容,记忆中的想象,自动意念运用,无意识的推理等,也属于这类无意识的神经活动。无意识的神经活动,不属于唯识学考察的范围。

第二类是有意识状态。有意识状态比较复杂,指的是主观能够自觉到的心理活动,通常可以分为如下几种情况。

(a)睡梦意识,做梦时的意识表现,相当于唯识学中的梦中意识。所谓睡梦意识,就是人们在做梦时候所具有的意识活动。

(b)幻觉意识,就是各种各样的幻觉所表现的意识状态,相当于唯识学中的五不同缘意识,对应五种感知途径的幻觉意识。比如人们在过度疲劳的时候,或者受到一些不良文化的催眠,就容易产生幻觉。当人们产生幻觉的时候,也具有意识活动。

(c)任务意识,各种具体认知心理活动所伴随的意识活动,唯识学中进一步区分为五俱意识(伴随五种感知途径的意识状态)、五后意识(伴随五种感知途径的后效意识状态)、独散意识(伴随各种高级心理任务的意识状态)。这是一种比较正常的意识,是人们在从事某种感知认知活动时产生的意识活动。

(d)静息意识,是一种无任何加工任务的散漫意识状态,唯识学称之为散乱意识。就是说,人们大脑中无所事事,一片空白,什么也不想,却又没有达到专注静虑的心理游移状态。

第三类是纯粹意识状态。所谓纯粹意识状态,是指在内心中没有任何心理内容,却能保持清醒的意识状态。这种状态,相当于唯识学中的定中意识,指的是到达一种所谓意识的禅定状态,一般很少有人能够体会到这种纯粹意识状态。

过去西方心灵哲学通常认为在一定的意识状态中,总有一定的意识内容,即所谓的意向对象。比如知觉到一只苹果,心目中的苹果意象就是意识到的内容,那个意向对象。但现有的禅定脑电实验则表明,禅定意识状态起码不同于"任务意识"、"静息意识"、"熟睡意识"、"梦中意识",基本可以肯定是一种相对独立的"心理状态",只是对此心理状态的脑电表现规律尚不够了解。因此可以认定没有意识内容的意识状态是可以存在的,这就是所谓

第五章 意识反观

的纯粹意识状态。

从上面的分类可以看出,所谓的意识,实际上有两种表现方式,一种是作为纯粹现象而独立出现,我们称之为纯粹意识,这种状态的出现相当罕见。另一种是作为心理活动的伴随现象而出现,我们可以称之为伴随意识,是意识最为常见的表现方式,并与具体的心理活动相互纠缠,难解难分。唯识学之所以建立以"意识"为核心的复杂体系来研究万法唯心识的问题,原因也在于此。

不过当我们从唯识学的观点看待这样的"意识"问题时,有一点必须注意的,就是在唯识学看来,"心"不是一种实体,而是一种能力或作用。因此询问"心"是什么本身就是一种不正确的询问方式,或许这种询问本身就是一种误导。因为"心"不是一种什么实体,而是人类特有的能力及其作用,是具有意识能力的人们特有的心理属性。正因为这样,"心"因此也不可能是意识活动原发性动因。

必须注意,如果将"心"当作是运用意识能力的实体,那么"心"在实施意识能力时,其应该能够知道其正在实施这一能力。但事实上,我们在进行意识活动时,并不具备感知实施这一能力的神经活动及其神经部位本身。当我们进行意识活动时,我们并不知道哪些神经组织参与其中,以及是如何进行参与的过程。所以反过来讲,"心"不可能是某种实体,而只能看作是心理活动能力的总和。

既然可以将"心"看作是有意识心理活动能力的总和,并且与佛教唯识学的立场相一致,因此在借用唯识学的观点来讨论意识问题时,我们可以把心理活动局限于有意识的过程,而无须考虑无意识的神经局部活动。况且一方面,那些无意识事件没有达到整体效应,不会形成宏观上的有意识表现;另一方面,相对于无意识的神经活动,凡具有显明的自觉心理效应的神经活动,都属于有意识的神经活动,即所谓的心理活动,也就是佛教唯识论所关注的心理活动范围。特别是,尽管神经活动是心理能力的依所,但当我们仅仅关注有意识的心理活动时,我们无需对神经活动与心理活动做出明确的区分,也不必关注心理活动的神经机制问题。

这样一来,我们就可以把有意识的神经活动表现出来的心理活动定义为"心",而把无意识的神经活动归于物理过程而不予考虑,尽管这些物理过程可以影响并产生心理过程。当然,从现代认知神经科学的角度来看,同样也可以将"心"看作是多种心理能力的汇集。因此要从唯识学的角度来探讨意识的本性问题,我们只需对构成"心"的全部意识能力进行性质区分分析。此时,根据所起作用性质的不同,可以将意识现象划分为觉知意识、感受意识和悟识意识这样三种表现能力。

首先我们来看觉知意识能力。我们在完成一些心理活动时,我们能够觉知到自己正在做什么,这便是觉知意识能力。觉知意识,西方心灵哲学中也称为功能意识,指的是在完成各种认知心理功能时伴随性的意识活动。伴随有觉知意识的心理能力,主要是功能性脑智活动,包括感知、认知、思维、内省、行动、言语、记忆,等等。

我们日常生活中完成的大多数功能性心理活动都是意向性的,因此觉知意识的主要特点就是意向性,其总是伴随着意向对象,即所谓的觉知对象。王阳明在《传习录》中所说的:"凡意之所用,无有无物者。有是意即有是物,无是意即无是物矣,物非意之用乎?"(陆九渊、王阳明,2000:216)讲的就是觉知意识的这种意向性能力。所以西方心灵哲学也称这种觉知意识为可达意识或及物意识。

从意向性的角度来讲,当然可以说,脑智活动的存在可以用微观层面的神经认知机制的因果作用来说明,而意识简化主义学说的全部基点也便在于此。神经系统中较高级整体脑智活动可以用最低层次神经集群互相作用来解释。此时,对于具体脑智活动的认知功能,我们只需说明能够实现这种功能的神经机制就可以了。可以预计,随着目前脑科学研究的不断深入,对于这部分觉知意识问题,迟早可以给出完美的科学解释理论的。

第二种是感受意识能力,西方心灵哲学称为现象意识能力。感受意识与觉知意识不同,其主要对应的是非功能性的体验活动,主要特点就是无意向性对象,而只是精神本性的显现。因此张载在《正蒙·乾称篇下》中指出:"感者性之神,性者感之体。"(张载,2000:237)比如当我们观看事物的时候,除了感知事物这一意向对象外,我们同时还体验到一种视觉主观感受,如色彩感、明暗体验、深度体验等。其他如躯体感受,内在呈现的心像,情绪感受,甚至意识流的体验。

感受意识在西方心灵哲学界讨论得比较多,一般围绕感受质存在与否

第五章 意识反观

及其性质展开争论。很多西方的哲学家和科学家认为,意识问题之所以困难,难就难在这个感受质上。

感受意识的一个主要特点就是主观私密性,所谓"如人饮水,冷暖自知"。比如人生体验,并不是指生活中的经历,可以公开交流的具体内容,而是指经历这些具体内容以后,人们所得到人生感悟之类的体验,往往只可意会,不可言说。感受意识因为其非物质性,因此必然会关联到精神本性体验问题,这样也就引出如何感悟到精神本性的悟识意识来了。

第三种就是悟识意识能力。西方学术界很少谈及这种意识能力,因此没有对应的哲学概念。这是一个典型东方把握意识现象的特殊表现形式,主要是指对绝对空性的悟识能力,也就是达成纯粹意识状态的体悟能力。如果把意识现象,不管其是以伴随性出现还是纯粹性出现,都看作是宇宙精神的反映,那么纯粹意识就是终极的精神状态。在纯粹意识状态中,不再有任何意识内容,完全消除所有声音、味道、思想、感知、想象以及任何可以意识到的内容,是一种心身打成一片的空性体验状态。

因为没有任何意指的内容,纯粹意识状态必定是一种自指性的心理状态,因此超越任何概念分别,代表的是事物的自性。还是因为没有任何意识内容,因此这种状态也是一种没有任何束缚的自在状态,代表的就是如如之境。

纯粹意识状态是人类意识顿悟自性而显现出一种自然潜能的结果,体现的便是宇宙整体关联性的精神显现。按照唯识学观点,达成这种纯粹意识状态的途径就是识蕴的悟解能力,或者称为悟识能力。因此悟识意识的一个主要特点就是去意向性。

当然,在西方科学界,对于是否存在纯粹意识状态有不同的看法,甚至还有一些质疑,认为不可能存在这种没有任何经验内容的意识状态,强调从现象学的角度看任何意识状态总有意识的内容。特别是在开展的一些认知神经科学的实验研究中,至今也没有令人信服的证据表明确实可以达到这种纯粹意识状态。这就使得这样的反对意见很难从科学实证的角度加以反驳。

但是纯粹意识状态是一种自觉自知的精神体验,不是靠任何实证的途径可以加以证实或证伪的。肯定纯粹意识状态存在的唯一途径就是意识体验,按照西方科学界的规范讲就是需要系统的第一人称方法。因为意识及其内容从本质上讲是私密的"第一人称"现象,而科学方法依靠的则是公开的"第三人称"数据来建立客观事实。因此从原理上讲,这其中就隐含着纯粹意识超出科学考察的范围。

实际上,在中国禅宗的发展史中,已经有大量的禅师通过自性的顿悟实践,昭示了这种纯粹意识状态是可以达成的,其存在也是确定无疑的。特别是我们注意到,在佛教唯识论理论体系中,达成纯粹意识状态的悟识能力,构成其核心理论内容。因此我们有必要对唯识论的主要内容进行重新梳理,以便构建更加完善的意识理论学说。

我们知道,按照目前已有的脑科学知识,除了心理活动所涉及的神经系统外,主要的心理能力包括感觉(身体感受)、感知(对外部事物的感知能力,包括视、听、味、嗅、触)、认知(记忆、思考、想象等)、觉知(反思、意识、自我等)、情感(情绪感受)、行为(意志、愿望、情欲等)、反观(冥想)等。那么根据唯识学五蕴八识的描述体系以及前面对意识活动能力的分类,可以将这些心理能力分别归入色蕴、受蕴、想蕴、行蕴、识蕴等五个概念范畴之中。

第一,色蕴包括前五识,对应的心法称为色法,相当于当代心理学中的感知,是对外部事物的感知能力,即视、听、味、嗅、触五识。其意识的作用称为五俱意识(所谓"俱",就是伴随)。如果这种感知是真实外境的感知,则其伴随性意识称为同缘意识;如果是有错觉的感知,则称不同缘意识;如果这种感知活动产生后像效应,则称为五后意识(属于不相应法)。一般而言,色蕴对应的心理活动都是有意向对象的,因此属于觉知意识能力的心理活动。

第二,受蕴是一种心所法(具体的心理能力),主要是指身体、情感与内心状态的感受。注意这里要区分身识中的身体状态感受与色蕴是完全不同的心理能力,身识相当于触觉,是一种感知能力;身体状态的感受不是感知能力,而是感受身体疼痛、冷暖等的感受能力。受蕴的心理活动,属于感受意识能力的范围,不具有特定的意向对象。

第三,想蕴是另一种心所法,用现代认知科学的话讲,就是狭义的思维能力,如思考、记忆、想象等。想蕴属于认知的高级阶段,显然是有意向对象的,也属于觉知意识能力的心理活动。

第四,行蕴也是一种心所法,主要指一切造作之心法。用现代认知科学的话讲,就是言语、注意、动机、欲望、意愿、行为以及情感发生等。唯识学中的"行",与"业"的概念相互关联,一般分为三种,即身业(行动)、语业(说话)和意业(思想),但都强调有意作为的方面,有明确的意向对象,因此行蕴也属于觉知意识能力的心理活动。

第五,识蕴是整体统一的心法,更加强调的是后两识(第七末那识,第八阿赖耶识)的心法。现代西方的认知科学尚无对应的概念。识蕴主要强调的是反观能力,即对根本心识的悟解能力,属于悟识意识能力的范围。

总之,色蕴是色法(感知能力),受蕴、想蕴、行蕴都是心所法(具体的心理能力),它们本身就是具有意识的心理活动(统归于心法),都有意识相伴随。当然,如果所有意识作用出现在梦中,唯识学中则另外称之为梦中意识(属于不相应法)。在唯识学的五蕴学说中,识蕴比较复杂,是唯识理论特别单列的一种根本心法,除了强调自我意识的末那识"我执"外,更加强调达到定中意识的阿赖耶识"解脱",目的是要达成纯粹意识状态。

为了使读者对于唯识学体系中有关心理能力归类描述有更加清楚的认识,我们将对照现有脑科学知识,来对上述五蕴归类及其关系再做进一步的分析。

首先是色蕴与受蕴能力的性质区分问题。色蕴主要是对外部事物的感知能力,必须注意的是,在认知神经科学的研究中,对于感受与感知的概念区分往往有许多误解,有些教科书往往把感知与感受相互混淆。从精神本性的角度看,这种混淆显然是不合理的,甚至是犯了致命的错误。与感知具有明确的意向对象不同,对于感受(心身感受)而言,其不存在任何明确的意向对象。

感知是指通过五种特定感官而具有的五种感知事物途径的认知能力,即视觉、听觉、嗅觉、味觉、触觉五种感知能力,对应到唯识论八识的前五识(视、听、嗅、味、触)。因此从这样的分析来看,色蕴能力主要起到的是收集对象信息的作用。由于涉及共同的所关涉对象信息收集作用机制,因此这样的心理能力必定是具有意向性的。

至于受蕴能力,则与色蕴完全不同。这种能力主要不是针对外部事物的感知或认知,而是针对身体本身或内心活动的感受,比如像身体感觉、情绪感受、内心体验等。因此不具有明确的意向性对象,所以受蕴能力不具有意向性。

同色蕴一样,想蕴也具有非常明显的意向对象,因为意象思维所关涉到的东西,称为意向对象,就是思想的对象,与佛学中的"相"这一概念对应,而"想"正是"心"上着"相"的意思。因此想蕴是一种意向性的心理能力是明确无误的。

在佛教五蕴心理体系中,比较复杂的是行蕴。在唯识学中,行是指一切"心理造作",如情感发生(与情感感受不同)、欲念动机、言语行为等,也都具有明显的意向对象。其中对造作之心的体验,与上述其他三蕴一样,是通过第六识的意识来进行。情感若与创造能力相结合,可以表现为某种审美倾向与体验。

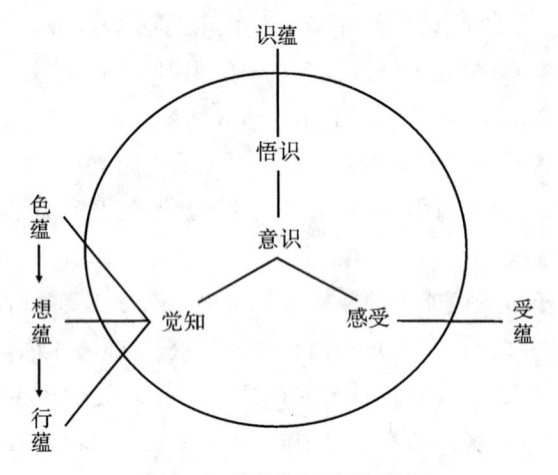

图 5.1　意识与五蕴关系图

最后我们来分析"识蕴"。识蕴是唯识论中比较独特的心理能力,主要是指对绝对空性的悟识能力,也就是修成正果之途径的能力。从禅悟的角度,如果把第六识"意识"看作是色蕴、受蕴、想蕴、行蕴的共性心理现象,代表的是伴随性体验能力,那么识蕴就相当于第七识所起的作用,就是要去除一切着"相"(意识内容),从而达到出蕴,最终达到对空性本体的体悟。这种体悟就是根本种子(第八识)。如果用不同意识状态分类的术语,就是一种纯粹意识状态。

根据上面的分析我们发现,我们可以将反映全部心理能力的五蕴界定

第五章 意识反观

为无意向性的受蕴,意向性的色蕴(前五识)、想蕴、行蕴,以及去意向性的识蕴。无意向性的受蕴是一种意识感受能力,我们界定为感受性心理能力;意向性的色蕴(前五识)、想蕴、行蕴,是一类意识的觉知能力,我们界定为觉知性心理能力。而达成纯意识状态的识蕴,则是一种意识的悟识能力,我们界定为悟识性心理能力。这种悟识能力绝非事物感知、概念辨识、逻辑思维所能企及,只有随其直心,方能觉悟。其中施于觉知而产生的了悟,就是所谓的觉悟;施于感受而产生的了悟,则称为感悟。

这样一来,如图5.1所示,觉知、感受、悟识三位一体,就构成整体性的意识活动。而其中意识活动所表现出来的体验,反映的正是意识的精神本性,事物的整体关联性,体现的便是精神空性的作用。

意识反观宇宙精神

意识体验与脑智活动是相互补充,相互纠缠,相互关联的心理过程,所谓"合性与知觉,有心之名"(张载,2000:94)。一方面,作为精神虚拟过程与作为物质实有过程是伴随性的(固有的纠缠性),反映到意识之中,便是意识体验的虚拟过程与脑智活动的实有过程之间的伴随性。另一方面,尽管整体关联性的体验与结构功能性的脑智是相互纠缠的,具有整体相干性(共同起源),但却是相互独立演化的不同表现,精神反映的是时间存在性,脑智体现的更多则是空间存在性。

从这个意义上讲,物质性的神经系统涌现分布式的脑智能力,与伴随性的意识体验作用(代表整体关联性的精神,永远与一切物质过程相伴随)相互纠缠。脑智是物质自组织的产物,与代表精神的体验相互纠缠叠加,构成宇宙空性意识。

我们的一切心理活动(指有意识的神经活动),都是有意识伴随的,心理活动可以没有内容(纯粹意识状态),但不能没有伴随的意识,而伴随心理活动的意识就是体验意识。如果可以将心理活动的具体内容分离开的话(因为精神与物质固有的纠缠性,实际上是无法分离的),那么剩下的就是意识体验。体验就是意识的表现形式,只要有意识就有体验在,不同的只是除了对精神本性的体验外,大多数情况下体验是指对自己精神本性之外心理过程的体验。从这个意义上讲，意识就是体验意识，除非真的成为一位蛇神（大众所谓的僵尸），否则我们的一切心理活动都与体验意识相关联。

与无意识的神经活动不同，心理活动之所以界定为有意识的神经活动，是因为其在神经活动涌现出脑智功能表现的同时，还有意识体验相伴随。对于心理活动而言，一旦失去了体验意识，那么主体就脱变为行尸走肉一样的蛇神，只有脑智功能表现，而无意识体验精神相伴随。反之，对于心理活动而言，如果能够排除全部脑智功能表现，那么主体就进入一种纯粹意识状态，此时便达到一种绝对境界。达成纯粹意识状态的修行途径，在东方文化传统中一般称之为明心见性之法，简称心法（悟识能力）。这是西方科学与哲学传统相对忽视的一种心理能力。

那么心法这种心理能力又有什么样的特性呢？作为意识本性的终极探索，最后我们就来分析这种意识的悟识能力，并在此基础上，来给出有关意识现象与性质的一种总体性描述框架。

首先我们知道，意识乃至整个心理活动都是自觉自知的，这就有一个意识的悟识问题。或者反过来说，意识的悟识之所以得以实现，就在于意识活动是一种可以通过内省方法直接体验内心状态的整体自明性过程。而意识体验之所以不像脑智活动那样可以被还原为局域性的神经过程，就在于意识体验的这种整体自明性。

已有大量的例证可以说明这种整体自明性是可以不受神经系统的毁损而影响，比如尽管局部脑区受到不同程度的损伤，但病人依然具有统一主观体验意识，就预示着主观精神活动是相对独立于神经组织结构的。因此可以推断，自明性的意识体验必然具有相对独立于神经系统的心理状态，其中与任何具体的神经活动内容无关，这就是纯粹意识状态。

事实上，那些意识与行为严重扭曲或不可回避的缺陷，特别是自我意识或自我认同方面的缺陷，如多重人格，人格错位，精神分裂，剥夺自我，思想插入（思想活动与主观体验分离）等精神障碍现象说明，纯粹意识状态确实是一种相对独立的心理状态，正常与异常的精神现象不过都是意识内容与纯粹意识状态之间联合的不同表现而已。

现在根据定义，悟识能力就是达成纯粹意识状态的途径，而达成纯粹意识状态也就意味着消除了一切意识内容。于此可见，悟识本身就是纯粹意

第五章 意识反观

识的反映。所以意识的悟识能力就是一种意识活动的自我反映能力,或称为意识的自明性能力。

再者由于在纯粹意识状态中不再涉及具体现象层次的内容,强调的只是纯粹的意识体验本身,因此悟识能力也是一种超越脑智与体验概念分别的唯一途径。这种途径就是通过以心观心来达成脑智与体验的纠缠性,从而体悟意识体验的本性。为了与脑智的公共认知能力相区分,这种悟识能力也可称为秘密认知能力,以强调体验意识的私密隐藏性特点。

意识悟识能力,可以产生整体关联性的纯粹意识体验,使得其伴随性脑智活动所具有的意识内容不再出现,就可以达到一种自明性顿悟状态,此时所有经验性内容均已消失而仍然保持清醒。在中国古代禅师的精神世界里,可以看到这种意识状态,这就是所谓的空性意识(无住生心),也称为"空性(emptiness)"、"真如(suchness)"、"存在(being)"。是一种最深层次的内在觉知,为第一人称考察意识提供最佳根基。

也许我们现在可以将纯粹意识(pure consciousness)、裸露觉知(naked awareness)、整体关联性、全局相干性等这些概念统统与禅定状态关联起来,来对悟识概念本身形成统一的界定描述。所谓悟识,就是通过"无住生心"达成定中意识状态的一种心理能力。而所谓"无住生心",就是去除一切内外意向对象后的意识状态,达到对外离相,于内无念,而生其意识之心。

最后我们要强调的是,既然悟识能力是一种意识的自明性心理活动,因此悟识本身也就可以称之为自明意识。这种自明意识通过并超越自我体验,最终实现最高精神的统一,其结果就是要达成悟识空性这样一个目的。

人们正是通过空性的自明,进入了精神世界,从而成为作为精神性存在的人。因为观察万物的本质无非就是悟识我们自身的精神本性,就是觉悟空性。正如慧能在《坛经》中所云:"故知一切万法,尽在自身心中。何不从于自心,顿见真如本性。"(慧能,1999:45)

从根本上讲,我们的意识是唯一的存在,而意识的本性就是纯粹意识状态,其代表的就是宇宙精神的投射,并与物质宇宙相互纠缠。正因为这样,宇宙一切所见之物,无非都是作为我们自身意识而存在,并随着我们的意识的消亡而消亡。所以纯粹意识,如果不是宇宙精神的投射作用,这显然是不可能的。

因此人的存在就是精神的存在,始终受到宇宙空性的深深影响。因此与其说万物归于心,不如说万物源于空性,而意识之所以是根本的存在,也缘于其通过悟识能力可以自明这个宇宙空性。难怪中国宋代心学创始人陆九渊要以"心(意识)"为构成宇宙万物的本源,并断言"万物森然于方寸之间,满心而发,充塞宇宙,无非此理。"(陆九渊、王阳明,2000:49)可谓至理名言。

根据上面的分析,加上前面有关章节的论述,对于意识能力的划分,便可以从脑智(易问题,意向性,有内容)、体验(难问题,主观性,无内容)、心法(非问题,自明性,去内容)三个方面去探讨,并因此也将心理能力总和划分为三个方面,即脑智、体验、心法,分别伴随着意识的觉知、感受、悟识能力(如表5.1所示)。其中参与意识活动的宇宙空性,正是通过意识的感受能力来显现宇宙的整体关联性。从这个意义上讲,意识是联络精神的信使,可以称其为精神显现的一种能力。因为感受能力的关键是悟性,体现的是精神的作用,是对内心活动统一性的体验。

表5.1 意识构成分析表

分析角度	构成部分		
	觉知意识	感受意识	悟识意识
心理过程	脑智	体验	心法
五蕴组分	色、想、行	受	识
意识内容	有	无	去
核心性质	意向性	主观性	自明性
功能实现	心之智	心之灵	心之识
是否及物	是	否	非
作用依所	物质运动	精神投射	空性显现
难易问题	易问题	难问题	非问题

这样一来,我们就会发现,觉知、感受、悟识三位一体,就构成整体性的意识活动。而其中意识活动所表现出来的体验,反映的正是意识的精神本性,事物的整体关联性,体现的便是宇宙空性的作用。其中参与意识活动的

第五章 意识反观

精神正是通过意识的感受能力来显现宇宙的整体关联性。

唐代晓荣禅师说:"般若大神珠,分形万亿躯。尘尘彰妙体,刹刹尽毗卢。"(道元,2000:557)意思就是说,我们的宇宙空性具有分形作用性质,可以化身投射到每一个人的躯体上,甚至每一个事物上都有精神。因为宇宙的精神与物质是相互纠缠的,只要有物质就有精神伴随,并且处处都彰显其个中妙体,时时都显现出其个中妙体。这就叫作物物彰显,人人具足。因此但能自明,便可觉悟宇宙空性。

不断发展的精神统一性,不是不同人本身的另一种独立的实体,而是人作为整体关联性的一种显现。而精神作用正是通过感受性投射,使得意识产生整体性体验。意识的一个优势,使我们从中变得更加具有灵活性、敏感性、创造性,而精神的作用则是对宇宙实有过程的虚拟仿真体验,并与宇宙空性紧密地关联。这样一来,根据梵我合一映射,意识感受也就是对脑智实有过程的虚拟仿真体验。因此意识的自明性就是指这种整合脑智实有过程的虚拟仿真体验,仅对整体关联性的意识活动有效,而局域性的无意识神经活动,则不存在这种意识作用。

当然,人类的意识并非是孤立的,而是同时反映着一个具有整体关联性的宇宙精神。因此从根本上讲,不同个体的意识都是这个整体宇宙精神的有机部分,并相互关联。用拉兹洛的话讲:"心灵并不只限于大脑和大脑被包容于其中的头盖骨,心灵浸没在整个身体中,并渗透到超出身体之外的周围世界。"(拉兹洛,2001:285-286)一句话,是个体意识的整体关联性,导致群体人脑之间心灵感应现象发生的可能性,包括人际心灵感应和群体意识共鸣。

实际上,在生物的进化过程中,神经系统的出现可以说是整个生物进化中最为重要的事件,特别是人脑的出现尤为关键,其中前额叶、颞叶等新新皮层的形成,使得人脑的神经系统可以执行像语言、想象、审美等离不开意识参与的心理活动。在经遗传编码发育而形成的神经系统中,基于代谢通信的化学信号,基于神经通信的脑电信号与源自于狄拉克负能量海的精神共同作用,使我们不仅能够进行高级思维活动,而且同时具备对这种思维活动的意识反映。

意识是神经系统的超因果突现性质,不能简单地还原为大脑纯粹物质结构,这其中还有宇宙精神的伴随性作用。从某种意义上讲,复杂生物的意识,就是物质与精神固有整体关联性的终极体现。这种整体关联性,使得我们对人脑产生意识现象有了更为深刻的了解,主要表现在三个方面:(1)人脑宏观上相互隔开脑区所发生事件之间的联系,并不能简单还原为生物物理的解释机制上去理解,而应从自组织的涌现机制上来理解。(2)整体关联性观念也使我们看清,正是大量神经突触之间的信息传递的群体行为,我们的大脑才产生出整体的意识属性。(3)人脑意识状态的这种整体属性,是由神经突触上大量的精神纠缠性传递过程造成的,其中并没有所谓的终极控制者的任何踪影。因此如果一定要说意识作用的始作俑者,那就是处在宇宙整体环境中神经系统的自涌现机制。

按照复杂系统自组织的观点,意识这种智慧生命的精神活动属于复杂有机体的自维生层次,可形成自我反映的精神活动。应该说,意识之所以产生,正是因为神经系统自组织不断增加整体复杂性的终极体现。结果使得生命最终从主宰它们的基因那里解放出来,甚至拒绝服从基因必须繁衍后代的命令,变成具有自觉执行能力的决策者。这种自觉能力,不但可以对世界事物的模拟达到完美无缺的程度,甚至可以把对自身的模拟也包括在内,即拥有自我反映能力。

意识的自我反映能力,那种反映重构外部实在的内心活动的能力,使得原本隐藏在事物背后的整体关联性走向前台,犹如一轮明月把光明投向大海,处处都将自身显现,成为可以觉知的对象。也就是说,意识的自我反映能力不仅具有显现事物整体关联性的能力,而且可以对生命有机体反向施加影响,进行主动调控与修饰,开辟宇宙进化新的方向。从此,物质与精神的整体关联性可以通过自明的方式得到展现。

自我反映的意识是人脑固有的,但这种意识并不是固定在某个物理结构中,而是涌现于与宇宙精神相纠缠的物质大脑自组织过程之中。因此意识的出现不可能用物理还原论的观点来解释。因为如果意识本身可以还原为某种神经活动模式或物理过程,那么就可以询问意识本身是否也有自意识(不是通常所指的"自我意识",而是指对意识的意识且这种"意识"是"意识"活动本身具有的)的自我反映能力呢?结果必然陷入难以自拔的逻辑悖论的泥潭之中。

第五章 意识反观

意识在本质上具有一种全局特性,离不开宇宙的非局域性效应,与宇宙精神相纠缠,不可能在局域的大脑物理结构中被我们所解释。推而广之,这也意味着每一个个体意识也与群体意识具有固有的相干性,我们的心灵意识也不只是局限于我们个体的大脑和肉体,而是可以超越我们的肉体而渗透到周围世界,并与其他个体意识相关联。

为了从科学原理上合理解释意识的这种非局域性效应,我们必须回到强调自组织机制的神经动力学上。对于理解涌现意识是如何与神经系统的运行相关联这一问题,神经动力学提供了一种强有力的解释框架。神经动力学认为意识现象可以通过考察神经系统多变复杂的时空激活图式,从多尺度相干性效应来加以解释。

首先神经系统是一个复杂的动态结构,在其中单个神经元具有内在活动方式并相互协作产生相干性群体行为。脑科学研究表明,即使没有外部刺激,神经系统也绝非是平静的,而是总处于持续运作的状态之中。神经系统是一个具有自主活动能力的自组织系统,总是以不断变化的方式反复探索着多重可能状态。在这样的系统中,单独的外部输入事件不足以决定系统的行为,而更多的是系统自组织地主动活动,来对外部事件进行响应。

从神经动力学的观点看,我们可以将神经系统中每个神经元活动当作一个基本单元,这样在神经元层次上,神经系统在任意时刻的状态就可以由在那时刻所有神经元活动及其相互作用来描述,而神经系统宏观表现效应则可以用神经元集群活动的时空图式来表示。这样神经动力学就可以通过关注非线性动力学的自组织性质,特别是有关神经活动的瞬间时空图式,来考察神经系统的行为表现。

脑科学的研究发现,神经活动的时空图式往往以神经同步振荡的形式来体现,成为灵活可逆地将涉入不同功能加工神经元绑定一起的一种途径。神经同步振荡具有三个基本作用,分别是:(1)整合作用,具有整合分布式神经活动的能力;(2)分离作用,具有在神经静息活动之上提取特定神经集合活动的能力;(3)演化作用,具有通过持续不断的灵活适应性图式进行演化的能力。

从静态的角度看,脑组织连接方式最终决定着神经时空图式的形式,一般脑内连接可以分为局域连接与长距连接两种级别。局域连接是大脑皮层中的神经共生机制,存在于大脑皮层广泛的部位内部(比如功能柱内部)。长距连接则是一种跨脑区双向神经连接,主要包括半球内皮层之间的神经连接,半球间皮层之间的神经连接,皮层与深层核团之间的神经连接以及脑干调节系统与皮层扩展脑区之间的神经连接。从神经连接图式上看,脑中并没有所谓终极最高层次的区域。这样,脑中大规模相互连接的民主本性表明,不管对于给定神经激活活动所观察到的依据是什么,都需要建立局域与远距活动之间的动态关系来加以体现。对于意识活动,自然也只有从动态活动的关系,才有可能得以显现。

有幸的是,采用先进的脑电记录技术,原则上可以观察群体神经元活动之间相互作用的时空图式,从而进一步分析其神经同步振荡现象。现有的分析结果表明,在神经系统中,神经同步振荡是实现不同空间分布神经元之间协调通信的一个基本机制,因此也是神经通信的基础。神经同步振荡具有跨越尺度的表现形式,在局部、脑区、跨脑区、跨半球甚至跨人脑等以多时空尺度形式出现。在一个神经群体中,同步振荡的涌现依赖于参与神经单元内在节律性质,依赖于神经网络的连接性质,依赖于我们这个世界的时空整体关联性,以及依赖于传递到神经网络的输入刺激。作为一般原理,同步性标志着空间分布的不同神经单元参与相同加工过程的一种机制,并因此增强了参与神经群体的活动突显性。

在神经动力学研究中,目前普遍认为神经活动动态时空图式的构成在意识涌现中起着一个核心作用,特别是在大规模群体神经活动中所产生长程同步振荡往往就意味着伴随意识现象的发生。以此观点看,一个特定相干性全局汇聚的涌现强调的正是对应着某一时刻的意识体验。而从一个瞬间到下一个瞬间的过渡,则由某个相干集群去同步来实现,以便产生新的相干集群同步。也有假设认为,一个局域性加工是否直接参与给定的一个意识状态,依赖于其是否参与一个相干性、同步性的全局会聚。而在更大的神经集群中,由两个神经元群体产生的振荡同步,可以通过两个局域场振荡之间的瞬间锁相来实现。这样,远距离神经群体之间的长距同步就可以看作是调停不同脑区活动的特异功能整合活动。甚至通过量子超距的固有纠缠性的宏观体现,不同个体的大脑神经群体之间也能够产生同步振荡,可以看作社会交流得以进行的神经基础。

第五章 意识反观

目前,就神经同步与意识关系的观点,已有部分科学证据的支持。最早提出神经同步振荡与意识之间关系的证据是由克里克与科赫给出的,提出了γ波振荡在意识体验形成中的假设作用。后来其他科学家的进一步实验发现,γ波同步与注意意识之间的紧密关系不仅只是理论假设,而且也是具有完美的实验证据。现在基本上可以界定γ波同步振荡代表的就是一种意识伴随性现象,起到整体关联性的作用。

从上述讨论中可以看到,正是神经系统的自组织动力学行为所表现出来的跨越尺度相干性,或者说是大规模神经活动的同步振荡,导致了意识现象的涌现。因此意识确实是一种神经系统的全局特性,是神经系统动态活动固有相干性的体现,并不局限于物质性的神经系统结构之中,而是具有非力相关性的特性。因此有关人类意识产生的种子作为一种可能性,早已存在于宇宙大爆炸的那一刻。正像我们在第三章中看到的,这种可能性就是与物质结伴而来的精神。

生物进化而来的人脑为意识的存在提供了物质基础,使得建立在人脑之上的意识超越人脑本身的局限,于是以人为主导的快速文化进化过程,取代了由自然选择支配的缓慢的达尔文进化过程。应该说,正是人脑中神经元及其复杂性不断增加的自组织神经网络的出现,为意识这种具有领悟和理解自身存在能力的产生提供条件,从而以一种超越人们理解的方式触发了真正成熟的心智文化时代的到来。

图5.2给出意识运行机制的一种框架示意图,从我们前面讲的这个宇宙大爆炸开始,一直到意识涌现,然后再反观宇宙,整个相互关系,都在这幅图中得到反映。在图5.2中,首先宇宙空性或称作恍惚空性,通过能量波动效应引起一场大爆炸,从而产生物质运动,并同时产生与之相互纠缠的精神。然后一方面,物质运动变化创生万物,并通过不断演化出现了生命,形成更加高级的生理活动。而生物所基于的生理活动,支持着神经活动,神经活动通过自组织机制,便可以涌现出脑智活动。脑智活动具有觉知客观世界的能力,从而反观认知万物之理。另一方面,精神投射产生体验作用,意识体验不但能够感受生理表现、情感波动,而且如果其与脑智活动相互纠缠,则反过来形成悟识意识,保持意识纠缠状态不被破坏,并进入纯粹意识状态,便可了悟到宇宙空性。

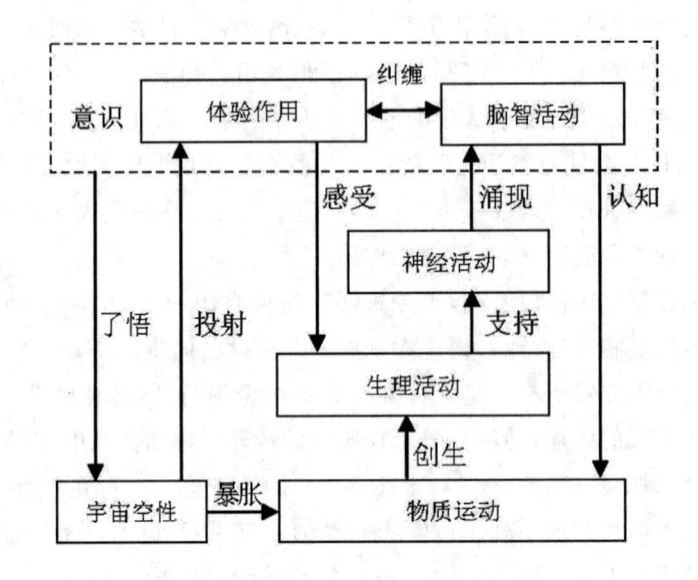

图 5.2　一种意识运行机制示意图

  必须清楚地看到,从宇宙大爆炸开始,精神与物质就同时相互纠缠地产生了。当物质运动变化创生万物,经过长期进化产生智慧生命,作为精神的体现者,意识正是代表神经活动的整体关联性,并与智慧生命相伴随。这其中,生物所基于的生理活动支持着神经活动,神经活动涌现意识,意识感受生理表现并指导意向活动的实现,从而反观认知万物之理。这便是意识本性之所在。

  《荀子·解蔽》早在两千多年前指出:"心者,形之君也,而神明之主也,出令而无所受令。自禁也,自使也,自夺也,自取也,自行也,自止也。故口可劫而使墨云,形可劫而使诎申,心不可劫而使易意,是之则受,非之则辞。故曰心容,其择也无禁,必自现,其物也杂博,其情之至也不贰。"(王先谦,1988:397-398)应该说是言简意赅,基本上刻画出意识之心所具有的"自现"的反观本性。

  总之,意识通过悟识洞见宇宙空性来反映整个宇宙的整体关联性,其沟通了物质与精神的联络,而意识体验也就成为精神在心理活动中的信使,具体表现就在于意识的感受能力上,能够获得种种体验,从而显现宇宙精神的

第五章 意识反观

作用。从宇宙的演化角度看,研究意识的主要目标不仅仅是理解和仿造具有意向性能力的脑智活动规律,更主要的是掌握人类精神所表现出来的意识体验本性。

第六章

精神作用

> 谁要真正认识和描述生命之物,先得寻找精神的本质归宿。如果缺乏精神的沟通,那他就没得到生命的全部。
>
> ——(德)歌德《歌德诗集》

就全部意识活动的而言,体验是精神作用显现的唯一形式。从这个意义上讲,也可以说精神就是体验能力或意识感受能力。物质涌现脑智,精神显现体验,两者相互纠缠,构成同一的智慧生命体。因此我们相信,健全的精神是人们幸福生活的保障,而树立正确的精神观,则依赖于对精神本性的认识,那种关涉到生活中最基本的人类天性及其表现方式。因此沟通生命的精神本性,也是幸福生活的必要条件。

人类生命的展现

从本源上追溯,现代人类的出现,相对于所有已知物种来说,是比较晚近的事。如果将地球迄今为止的年龄(45亿年)算作一整天的时间,那么八万年前诞生的现代人类,其遗传信息的形成,就在一天中的最后时刻,即23时59分58.5秒。

人类遗传信息的载体是染色体,镶嵌在人类个体生命每个细胞的细胞核中,个体中所有细胞中含有相同的遗传信息。人类的染色体共有23对,其中每一条染色体均由蛋白质和DNA(脱氧核糖核酸)组成。蛋白质主要由氨基酸决定,DNA则由核苷酸组成,而通常我们所说的基因,是指DNA链的一个片段。生命个体发育全部过程以及生物有机体的全部生理过程和

第六章 精神作用

行为都直接或间接由基因中的编码信息控制。

对于给定的一个生物,全部基因所构成的遗传信息就是代表那生物的遗传型。而按照遗传信息的指令所产生的生命个体,就是那生物的表现型。生命个体的形成就是在遗传信息指导下的一个自我装配过程,具体地讲,是DNA指导蛋白质等生命有机体砖块的合成,是蛋白质(再加上脂类及其他物质)组成具体生物的表现型,这也是人类生命延续的遗传过程。

对于人类而言,正是通过这样的遗传过程,将我们与祖先紧密地关联起来。我们每一个个体生命中,都流淌着共同先祖的基因,因而也将所有的个体生命紧密地关联在一起。这说明我们人类是一个密不可分的整体,甚至由于所有物种的共同起源性,我们所有的生物个体同样也是密不可分的一个整体。请记住,我们每一个个体生命,包括我们自己,永远是整体生命网络中的有机一员。

当然,生命群体的整体关联性,并不意味着抹杀个体生命的差异性。与物种在环境作用下必然走向多样性的规律一样,个体生命的表现型也是生物在发育过程中基因型与环境相互作用的产物,必然也具有不同性状的差异性表现。因此表现型体现着生物个体可能不同于其他生物个体的形态、生理、生化和行为等全部性状。

对于人类个体而言,由于体内存在各种截然不同的细胞类型,其自我装配过程要更为复杂。其中每一个细胞特定的发育方向不仅源于所处环境各种复杂因子,而且反过来,每个细胞的发育也都会微妙地改变周围的微环境。因此个体生命的发育过程,说到底必定也是那个令人惊叹的自组织规律的自然表达,并最终给出那个美轮美奂的生命个体秩序。

人类是有性繁衍的物种,生命个体的遗传基因信息由两套同源染色体构成,分别来自父本(精子)和母本(卵子)的各一套染色体。卵子受精后,两套同源染色体汇合形成合子,从此就开始我们个体生命的历程。

简而言之,合子经过大约50轮左右的细胞分裂,产生大约2^{50}个细胞。由于在此过程中,细胞之间发生着相互影响,如细胞群体的聚合和分离,细胞彼此的诱导和抑制等,最终分化形成256种不同细胞类型。正是这些不同类型的细胞,构成人类个体种种组织和器官的种子。这样经过进一步的发育生长,高度分化的不同细胞各自组成不同的组织,再由功能相关的组织联合成各种器官,并最后形成一个发育成熟的个体生命。

而维持发育过程有序进行的,除了遗传关联性控制外,还有就是无时不在、无处不有的代谢机制。正是这种代谢机制,维护着个体生命的完整性与统一性,并实现有机体不断与环境进行着物质与能量的交换,促使生命个体的进一步发育成长。

在发育过程中,是遗传预定程序控制下的代谢机制,维持不断分化发育个体生命的整体关联性。与此同时,由于人类个体发育有机体复杂性的不断增加,为了维持生命统一体的内稳态,除了需要物质能量交换而离不开代谢通信外,同时内部及与环境的相互联系还需要大量信息交流,因此同样离不开神经通信机制。

实际上,在胚胎发育的一开始,在外胚层就进一步分化出神经管组织,并在神经管背面与外胚层表皮之间集中形成一片神经嵴细胞群体。这样通过神经管组织的进一步诱导分化而成的各种组织细胞,与神经嵴细胞游走至身体各特定部位而分化形成的众多细胞一起,最终形成整个神经系统。

神经系统的发育成形,不仅为神经通信提供组织保障,而且也为未来自我反映意识的涌现创造物质保障。随着神经系统与环境的相互作用,相应地,人类个体生命不仅有觉知意识能力,感受意识能力,而且拥有悟识意识能力。

在神经通信保障方面,神经系统可以快速传递信息,将内分泌活动激素作用、免疫作用整合到有机体的代谢过程中,使得不断增长的代谢活动能够更加步调一致,为维护个体生命生长的统一性发挥更高水平上的作用。这样,随着时间的推移,遗传预定程序控制下的代谢机制,逐渐转换为神经在线程序控制下的代谢机制,维持了个体生命的整体关联性。

在人类个体生命的发育成长过程中,如果说基因是这一过程的策略制定者,那么随着神经系统的日趋高度发达,大脑就成为越来越重要的执行者。特别是在出生之后,神经系统掌管着越来越多的决策功能,并通过自身整体相干性涌现的自我反映意识,最终可以超越基因所制定的既定策略。

发育成长是一个不可逆过程,一旦个体生命拥有悟识意识,那么就再也不是简单的宇宙物质片段,而是拥有与精神结伴的悟识意识,其体现在自我反映意识的整体关联性之中。其实在个体生命的整个发育成长过程中,一

第六章 精神作用

直存在着体现不同生命形态复杂性程度的整体关联性,指证了精神的陪伴。

首先是胚胎细胞群落的生长、繁殖与交流所体现出来的遗传指导下的代谢机制,就是与细胞生命相结伴的精神。当个体生命进入胎儿早期,作为意识活动的生理电位就在形成中,为未来的意识活动做准备;胎儿在28周就偶尔能够出现意识,并拥有第一次记忆。在胎儿后期,意识生命进一步发展,开始有朝向活动并参与周边感觉,为处理更大世界准备,对来自于母亲身体信息与声音显示特定的敏感性,并开始相关的附和活动。所有这些都无一例外,开始了神经控制下代谢机制新阶段。神经控制机制的整体关联性,代表着与个体生命结伴的精神。

其次对于新生儿,清晰的意识开始形成,出现在真实外部事物考察的主动生活中,以及在意识注意与其他人的情感关注上。在婴儿、儿童与成年时,意识得到进一步开发或涌现,成为一种与他人相处的知识与技能。意识,特别指体验意识,作为一种最高级形式的精神现象,本身就是精神与物身结合的产物。

最后随着语言内化与社会文化等教育影响,意识增强了反映性与超越性,社会意识开始融入个体意识,建立在自我反映意识之上的文化意识成为群体社会的整体关联性,人类精神便应运而生。

自我反映意识的缘起包括两个方面的同一过程,一方面是物质经生命到脑智出现的自组织过程,另一方面是伴随性精神作用显现的层级进化过程。必须强调的是,这是同时性相互纠缠,共同进化的同一个过程。生命自组织机制形成的物身,是可以还原为物质结构与功能意识的脑智活动,而伴随显现作用的精神,则是不可还原为物理过程的整体关联性意识体验,两者叠加纠缠合一,就产生一种具有叠加性意识的生命体。正是这种叠加性意识,使得智慧生命的人类具有悟识能力,从而可以反观宇宙空性,体悟万物的精神灵性。

因为有悟识能力,生命体所伴随的精神作用功效也发生根本性的进化,特别是体验意识的种种表现,就是有意识生命体中精神作用的显现。从这个角度讲,显然只有智慧生命才可以拥有自明性意识,从而拥有悟识能力。

具有悟识能力的智慧生命一旦形成,便成为万物唯一具有反观性意识能力的主体,具有自我反映能力。从某种角度上讲,万法唯心识也就成为认

143

识一切的唯一途径,于是"意识到的就是全部存在"也就成为显然。换句话讲,我们所能了解的一切无不是意识的结果。如果有什么真实性的存在,也必将只有意识本身。

当然,这种自我反映意识能力,也会随着生活阅历的丰富而不断发展。通常,漫长的人生会经历自我反映意识的四个不同阶段:(1)天真无知的婴儿阶段;(2)少年获得独立人格的反抗阶段;(3)一般普通人的成熟阶段;(4)茅塞顿开的超越阶段。这最后的第四个阶段,就是一种无将迎、无内外的任运自在状态。通常很少有人能够达成这一自我意识状态,往往可遇不可求。

不要忘了,从量子学说的角度看,我们的身体是由不断出没的粒子构成的,而每一时刻构成身体所有粒子都与狄拉克负能量海具有固有的纠缠性。而这个所谓狄拉克负能量海不是别的,就是宇宙精神。我们知道,宇宙精神的本性就是空性,也就是宇宙整体关联性。那么对于具体的物体而言,其同样也具有该物体的整体关联性,对应着该物体精神的一面。如果我们称这样的整体关联性为该物体的精神,那么显然,不管大小,由物质构成的任意物体,都具有该物体的整体关联性。也就说,整体关联性具有跨越尺度的自相似性特点,因此所有的物体也都是有精神的,代表的是与此物体相互纠缠的宇宙精神。

其实根据量子物理学中电子双缝干涉实验可知,电子的行为中已经涉及整体关联性(精神)了,何况更大的物体。这样一来,我们就可以说,一事物区分于另一事物不可还原的整体性功能就是该事物精神的体现,如刀剑之锋利,机体之代谢,物种之基因,智慧生命之体验意识,族群之文化,等等。

这样一来,任何事物确实都是具有这种整体关联性,只是由于事物物质结构与功能表现的复杂性不同,这种整体关联性的表现形式及其所起作用也不同罢了。无机物体的整体关联性作用是各种物理力的相互作用,而有机生命的整体关联性作用则体现在个体生命的代谢机制,种群生命的遗传机制,生态系统的共生机制之上。至于人类个体生命的整体关联性作用,便是体验意识,而从中生发出的自我反映意识,就是宇宙精神作用显现的最高表现形式。

总之,尽管在宇宙物质的漫长演化过程中产生不断复杂的多样形式,从无生命的物质尘埃,到有生命的生物个体,再到整体关联的生物种群,一直

第六章 精神作用

到出现智慧生命及其社群组织。但无论是多么复杂的物质形式,总有整体关联性(精神)及其作用方式与其伴随存在。精神作为事物的整体关联性,也是随着其所伴随的物质形态的不断复杂而呈现不同等级层次的表现方式。当这种等级形态发展到意识的阶段,整体关联性便产生全新的性质——自我反映性,使得智慧生命具有悟识能力,那种能够悟识到精神自身的能力!

我们的意识体验,无论是伴随着思想、情感,还是感知,都源自于宇宙精神的投射作用,源自于不可支配的宇宙空性,并因此与基于物理机制的脑智活动相互纠缠,代表宇宙精神的空性无处不在,无时不有。在心理活动中个体精神就是体验意识,成为智慧生命日常生活中的普遍现象。只要我们思考事物,表达情感,感知世界,我们就伴随有意识体验。人类这种个体精神以其时间存在的方式,始终伴随人类个体生命。

因此如果把精神简单地称之为"心",而把肉体简单地称之为"身"的话,那么从合子形成那刻算起,从最广泛的意义上说,"心"和"身"就是同时结伴而来的。有了一点点"身"(合子),就必定需要代谢机制之"心"来与外界环境交换能量,以维持身的存在与发展。后来随着这种"心"的作用,"身"得到发育成长,于是便渐渐形成了更高级的"心"。及至胎儿出世,就已具备一定的"心"和"身",所以胎儿出世并不是心理成长的起点,而是一个阶段向另一个阶段的过渡。在以后的新环境中,"心"和"身"继续成长,共同发展。"心"和"身"就是这样相辅相成,相互影响,互不分离。

《庄子》所言"其形化,其心与之然"(《庄子·齐物论》),又言"形体保神,各有仪则谓之性"(《庄子·天地篇》),强调的正是心神与身形相互依存发展的原则,一方面是心随形化,另一方面则是形体保神。我们在任何时候都不能把一个个体的"心"和"身"分离开来,"心"为"身"之用,"身"为"心"之体,心身一体,当我们谈论"心"或"身"时,只是从不同的角度来谈论同一件事物。

而进化和遗传的力量便体现在经过物种不断进化而来的人类,为"心"的发展提供了完美、完善、适应"心"之发展的"身",特别是物质基础——神经系统。这样便可解释人类之"心"的起源。生命进化最高水平的成果,就是人类的具有自我反映意识的人类之"心",使得人类的生存,不再是简单的生物性生存,更重要的是文化性生活。

人类个体生命一经诞生来到这个世界,就注定要在某种文化环境中开始他们的生活。作为人类个人来说,在意识行为的发展过程中,首先需要适应的就是世代相传下来的生活方式,要在一定文化风俗背景中塑造个体的经验与行为方式。因此个人意识活动的形式和内容都取决于文化,可以说个人意识就是文化系统作用的结果。当然,另一方面,随着年龄的增长,随着个体掌握一定的文化交流方式,特别是语言的时候,个人意识的活动也会成为个人文化,甚至延伸到社会文化的传播者和创造者。从根本上讲,文化有赖于人类社群中个体意识的发展,因为人群是文化的载体。

文化是超生物的人类社会现象,作为社会文化整体关联性的体现,个体意识的精神显现受到社会良心的制约。或者说,个体精微无形的良心乃是社会文化整体性赞许和认可在个人精神中的反映,是超越个体意识活动的社会文化整体关联性反映。从这个角度上看,人类个体行为一方面是生物体作用的结果,另一方面又是超生物的文化环境作用的结果。

人类个人生命的展示是自然的过程,更是一个文化的历程。在自然化的过程中,个人通过物身和精神两方面的关联活动而成就一种生命实在。而在文化的过程中,则是其物身和精神活动,不断地将自身存在投入社会文化的建构过程,并改变着自身主观意识的展示方式,使得人成为社会性的人。

在个体生命成长过程中,最终展示的便是衰老与死亡。作为宇宙中发生的一个事件,生命过程迟早会随着时间的流逝而结束。"确实,死亡就是机体进入了一种不再受外部流入能量支持的状态。它的所有系统因而崩溃。生命体可以定义为一个通过不断汲取外部能量来维持,甚至扩展其有序结构的系统。"(克拉默,2000:24)

一方面,生命是一种自组织过程,在运动变换中创造并维护着有序;另一方面,生命也是受热力学定律支配的系统,随着时间的推移不断走向混乱无序。死亡是遗传进化的一种选择,新生命的诞生永远伴随着旧生命的死亡,只有这样自然选择才有可能。因此生命意义的根源在于生命是有终点的。

衰老,意味着生命个体整体关联性的消退,代谢活动减缓,生殖能力丧

第六章 精神作用

失,神经系统退化,结果导致意识活动能力的退行,社会活动能力的减弱。当生命个体进入不再与外部环境交换能量与信息的状态,生命个体就无法维持有序结构的自组织过程,最后就是代谢停止,意识消失,生命终结。

此时,随着有机体的消亡,其所代表有机体相应的整体关联性也随之消亡。汉代思想家王充在《论衡·论死》中指出:"夫物未死,精神依倚形体,故能变化,与人交通;已死,形体坏烂,精神散亡,无所复依,不能变化。"(王充,1990:202-203)后来的范缜在《神灭论》中说得更加透彻:"神即形也,形即神也。是以形存则神存,形谢则神灭也。"(僧祐,1991:56)精神是物体伴随性的一种整体关联性,当人类个体生命解体之后,相应伴随的精神也不再显现作用,于是便失去悟识能力。钱穆在《灵魂与心》一书中说:"至于心则常依随于肉体,依随肉体而发展成长,亦依随肉体而毁灭消失。"(钱穆,2004:10)精神与物质相互纠缠,本为一体,不可分割,言心即为物,言物亦为心。

如果说,人死后灵魂不朽是指死后人们生前所伴随的体验意识仍然存在的话,那么这样的灵魂不朽的观念是错误的。如果一定要强调精神的不朽,应当倡导中华圣学所强调的先人与后人之间的精神关联,个人与社会之间的精神关联之上的不朽,即中国古代先哲所谓人死后的三不朽理论。

关于三不朽,在《左传·鲁襄公二十四年》中有这样的论述:"穆叔如晋,范宣子逆之,问焉,曰:'古人有言曰,死而不朽,何谓也?'……豹闻之,大上有立德,其次有立功,其次有立言。虽久不废,此之谓不朽。若夫保姓受氏,以守宗祊,世不绝祀,无国无之。禄之大者,不可谓不朽。"(左丘明,1999:1001-1004)

因此全面地来看人生不朽,大致有两种情况:(1)家族血统传袭的世禄不朽,遗传基因,与世袭地位;(2)对社会立德、立功、立言的三不朽。如果从精神不朽上看,前者是从生物意义上讲的不朽,精神就是遗传基因信息;后者则是从社会意义上讲的不朽,精神是文化传承信息。两者都是反映事物的整体关联性,尤其是后者,更是人死后精神不朽的体现者,可以看作是流传在后人心中的历时性整体关联性的反映。

父母或者他人具有影响性的人格(精神作用表现的一种整体反映),可以通过内化过程变为自己人格的一部分。从这个意义上讲,人尽管是要死的,但一个人的人格精神是可以不朽的,通过内化,一个人的人格精神可以

明道显性：沟通文理讲记

潜移默化进入到另一个人的心灵中，甚至代代相传，比如历史上那些伟大思想家，如孔子的人格精神，就一直传承至今，还在我们的心灵起着作用，成为我们自己的人格精神内化的一部分。这就是所谓的立德、立功、立言的三不朽。我们常说某某精神永远活在我们的心中，讲的就是这个意思。

在现实的感知世界中，人死后所谓的"鬼魂"，固然是不可得见的，但其生时的音容笑貌，言语功德与精神品格，却是可以永远活在人们的心中，人们可以在心里体验到亲人的存在。这便是社会文化整体关联性的体现，也就是我们所希望倡导的正确的精神不朽观，所谓"慎终追远，民德归厚矣"。

其实对于幸福生活而言，活着拥有悟识能力远远要比死后"灵魂"依然存在要重要得多。因此只要在今生能够伴随有悟识能力的显现，就足以体现完美的整体关联性，使得生活充分展现人性至善。

美国学者库兹韦尔对此见解独到："人们做出了大量的努力，想回避死亡。我们做出了非凡的努力，想推迟它的到来，并且常常认为死亡来临是件很悲惨的事情。然而我们发现，没有死亡，就不可能有生存。死亡给生命赋予了意义，也让时间具有了重要性与价值。"（库兹韦尔，2002：2）

生命的消亡意味着新生命的诞生，个体生命的终结并不意味着万事了结，与个体生命所伴随的基因可以更为长久地存在并得到延续，能够使生命过程不断重演、进化。更为永恒的是个体生命所体现的那个肉体物质与灵魂精神的合一者，空性，其将与宇宙共存亡。记住唐代净觉和尚在《楞伽师资记》中的论断："真如妙体，不离生死之中；圣道玄微，还在色身之内。色身清净，寄住烦恼之间；生死性真，全在涅槃之处。故知众生与佛性，本来共同。"（石峻，1981：151）这便是生命中物质与精神的和合共生之道。

精神作用的原理

在漫长的历史长卷中，精神的观念混杂着太多的歧义成分，但精神作为无形无质的一种存在，常常代表着人们的心灵、良知、道德等，也为人类健康的精神生活带来主要的理论依据。谁也不愿承认自己是没有精神特性的行尸走肉，但谁又都极少像注重物质那样看待精神的实在性。今天的社会，人们似乎正是这样怀着一种矛盾的态度对待精神的存在。

第六章 精神作用

事实上确实如此,一方面,在我们的文化与语言中频繁地出现"精神"的词语;另一方面,有学问涵养的,特别是接受现代科学教育的人们似乎越来越不愿接受有关精神存在的任何学说,除非隐喻地使用"精神"一词,否则任何严肃谈论精神存在的话题似乎都是离经叛道的行径。之所以出现这样的情形,其实是人们对于精神产生误解而造成不良影响的结果。这些误解精神的观点,主要包括如下三个方面。

一是认为精神是可以独立存在的实体,比如像柏拉图以及大多数西方持二元论的哲学家中都有这样的论述:将精神与物质相互对立,并认为精神是可以独立物质而存在的一种实体,甚至认为精神不朽,如人死后灵魂续存之类。

二是认为精神就是心的全部,特别是把思维认知能力也都归结于精神现象,如亚里士多德等人的观点就是如此。甚至主张取消精神概念,完全用心理学、用脑科学来研究精神现象,将一切精神活动统统归结为物理过程。

三是认为精神之类的东西是存在于空间之中,甚至有一定的空间形式,比如是由诸种元素构成的。或者企图寻找精神的物质性踪迹,比如精灵、鬼魂、神怪之类,往往陷入种种鬼神迷信的迷途之中,占星求卜,愚弄人民,这更是大错特错。

那么精神的内涵到底是什么呢?就精神与心的关系而言,在主流精神观念的历史演变中,古代精神概念通常是大于心的概念,也就是说精神包含着"心",而其中的"心"只是一种精神现象。到了笛卡儿时代,精神基本上等同于心了,心替换精神是为了排除那些非理性的部分而确立的,但其中忽视了对体验意识与脑智活动的区分问题。于是在科学界,精神概念也随之消亡了。

在西方,由于普遍受到古希腊哲学强调精神与物质对立的二元论观念影响,产生了后来心物、心身、心脑等种种二元论的新理论。随着西方崇尚理性科学的大发展,随即精神的地位逐渐降低(甚至消失),基于物质脑之心智的地位逐渐提高,人们对世界的关注也从精神回归到自然。但与此同时,那种二元分离的态势却基本没有变化,比如变成理性与感性的对立。于是在当今深受西方主流文明影响下,关于精神的当代论述不是采取取消主义,就是将其归结为物理过程,根本就没有触及精神存在的本性。

我们则认为,对于智慧生命而言,精神只是涉及心理能力的一部分,即体验意识,因此是小于心的一个概念。精神作为心的一个部分(心之灵),被包含在心的概念之中。这样通过排除心的非体验部分(心之智),就可以重新明确一度含糊不清的精神概念。这里需要强调的是,感知(包括感觉)、记忆与思维等理智活动,都是脑智活动表现的心理能力,可以还原为物理结构与功能,因此并非属于精神作用现象的范围。对于人类而言,真正的精神作用现象就是意识体验活动,那种不可还原为物理过程的心理活动。尽管在感知、记忆、思维等理智活动中也存在有意识伴随性的体验,但精神本身并不直接与理智相关,而是与意识体验相关。

精神范畴从囊括心,到等同于心,再到成为心的一部分,正是精神学说不断进步的反映。必须清楚,随着对精神本性的不断深入探索,我们终于明确了精神作用影响仅仅通过意识体验能力反映出来,而基于神经活动的脑智能力则是一种物质复杂的结构与功能的涌现结果。这样一来,我们就会发现,不可还原为物理过程的精神,正是宇宙空性的时间投射性体现。也就是说,精神伴随宇宙万物缘起,并随着万物不断进化出复杂结构,其作用方式也得到不断完善,直至产生体验意识,成为一种最高的宇宙精神表现形式。这便是人类的精神表现形式。

于是所谓精神,只是伴随万物一起缘起的一种现象,不是完全独立的实体,离开了物身,精神也将不复存在。《荀子·天论》中指出:"天职既立,天功既成,形具而神生,好恶、喜怒、哀乐臧焉,夫是之谓天情。"(王先谦,1988:309)对于有意识能力的生命而言,精神也仅仅是对心理活动中的体验起作用而已,是那种不可还原为物理过程的意识体验过程。故此,《荀子·正名》中又指出:"性之和所生,精合感应,不事而自然,谓之性。"(王先谦,1988:412)这样,就我们定义的精神而言,其完全是伴随万物缘起的现象,具有宇宙空性的所有属性,并与物质相互纠缠。

可以这么说,精神就是一种非物质性的存在现象,不同事物体现出来的精神表现,因其运作机制复杂程度的不同而不同。而智慧生命自组织机制所涌现出来的体验意识,是精神作用显现出来的最高表现形式。

在精神的基本属性中,首先就是时间存在性,精神存在于时间之维当中。时间的存在性决定精神无形无质的非物质性,因此我们可以说,精神就

第六章 精神作用

是宇宙空性在时间上的投射。对于智慧生命而言，与脑智活动相互纠缠的精神作用显现，则是通过意识体验活动达成的。于是精神就是一种作用过程而非活动实体，也就是精神具有时间存在性的。人类个体的精神时间存在性，实际上也就是主观意识体验的一个特性。我们知道，"子在川上曰，逝者如斯夫"，时间的这种单向流逝性完全是一种主观现象，根本不可能在物质世界上得到证实。因此流逝的时间只属于我们的体验意识，也即属于我们的精神。

精神的第二个基本属性就是整体关联性，这是精神的正面属性，是众善之源。整体关联性决定精神与物身相互纠缠的空性，必然不可还原为物理过程。当然，精神也并非寓于物身，与脑智能力没有直接关系。即使是智慧生命的精神，也不会思考、判断和考察外部世界，而是通过意识体验来对心理活动的整体关联性起作用。如果说物身（物质的片断）是宇宙存在实体的局域分布性的代表，那么精神（空性的投射）便是宇宙演化过程中整体关联性的代表，因为整体关联性就是宇宙空性的体现。因此对于人类个体生命而言，其精神并不能代表整个"心理活动"，而只是代表不可还原为物理过程的意识体验。那些脑智活动部分尽管与精神相互纠缠，但并非是精神作用的直接结果，而是可以还原为神经系统的结构与功能解释的现象。

精神的第三个基本属性是负面性的，就是精神的恋物倾向性，也可称为物欲上瘾性，也是众恶之源。如果说，不可还原之精神必定是非物质性的一种过程性存在，具有整体关联性和时间存在性；那么另一方面，精神的功用也预示着这种过程性存在是伴随物质性的，其根源是狄拉克负能量海中虚粒子渴望捕获能量，跃迁为实粒子的倾向。别忘了，我们的物身是由不停进行着生生灭灭的虚实粒子所构成的，而那些虚粒子随时都有转化为实粒子的潜在可能性，这便体现出固有的恋物倾向性，成为精神的一种固有本性。恋物倾向性决定精神失落表现的可能性，即使是在智慧生命中高级精神形式，这种固有的性质也在所难免。

精神作为宇宙空性的时间投射，其最根本的特性就是与物身之间保持固有的纠缠性。当精神"升华"时，这种纠缠性表现的就是整体关联性。反之，当精神"失落"时，这种纠缠性变得脆弱，甚至遭到破坏，整体性纠缠态坍缩到物质性本征态，反映了精神的恋物倾向性，严重时就会失落原本纠缠一起的宇宙空性。当然,不管是"升华"也罢,是"失落"也罢,精神永远是一种非物质性的存在。精神存在于时间之中,并随时间变化而变化,这便是精神的时间存在性。

据此,我们便可以构建一种全新的精神学说。对于智慧生命而言,物身是宇宙实体存在,而我们的精神是宇宙虚拟过程,意识(体验)就是精神的主观性表现。物身是空间性的,精神是时间性的;物身具有局部分布性,精神则为整体关联性。从这便可揭示意识的性质与作用,物身涌现脑智,精神作用体验,物身与精神相互纠缠等的发生规律,并可追溯到宇宙缘起的空性。所以物身的局域分布性对应脑智活动能力的局域分布性(脑区功能的局域分布性),精神的整体关联性对应意识体验活动的整体关联性。

与西方传统将精神与物质对立起来的思想观念不同的是,我们的精神与物质是相互纠缠关联整体的两个方面。其关系就像相互缠绕,永远变化电场与磁场之间的关系,两者不间断地从彼此接受或传送出能量,这样的场不需依靠物质来源而存在,其中能量根源便是光子在空间中的传播。

对于智慧生命而言,精神作用的显现,主要反映在意识体验之中。其中精神的升华,指的就是在这种体验表现中更多地体现精神整体关联性得到强化,精神升华的极致,便是达到纯粹意识状态。反之,精神的失落,则是指在这种体验表现中更多地体现精神恋物倾向性得到强化。精神失落的极致,便是导致个体彻底丧失体验能力,成为麻木不仁,无情无义,自私自利的行尸走肉。

精神的作用显现就是在整体关联性与恋物倾向性之间彼此消长,没有精神,也就没有对整体自我的意识。这其中,自我就产生于精神对物质的反映之中。如果说,精神是真空能量的虚拟振荡作用,精神是空性在时间上的反映,那么自我就是精神对物质反映所引起的幻象,这些幻象主要是形成我们的所谓七情六欲。

应该看到,我们人类生活的意义很大一部来自于我们的情感。所以说情感体验是非常重要的精神生活内容。调整人们的情感,去除负面情感,而让正面情感得以显现,就可以体验到幸福的人生。所以在生活中惩忿窒欲的修行,主要处理的就是有关感情、心性(精神本性)和物欲的关系问题,即先哲所讲到的性、情、欲的区分及关系,在中华圣学中归结为心性学说。

第六章 精神作用

对于性与情的关系，中国古代学者往往用水与波的关系来比喻：静止为性，波动为情。《关尹子·五鉴篇》指出："情生于心，心生于性。情，波也；心，流也；性，水也。"（尹喜，1990：101）相比心性与情感体验的关系而言，水是心性，波是心性的作用显现，为情感体验。此时，如果进一步再引入其与"欲"的关系，那么就如《荀子·正名》所辨明的那样："性者，天之就也；情者，性之质也；欲者，情之应也。以所欲为可得而求之，情之所必不免也。"（王先谦，1988：428）而宋代理学大家朱熹对此有更为详尽的论述："性是未动，情是已动，心包得已动未动。盖心之未动则为性，已动则为情，所谓'心统性情'也。欲是情发出来底。心犹水，性犹水之静，情则水之流，欲则水之波澜。但波澜有好底，有不好底。欲之好底，如'我欲仁'之类；不好底，则一向奔驰出去，若波涛翻浪。大段不好底，欲则灭却天理，如水之壅决，无所不害。"（黎靖德，1986：93-94）

如果从现代心理学的角度看待上述古代先哲的论述，那么这里"性"即心性天赋（精神本性），"情"为情感体验，为心性作用显现的表现。而"欲"为情感内容，也可以称之为"性之欲"。故《礼记·礼运》又有："人生而静，天之性也；感于物而动，性之欲也。"而"情"在其中也。所以"欲"为众"情"之总因，也是精神恋物倾向性之对象。

这样一来，我们也就可以根据情感的内容来对情感体验进行分别研究，更好地厘清精神在情感体验中的作用规律，或者反过来通过不同的情感体验来把握精神作用的效果。也就是说，我们可以根据对精神升华与失落的走向，将情感分别归为正向情感与逆向情感。凡是能够在不同程度上体现精神整体关联性强化的情感，称之为正向情感。反之，凡是能够在不同程度上体现精神恋物倾向性强化的情感，则称为逆向情感。

显然，那些超越物欲的情感体验，都是摆脱恋物倾向性，从而更好地体现整体关联性（空性）的美好情感，如崇敬、愉快、仁爱等。而那些受到脑智活动影响而导致整体关联性失落的情感体验，都是趋向于深陷恋物倾向性泥潭的恶劣情感，如欲望、恐惧、嫉妒、痛苦、愤怒、仇恨等。其中欲望是产生种种不良情感体验的根源，代表的便是精神恋物倾向性的作用显现；仁爱则是产生种种良好情感体验的源头，代表的便是精神整体关联性的作用显现。

虚荣、傲慢、嗔恨、嫉妒、愤怒、恐惧、厌恶等都是欲望的衍生情感，是不可分离于物身之外的,这是精神恋物倾向性使然。特别是令人厌恶的虚荣和嫉妒,是仁爱达成的最可怕障碍。而悲伤、同情、谦卑、质朴、喜乐等则是走向仁爱的有效前提,从悲伤到悲悯,从悲悯再到慈悲,就是从悲伤产生仁爱的途径。仁爱没有悲伤,悲伤是因脑智活动影响所导致的情感体验。因为脑智活动永不停息地对欢愉和物欲的追求,物极必反,必然导致痛苦,这就是悲伤产生的根源。如果人们能够从悲伤中觉悟,回归到没有任何脑智意向内容的快乐,那就是悲悯,甚至仁爱。

仁爱是一种宁静,是一种最高境界的,没有任何意向对象的博爱,佛教中称为慈悲。《淮南鸿烈·氾论训》曰:"圣人心平志易,精神内守,物莫足以惑之。"(刘文典,1989:457)因此要使精神得到升华,就是要回归到这种宁静的仁爱境界,体验自在之境的至乐天性,所谓恢复精神整体关联性这一本性。

李翱在《复性书上》中指出:"人之所以为圣人者,性也;人之所以惑其性者,情也。喜怒哀惧爱恶欲,皆情之所为也。情既昏,性斯匿也。……性者,天之命也,圣人得之而不惑者也;情者,性之动也,百姓溺之而不解知其本者也。"(李翱,1993:4)这里的"性"就是精神本性,也是宇宙空性。而"复性"之"复",乃恢复之意。所谓恢复空性,主要是"除情显性",即除去情感内容,显现精神本性。故《复性书中》又云:"弗虑弗思,情则不生。情既不生,乃为正思。"(李翱,1993:7)圣贤所倡导的扬善抑恶,就是去思虑存体验。须明白,性是纯善(仁爱至善),情则善恶交杂,有是非之心使然。所以去思虑存体验就是获得仁爱至善的途径。

可见,意识体验,反映的是宇宙精神的投射作用,就是所谓的精神显现作用。而精神显现作用在意识体验表现中最典型的代表,就是情感体验,因此精神本性在情感体验中也得到最充分的表现。从欲望所反映出来的极端恋物倾向性,到仁爱所表现出来的极致整体关联性,都是精神本性不同方面的表现。所以我们说情感反映人们的精神状态,精神支配着我们的情感体验。

正是精神的这种本性,使得我们的人生充满喜怒哀乐的体验:有时幸福无比,有时悲痛欲绝;有时精神焕发,有时纵欲无度;有时爱心有加,有时麻木不仁。克制精神的恋物倾向性,显现源自宇宙深处的整体关联性,则是走

第六章 精神作用

向幸福人生体验的唯一途径。说到底,我们只有通过情感体验来把握这个世界的生活本性,这也是精神的本性。于是如何把握情感表现,也就成为把握精神本性的关键。

因此如何处理情感问题,正是精神显现的主要方面。由于精神作用的两面性,美好的情感体验与恶劣的心境状态,都可以发生。仁爱至善情感的获得,就是使精神本性中的整体关联性得到最充分的展现。而恶劣情感的宣泄,则是脑智活动导致精神失落的结果。前者源自精神的整体关联性(众善之源),后者则源自精神的恋物倾向性(众恶之源)。

总之,对于情感体验而言,无论是个体,还是种群,甚至整体社会,精神的正向作用(整体关联性)有利于生存与繁衍,抵抗整体瓦解与分裂,而美好的情感体验,如"仁爱"正是这种精神作用的正向反映。与正向情感体验更多体现整体关联性不同,逆向情感体验,如"欲望"更多体现的是精神的恋物倾向性。精神作用的这种两面性在情感表现中得到最好的展现,其中幸福感,便是一种最高境界"仁爱"这一正向情感的反映。

因此要想保持美好情感的体验(如喜乐、平和等),抵制不良情感的困扰(如愤怒、忧惧等),即所谓正心,唯一途径就是恢复心性的显现。从这一点也可以看到,正面情感体验也是人生幸福感受的唯一途径,是快乐享受的基础,而幸福体验又可以增进人们对生命、生活与社会群体的热爱。

凡是以适当方式关注精神的人,就会明了这样一个道理:物身与精神完满和谐,乃是宇宙空性的显现。这是一种动态过程,精神的整体关联性本性规定,空性只有在动态体验过程中才得以显现,这便是精神的作用效应。

在这里,我们看到宇宙物质与精神相互之间奇妙的和谐:本性上相互对立的物身与精神为了一个共同的目标——拥有意识能力,而编织完成了妙不可言的智慧生命统一体。精神与物身因此相互关联在一起,没有因为彼此本性相悖而分离,互补性的关联形成一个整体叠加体系。

图 6.1 给出一种全新精神学说的原理图示。图中虚线为"一对多"化生分界线,分界线下部代表整体宇宙(一),分界线上部代表芸芸众生(多)。其中⊙为量子叠加纠缠算符。此图主要用于说明如下三个原理。

(一)宇宙万物缘起原理(图中下面部分),强调一"空"万"有","有"也是"空";万"有"一"空","空"也是"有"。这样的宇宙缘起论,强调物质宇宙与

155

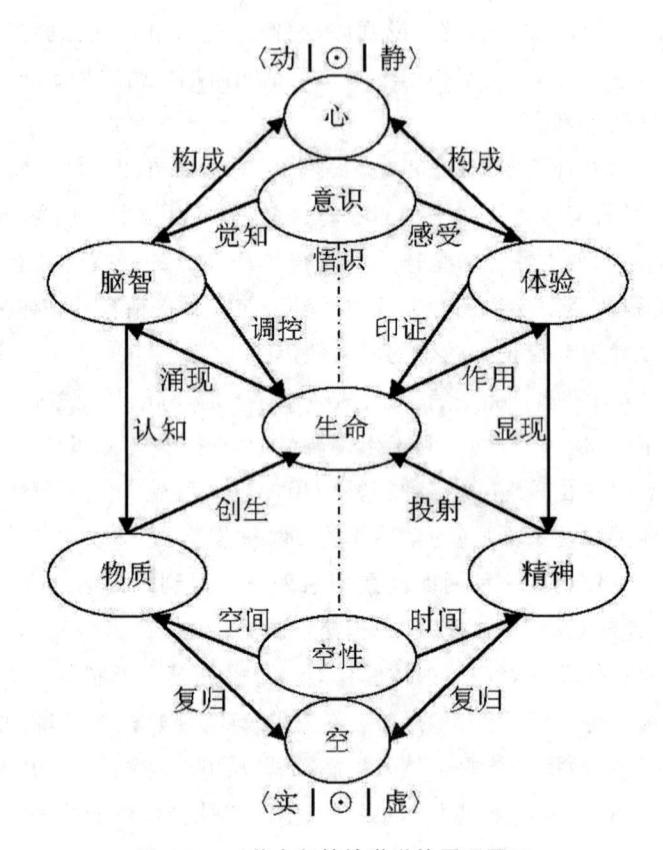

图 6.1 一种全新精神学说的原理图示

精神宇宙的共同缘起。

(二)智慧生命演化原理(图中中间部分),强调跨越尺度层级自组织机制演化出智慧生命之意识的过程。从某种意义上讲,生命就是精神的实在。

(三)意识自明活动原理(图中上面部分),强调意识自明性的悟识能力＝脑智⊙体验,从而引出宇宙空性的显现。

另外,在图6.1中左面部分强调缘由物质的脑智活动可以认识物质运动规律,而图中右边部分则强调缘由精神的体验可以显现精神作用本性。物质运动与精神作用,两者相互纠缠关联,共同构成智慧生命的意识活动。

对于心理能力而言,主要涉及脑智活动与体验作用相互纠缠关联性问题。脑智活动的主要功能是,认知事物、调控生命、应对环境,是脑科学研究

第六章 精神作用

的对象,可以还原到神经系统的结构与功能之上的。体验作用的主要功能是,显现精神、印证生命、感悟人生,是灵验学研究的对象,是精神宇宙投射的结果,不可还原为物理过程。而悟识能力,就是指脑智活动与体验作用叠加而产生的一种自明性意识能力。通过这种自明性意识能力,便可以顿悟空性,进入梵我合一的如如之境。

归纳起来,在这里我们所构建这样一个全新精神学说体系的内容,可以表述为如下五方面的立场观点。

(一)精神是宇宙固有现象,与一切物体相伴随,即《淮南鸿烈·本经训》所谓"是故体太一者,明于天地之情……精神通于万物,动静调于阴阳"(刘文典,1989:259)。精神的作用功效随着物体结构复杂性不断进化而进化,直到出现体验意识,构成智慧生命的精神表现形式。所谓"有无虚实通为一物,性也。不能为一,非性也。"(张载,2000:234)在这里,我们看到宇宙物质与宇宙精神相互之间奇妙的和谐:使得本性上相互对立的物身与精神编织完成妙不可言的智慧生命统一体,并涌现出脑智与体验相互关联的意识能力。

(二)活的物质一旦坏死,其精神作用功效也随之蜕变,永远与物身当下形态表现相适应。因此人死后,随着意识能力丧失的那一刹那,伴随物身的整体关联性尽管依然存在,但其整体关联性的性质发生变化,已经不再具有精神自觉显现作用了,也就是意识体验能力。如果说"人死后精神是否不朽"指的是生前的精神作用功效是否继续在死后物身中显现的话,那么回答肯定是否定的,也就是人死后体验意识不再续存。那些相信人死后精神(灵魂)不朽的观点是错误的。

(三)对于人类而言,精神的作用形式就是意识体验,而最能反映精神本性的无过于其中的情感体验。精神可以失落,也可以升华,其与情感的负面表现(根源是欲望)和正面表现(终极是仁爱)相对应。精神失落的结果就是物身坍缩为宇宙片段,唯有物欲;精神升华的终极便是达到了悟境界,明心见性。

(四)能够使精神不断升华的动力,或者说能够使物质与精神纠缠态得以保任的力量,就是悟识能力,或称为秘密认知能力,可以通过心法来呈现。而心法途径有两种,即所谓理入行入,或悲智双运,仁智双修,等等。于是获得悟识能力的心法也就成为流行广泛的修身养性方法,也称心法。通过心法,人们就可以保持物身与精神的联系(纠缠叠加,相干性),避免精神的失落。通过秘密认知的心法,还可以调节身心显现精神的正面的效应,达成美好的内心体验,转变生活态度,体验幸福的人生。

(五)精神的本性是非物质性的,具体表现为时间存在性、整体关联性、恋物倾向性。时间存在性决定精神的无形无质,整体关联性决定精神与物身相互纠缠的空性,恋物倾向性决定精神失落表现的可能性。精神的这些非物质性质,决定着精神必然是不可还原为物质结构与功能的相对独立性的意识现象,而且与物质相互纠缠伴随。

精神是宇宙万物的伴侣,在人类个体生命中的表现,就称为是体验意识。因此尽管体验作用与脑智活动相互干涉与伴随,显现体验的精神却是愉悦感受的所在,幸福生活的源泉,情感体验的根源。物身并非是精神的牢笼,虽然物身有可能成为诱使精神失落的原因(精神具有恋物倾向性),但物身也是脑智活动的基础,能够形成精神显现的秘密认知。

邵雍《伊川击壤集》卷十五有《观易吟》说:"一物其来有一身,一身还有一乾坤。能知万物备于我,肯把三才别立根。天向一中分体用,人于心上起经纶。天人焉有两般义,道不虚行只在人。"(邵雍,2003:190)必须明白,每个个体都是一个小宇宙,精神代表着宇宙的整体关联性,个体的精神是代表着个体本身的整体关联性。

整体关联性是一切物体所固有的,就此而言,所有的物体,不管大小,都是无差别的,而有差别的则是物体的组织方式与相互作用。也就是说,物体能否显现精神这种整体关联性的作用,依赖于物体本身结构与功能的复杂程度,能否涌现意识能力。具有意识能力,那么所对应的物体就会具有整体关联性的作用显现,这便称为物体有悟识能力。悟识能力的最高境界就是达成纯粹意识状态。

物欲上瘾的根源

谁都知道这样的道理,人生幸福的体验在于获得仁爱之心,应避免俗乐性物欲的追求。既然这样,那么为什么在人们的实际生活中又很难摆脱物

第六章 精神作用

欲的诱惑呢？为了解答这样一个问题，这里我们就物欲上瘾的根源，来做一番探寻，以期说明其中的缘由。

我们在前面章节的论述中知道，如果个体生命拥有意识体验能力，我们才说个体生命具备精神作用的能力，从而可以呈现反映宇宙精神的整体关联性。由于受到精神恋物倾向性影响，如果具有这种潜在能力的个体生命缺失这种显现作用，我们就说个体生命失落了精神。

一般而言，凡是事物丧失了该事物固有的整体关联性功用，都可以说该事物失落了精神灵性。比如就无机物而言就是丧失其整体性功能属性（如刀剑的锋利功能丧失了）。就生命个体而言，就是丧失代谢能力。就物种种群而言，丧失了遗传能力等。

对于人类个体生命而言，整体性关联性功用就是精神作用能力。因此丧失整体关联性功用，就是丧失了精神。中国古代左丘明指出："心之精爽，是谓魂魄。魂魄去之，何以能久？"（杜预，1987：471）可见，避免精神失落，对于我们生活长久很重要。

注意，精神是宇宙空性的体现，因此精神是不会消失的，所谓精神的失落指的是相对应的整体关联性作用得不到彰显。对于人类而言，失落精神的根源就是丧失意识体验能力，使得宇宙空性的作用效果得不到彰显，导致精神失落。

那么精神为什么会失落呢？我们知道，由于精神就是宇宙整体关联性的具体体现，是在物质自组织运动过程中涌现出来的一种整体关联性。虽然精神不能还原为物质过程，但处于非物质状态的精神是不稳定的，其所代表的虚粒子负能量海，具有一种固有成为物质的倾向（获取足够能量跃迁为实粒子）。

事实上，在潜在物质的负能量海中，偶尔虚拟物质会变成真实物质，然而这些"真实"的物质总是受到留在负能量海中虚拟物质的冲击。这种虚物（精神）与实物（物体）之间斗争的结果，既产生了回归虚物的渴望，又产生了再次自发生成实物的欲念，我们称后者为恋物倾向性，表现在人类意识层面便是"物欲上瘾"。

这就是为什么我们很难摆脱物质诱惑的真正原因。精神的失落，就是因为从根本上讲精神具有这种物欲上瘾的趋势。

通常在精神与物质之间，或体验与脑智之间，具有一种天然的纠缠性，构成整体宇宙、生命、意识的空性叠加态。但如果一旦破坏这种纠缠相干性，就会导致空性叠加态坍缩，即物质失去与精神的天然联系，物体坍缩成为不再有整体关联性的宇宙片段。对于智慧生命而言，精神失落的过程包括如下三个步骤。

第一步，当主体处于空性自在之时，仅有没有对象的意识体验，无概念分别，无时空分别，无自我分别，心身浑然一体。此时，主体并不知道自己为何，身处何处何时，即处于庄子所谓的物我两忘之境。

第二步，主体一旦拥有脑智活动的意向作用，欲知（询问）自我所在，以及状态指向，但又不想把此种认知分离出去，而忘记外部世界的话，那么主体就变得自相矛盾起来，既依旧了解自觉空性（也就是精神与物体的纠缠态），又测量感知到主体的自我状态（物身）。此时的主体具有客观认知（知道自己的状态，并且知道自己属于一个处于精神与物身叠加的纠缠态），这就违背了测不准原理。结果主体变成处于分离矛盾之中，一半儿位于时空内，一半儿位于时空外。

第三步，如果主体意识试图通过与外在世界分享其所获得对自我状态的认知（称为公共认知），从而在时空中充分把握自我的话，那么因为公共认知的测量坍缩，将完全失去与其精神伙伴的纠缠联系。此时仅能借助于对外部世界的反应，才能对自己有所认知。因此其认知完全符合测不准原理。主体的这种失落一旦完成，其所有的认知活动将完全局限于物身，可以称为处于我执之中。

注意，在上述第二步中，尽管违背测不准原理，似乎不同寻常，但由于其是第一步与第三步的叠加过渡，因此是在元层次上体现测不准原理，也就是说，处于第一步状态与第三步状态的矛盾之中且无法测准的。而在第三步中，主体只把自己看成物身部分，忘记自身是精神与物身的整体叠加，我们称之为失落精神，并把自己的所知通告他人，其不再记得自己是一个较大整体的部分。

第三步中，精神一旦失落，主体就变得自私自利，物欲膨胀，忘恩负义。而第二步中，主体知道自己同时又是一个较大整体的部分，但前提是他不把这一点告诉别人，甚至是自己，我们称之为保有精神。最佳的状态是处于第

第六章 精神作用

一步中,主体达到如如之境,只有空寂之心法,才能获得这种最佳状态。

在前面章节我们已经了解到,只有人类个体生命才可能发生精神作用显现的体验意识,尽管万物皆有整体关联性这一精神特征,但只有人类个体生命才具备精神显现作用的可能性。进一步,当把具备精神作用定义为拥有悟识能力(意识体验)时,那么说某物有精神作用就是指该物具有悟识能力。这种能力只有人类个体生命才可能动态显现,可以拥有,也可以丧失,还可以恢复,取决于悟识能力的意识体验发挥的作用。当悟识能力缺位时,物质与精神纠缠态的平衡就被打破,个体坍缩为片断化的物欲状态。基于物质结构与功能运作的脑智得到片面强化,从而导致体验孱弱,精神整体关联性作用得不到彰显,于是我们就称精神失落了。只有物质与精神重新回到纠缠态,脑智与体验恢复平衡,才会恢复原有失落的精神。

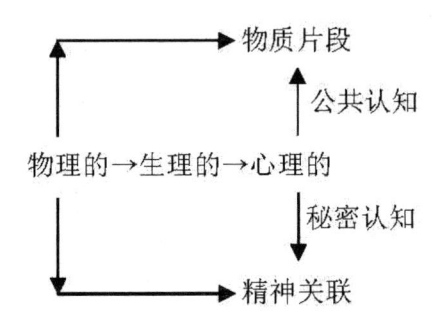

图 6.2 有灵物精神状态演化过程示意

精神固然无所不在,无时不有,但只有具备意识体验能力的生命体,才能显现精神作用。因为具有体验意识的生命体是作为物质宇宙与精神宇宙相互纠缠的一个整体系统,如果一定要分而析之(实际上这种分而析之,必定会使其坍缩为物质与精神的分离,成为片断化自我),其中演化过程如图 6.2 所示。在图中,认知能力的产生是物质长期演化过程中涌现的一种心理能力(有意识的心理活动能力),包括公共认知(意向性心理能力)、感受认知(无意向性心理能力)和秘密认知(去意向**性心**理能力)三大类,前者导致物化坍缩,呈现自我肉身(没有整体关联性的**物质片断**);后者则保持与精神的纠缠,显现自在精神(具有整体关联性的意识整体)。

161

明道显性:沟通文理讲记

精神作用也可以比喻为光照作用。一旦物体失去与精神的关联性,就好比是遮挡了光照,对自我认知的主观测量(指公共认知能力所引起的测量坍缩),就失去了精神。要恢复这种天然的联系,必须采用秘密认知手段,让失落的精神重新显现出来,与个体生命同行(相互干涉),个体生命就又有了精神的照耀。因此涉及精神本性,宗教家都愿意借用光照来做比喻,这并不是巧合,因为光确实是精神虚拟过程的最好证据。

从上述的描述中可见,失落精神也就是意识体验整体叠加态的坍缩,导致丧失整体关联性。所以只要是个体生命有心理能力,特别是脑智意向活动的出现,精神失落就成为可能。对于没有脑智活动能力的事物,是不可能存在精神失落问题的。只是有建立在脑智活动之上的公共认知能力,主体又希望测量认知自我,便可导致精神失落。因此按照上面精神失落的三步骤,我们可以对精神失落过程给出更加清晰的描述。

首先所谓精神失落,就是物身失去与精神的联系。我们知道,根据量子理论,对于整体叠加的一个量子态,其是不可分别的。但当存在主体希望主观测量量子态的某一表现方面,也就是获取关于量子态的某个信息时,该量子态就会给出某个信息状态的报告。但此时也导致量子态坍缩到该信息表征的本征态,从而失去与之关联的其他信息的关联,也就是失去与之相伴随的另一个本征态。

在物质与精神叠加的量子态上,由于精神所代表的虚粒子负能量海中虚粒子所固有的恋物倾向性,导致整体上的主观测量,并有足够的能量会促使量子态向物质本征态坍缩,从而失落了与精神本征态的联系,使个体成为宇宙中的物质片断而不再有精神伴随。对于具有脑智活动能力的主体而言,导致这种整体叠加态坍缩的原因主要是:(1)脑智活动能力强势于意识体验能力,意识活动就倾向于意向性方面,必然出现自我认知之类的公共认知活动;(2)自我认知导致精神失落,失去了整体关联性;(3)一切思议性脑智活动均会产生信息的公共认知而导致精神失落。

实际上,由于每个拥有精神的个体本来就存在物欲上瘾倾向,因此一味满足物欲必然导致自我认知的强化,即所谓我执。进而产生自我认知偏离,结果便是持久的精神失落。由于脑智活动本来就是建立在物理机制之上的,因此同样道理,脑智思议活动过度也可以导致精神失落,所谓聪明反被

第六章　精神作用

聪明误。

　　精神对物质的迷恋可引起幻象这一特性,就成为精神的恋物倾向性。精神的这种恋物倾向性实现,往往是公共认知活动过度反映的结果,也就是说,一旦个体产生分别之心,必然强化自我认知。空性(纠缠态)受到这种主观性测量,必然坍缩到局部性本征态(我执),导致物身与精神之间整体关联性的丧失,个体自我膨胀,变得自私自利,缺乏仁爱之心。为了恢复与精神的纠缠关系,必须再建这种整体关联性,需要去意向性的秘密认知活动能力的再进入,以达到无我的心身合一状态,就可重新找回失落的仁爱之心。

　　于此可见,一个充满仁爱之心的实现,源于宇宙整体关联性的精神作用。因此长期处于没有精神的人(丧失与精神虚拟过程关联的人)是可怜的,因为"他"成为孤立的宇宙片段(被破碎化),没有爱(社会整体关联性),因而也没有幸福的情感体验,成为人们所谓"行尸走肉"式的生存机器。

　　是的,这一点十分明白,无论是谁,一旦他的思想行为一味陷于物欲之中而不能自拔,那么他的精神就在这样的物欲执著之中失落,民间往往也称为灵魂堕落,表现为极度的自私自利,物欲膨胀,丝毫没有任何整体关联性的体现。

　　对于生命而言,恶是存在的。恶的存在,便是精神失落之际。恶诱使精神恋物倾向性的实现,从而导致精神物欲上瘾,迷失精神本性(整体关联性)。因此恶是对精神存在性的否定。从这个意义上讲,"恶存在于非存在之中",而真正的存在,整体关联性则构成了至善的本质,那就是宇宙精神。一旦抑制了精神的恋物倾向性,就能够显现精神整体关联性的神圣本性,个体就可以超越物欲,成就至善的生活。此时,个体不再有恶的习性,留下的只有爱,那种关注他人幸福的美好情感。爱,反映了精神的本性(整体关联性),生命充分展示着爱,就达到至善的人生。

　　我们知道,自我认知属于脑智活动,而自我执著是过度自我认知的结果,是灵魂失落牵扯下的脑智活动,其中充满着欲望以及由欲望衍生出来的焦虑、恐惧、欲乐、痛苦、执著等。因此过度的自我认知导致物欲上瘾,是精神失落的根源,主观测量导致纠缠态的坍缩,使得生命个体成为物化的自我物身,宇宙物质片断,失去与精神的联系。因此自我中心是一切恶的根源,体验屠弱,理智泛滥,物欲膨胀,都可能导致自我膨胀,结果便是心身整体关联性的丧失,精神失落。

　　自我意识具有时空上的延展性,包含着过去所有处所的自我回忆,当下所处自我的觉知,以及未来一切自我的想象。但恶的根源正是这种无处不在,无时不有的自我中心的生活方式。这种自我中心,根植于精神恋物倾向性的固有本能。结果一旦精神失落,物欲至上就占据着自我而不能自拔,随之而来的就是贪婪、邪恶、残忍、嫉妒、怨恨、欺骗等自私自利的行为表现,而对死亡的恐惧,又会造成一种挥之不去的焦虑,生活变得毫无喜乐可言。

　　从现代精神分析科学的角度上看,人类最为基本的能力包括两个方面,第一个方面是情感体验能力,其核心是仁爱;另一个方面则是脑智认知能力,其核心是智慧。这两个能力都是每个人固有的心理能力,不但不是引起心理紊乱的原因,而且还是其他美好心理素质的动因。因此要平息心理紊乱,就是要回复人类基本的心理能力。

　　毫无疑问,心性是智慧与仁爱的纠缠性叠加。智慧主知,学而得之;仁爱主行,习而得之。两者有机统一(保持纠缠中和),就可以恢复心性。如果仁爱与智慧平衡打破,知为情所困必生情欲爱恨之心,或爱为谋所困必生淫巧机谋之心,皆不能致中和。因为偏离了中道(无过无不及之谓中),就会失和,从而产生心理偏向。

　　第一种是"知为情所困"而偏向于情爱的注重,缺乏认知纠偏能力,结果陷入伤感型、奢望型、谦虚型、捣乱型、性欲期望型等困境。严重者倾向于患抑郁症,往往采取消极的自我控制,从而产生孤独、恐惧、抑郁、拘束、无上进心、无乐趣、悲哀、无所事事、过于敏感、空虚。

　　第二种是"爱为谋所困"而偏向于理智的注重,以成就为取向,结果导致成就名誉型、客体型、完美型、性欲效率型等困境,对宗教要么理性地怀疑,要么过分虔诚地迷信。因此这种类型容易强制自己的思想行为冲动,害怕失败,精神难以集中,注意力迅速衰退,感到紧张,难以忍受现状,无聊、自扰、好斗、沟通障碍、内心不安,冥思苦想,精力疲倦,不断规划人生等。

　　第三种是"知与爱分离"而偏向于犹豫不决,应对现实的方式模糊不清,一会儿理智,一会儿情爱,摇摆不定。结果导致无把握型、发泄型、随风倒型、性欲发泄型和冷淡型。严重者倾向于患歇斯底里症。这种类型人的生活没有中心,没有固定的依靠,而且缺少内心定位。表现为举棋不定,不能

第六章 精神作用

容忍自己，易受刺激，自己跟自己过不去，情绪波动，经常后悔，人生毫无目的。

其实对于我们每个人而言，都是拥有固有的精神本性的，这个本性就是本善之性，其核心就是仁爱之心。《孟子·告子上》中说："恻隐之心，人皆有之。……恻隐之心，仁也。……非由外铄我也，我固有之也，弗思耳矣。"因此只要我们能够保持维护这个本善之性，那么就不会迷失本性而落入恶念之中，所以孔子在《论语·里仁》中说："苟志于仁矣，无恶也。"

人们之所以有不善之恶习，皆引蔽习染之结果。正如清代学者颜元指出的那样："惟因有邪色引动，障蔽其明，然后有淫视而恶始名焉！"（颜元，2000:38）诸位如果没有觉察到自己的善性，或者认为人性不善，就是因为长期受到不良环境影响，引蔽习染，蒙蔽了本性。

在《论语·里仁》中孔子曰："不仁者，不可以久处约（贫困），不可长处乐。仁者安仁，知者利仁。"所以要努力剥恶去蔽，恢复所藏之善性，以助仁心之显发。《礼记·中庸》曰："君子之道，暗然而日章。"朱熹说："人性如一团火，煨在灰里，拨开便明。"（朱熹，1988:76）

从某种意义上讲，一切腐败都源于自心的腐败。依恋于权力、金钱、性爱、住所、虚荣，甚至所谓的理想与信仰，等等，便是腐败的滋生土壤。所以依恋本身就是腐败，那是心的腐败。心中滋生了腐败，就不会有爱。

我们发现，人类正生活在一个越来越没有安全感的社会之中，生态系统日趋恶化，资源耗竭，社会充满着争斗，甚至战争、剥削与奴役。即使人们已经生活无忧，也会因缺乏安全感而滋生出掌控欲，使得人们依然无休无止地进行着争斗，软弱无助的人民受到不良政客的任意宰割。别忘了，造成这种局面的也有你推波助澜的"贡献"，正是我们每一个人的欲望，造就了一个腐败的社会。扪心自问，是我们的自私自利，我们缺乏仁爱的心智，我们失落精神的行为，造就了当今腐败盛行的社会。

其实人们对物质形态的欲望都源于物欲上瘾的自我，先是感官上的享受，接着是我们的思想被感官享受所左右，欲望一个接一个就不断产生，然后自我的意志又强化欲望，成为表达、实现、获得欲望满足的驱动力。因此归根到底，欲望是脑智活动的结果，特别是其中的思虑活动，或者说是精神恋物倾向性极端表现的结果。脑智与体验平衡的整体关联性约束被打破，意识体验消退，剩下的只有自我中心的脑智活动，想方设法去满足自己一个又一个不断膨胀的欲望。

即使没有严重的灵魂堕落导致的恶果，没有精神的人们也是可怜的。正如美国沃尔夫先生在《精神的宇宙》一书中描述的那样："只要看看周围，我们就会感到失望。人们工作着，成了生存机器。为了让日子更轻松自在，我们永不停歇地制造节省劳力的工具。与此同时，我们只会无所事事地坐着发呆，以无聊的电视节目打发时光。……今天的我们成为另一个失落的一代，失落在一个没有灵魂的世界。"（沃尔夫，2005:5-6）

是的，现代人与自然、社群、与精神不断疏远，过度强调脑智的利用，结果导致群体精神失落。在我们这个引以为自豪的、有高度发达物质保障的时代，知识泛滥却体验屡弱，理性发达但情感脆弱，想象贫乏，意志薄弱。人们相互漠视，只关心自己的成就，竞争成了唯一的目的，人际间关爱的基础荡然无存。人们孤独恐惧，忧虑烦恼，自我封闭，却野心勃勃，结果人与人之间不是掌控，就是依附，再无平等的关爱。人们的心态则长期处于紧张、无奈、疲惫、惶惑、矛盾和焦虑等情感危机之中，没有片刻的宁静。直到衰老与死亡，才会唤起人们对精神回归的眷顾，在忏悔中寻找一丝精神的慰藉。

可怜的人们，难道我们不能就在当下马上摆脱自我中心的束缚，去找回失落的精神吗？生活应该回到有精神光照的世界里，回到人类崇尚仁爱的价值观和道德尺度中去，来摆脱我们这个社会正日益遭受到的精神空虚之苦。我们应该充分认清这样一个事实，我们每一个人都是物身与精神统一的生命个体，尽管在生命过程中不断利用不同的物质，但这些物质并不能代表个体自己，真正代表自己的是个体的精神，其源自于宇宙久远空性。

因此人们无须再为达到自己在世界上的地位而去争夺，依靠精神的天性，才是体验幸福人生的唯一途径。我们唯一需要努力的，就是超越我执的局限，通过与宇宙精神的完满结合而亲证生命本身固有的功效，找回那久已失落的精神家园。

第七章

心法存养

> 大其心则能体天下之物,物有未体,则心为有外。世人之心,止于闻见之狭。圣人尽性,不以见闻梏其心,其视天下无一物非我,孟子谓尽心则知性知天以此。天大无外,故有外之心不足以合天心。见闻之知,乃物交而知,非德性所知。德性所知,不萌于见闻。
>
> ——(宋)张载《正蒙》

精神在个体生命中的具体体现,对于我们人类而言,是构成生命活动过程中涌现出来的一种整体关联性。因此一旦破坏了这种整体关联性,就会导致失去与精神的天然联系,便是所谓的精神失落。能够避免精神失落的唯有我们的悟识能力,而保有或恢复这种能力的方法,通常就称为心法。心法无住,就是要恢复精神的天然联系,让失落的精神重新显现出来。只有这样,个体生命才能重新得到精神阳光的照耀。

理性思维的限度

理性思维的局限性,使得生活中人们往往难以看清物欲的本性,结果常常导致精神的失落。看来明智的人不得不思考如何挽救精神失落的问题,我们又如何可以避免物欲上瘾难以自拔的困境呢?在西方崇尚理性的文化传统中,往往是强调通过人类理智来制服物欲,并以此制定人类的行为准则。

这种崇尚理性的观念,首先源自于古希腊。在古希腊,智者讨论真理,强调理性精神,反对怀疑论,深信完备知识的获取是可能的。比如柏拉图的理念论,就将理念或模式看作是自在和自为的,先于并独立于事物而存在,永恒不变。其中最高的理念就是善的理念,是一切理念的泉源,也是逻各斯(道),即宇宙的目的。人们看到纯粹的理念世界时,就获得纯粹理性(真正的知识),其可支配一切并且是人生幸福的根源。因而有理性的生活才是有德性的生活,是至善的生活,才会有幸福。当然,快乐不是幸福,是一种低级的感觉享受。因为感觉虽然能够引发理念,但不能产生理念。

受柏拉图这种理性主义的影响,亚里士多德干脆就把美好的理智定义为人类独具的灵魂,而灵魂的最高级表现形式就是纯粹理性。这种强调理性主义的观念,同样也一直影响着西方整个思想体系的构建,我们在奥古斯汀、笛卡尔、莱布尼茨、康德、黑格尔、哥德尔等人的身上,均可以找到其深深的烙印。

到文艺复兴后,这种崇尚理性的思潮直接引发了自然科学的繁荣局面,对理性思维的崇尚,产生了系统的科学思维方法,从而带动科学事业的全面大发展。科学理性思维开始成为主导文化思维方式,并影响人们的价值取向和日常生活。

随着科学思维方式不断深入人心,一切非科学的观点和方法,都在不同程度上遭到扬弃,一切从客观的事实,实验的结果,理性的分析出发,就成为人们思想行为的一条重要准则。而伴随着科学带来的巨大成就,特别是物理科学巨大的成功,使得唯物主义盛行,结果是物质至上的观念开始深入人心。

于是"当人们把物质世界看作人类幸福之最根本的源泉时,物质世界就会起到终极实体的作用。"(斯特伦,1991:271)包括人类所有必需的生活需求,如食物、健康、繁衍以及人身安全,等等,都无不依赖于科学技术的支撑。科学也成为衡量是非的唯一标准,一切研究似乎只有标记上科学的字样才能够成为合法,以至于出现"艺术科学"、"人文科学"这样不伦不类的名称,而学者也不以为怪。凡事只要在理性上(逻辑上、数学上、科学上)是正确的,就被认为是真理,甚至误将精确当成真理。

渐渐地,科学也成为大众迷信的对象,产生了科学泛化与科学至上主义的泛滥。科学是好的,理性思维也是有用的,但如果把人类生活的一切都归

第七章 心法存养

结为理性思维及其衍生的科学,那是可怕的。那种泛化科学主义观念的盛行,必将导致人类精神生活的丧失,这将是人类的悲剧。

到了20世纪,人们终于发现,物极必反,理性思维极端化也带来无穷的灾难。科学技术革命在带来物质生活高度发达的同时,也使人类经历着一场最可怕的灾难。我们发现,现代化将所有的传统文化价值体系统扔进一个理性的大熔炉里焚毁着,但新的精神价值体系却根本还没有建立起来。人类处于一种非常困顿的处境,我们似乎失去以往那种可以得到幸福体验的精神家园。

正像格里芬教授指出的:"科学本身不仅是现实主义的,力图表述事物的本来面目,而且还是帝国主义的,决意提供唯一真正的表述。……(这样)科学必然使世界祛魅,并证实经验以及作为经验前提的那些性质是无效的。"(格里芬,1995:7)也就是说,科学泛化导致的后果必然使世界失去意义。因为意义属于主观参与的结果,与科学发现本身无关,除非主观支配科学解释活动。

现代人在物质发达方面确实非常成功,但现代人快乐吗?看看我们现代人的各种抱怨吧!如物价上涨,失业的恐惧,没完没了的工作与学习,孩子的教育成为社会性顽疾,为了电视节目的选择夫妻不断争吵,把老人送到敬老院而撒手不管,交通拥堵混乱不堪,医疗资源奇缺导致医患关系紧张,除了焦虑还是焦虑、公司倒闭、股市狂跌、房价暴涨、货币贬值,没有理想总是缺钱,学习只是为了文凭,工作仅仅是挣钱,子女除了上大学似乎根本没有别的出路,缺乏安全感,总是生活在恐惧之中,暴力事件层出不穷,环境污染资源短缺,连基本的饮用水和新鲜空气都成问题。

人类毫无节制的肆意妄为,导致环境急剧恶化,自然生态遭到前所未有的极大破坏。那些声称以保护环境为名的观光旅游开发,无疑是雪上加霜,使得本来脆弱不堪的自然生态又被人为地破坏一次。人为的干扰,不管如何巧立名目,以示名正言顺,都必有所失,只会加剧自然生态的破坏速度。就好比洗牌,每一次洗牌,我们都知道会改变牌运,但我们谁也无法知道是变坏还是变好了,但有一点是肯定无疑的,那就是这副牌又遭受一次人为的折叠破坏,使得这副牌自身的品质越来越差了。

其实说得绝对一点,科学只是解释,从不会解决什么问题。倒是会像毒品,加速人类毁灭的进程。科学理论向来是初步成功加上异想天开的拓广,必须明白,真正的科学是具有可证伪性的,具有自我批判精神。因此我们并非是要反对科学,而是反对缺乏这种科学精神的科学沙文主义。科学沙文主义的一个前提就是否定主观性意义,强调世界的客观论,扩大主客二元对立的普遍有效性。从短浅的目光看,这确实带来了技术发展的繁荣,但这繁荣的代价却是资源的耗竭,环境的破坏,生命价值的沦丧和生活意义的失落。科学泛化主义也导致文化多样性的消亡,我们这个世界已陷入还原论的可怕境地,成为一个机械的、二元论的、强权的、自我中心的、技术至上的、缺乏仁爱的世界。

在这个所谓的现代化时代里,在理性意义上,人们似乎拥有充分的自由,个人可以主宰自己的生活方式和未来,但我们的精神生活却越来越迷失了方向。由于缺少心灵的自在,我们越来越不知道如何享用自由。崇尚理性的结果是,我们的体验能力越来越羸弱。科学技术的进步主要是唯理化的结果,人们越来越关注物质方面不断进步的同时,人的精神需求却越来越被忽视。王治河在《后现代科学》中译本代序中指出:"在建设性的后现代主义看来,这个世界的病态不仅表征为自然环境的破坏,而且表征为精神文明的衰落,表征为人的心灵的被荼毒。"(格里芬,1995:3)如果在科学所谓的成功背后,我们仔细分析科学理性思维所基于的预设,那么其中大部分不是值得怀疑的,就是难以证实的。

一般来说,传统还原论科学认识的预设大约可归纳为这样十条:(1)实在性预设,存在一个独立于知觉和意识的现实世界;(2)结构预设,现实世界是有结构的;(3)连续性预设,在所有现实范围之间,都有一种连续性关联;(4)异己意识预设(他心知),其他(人或动物)个体也拥有感官印象和意识;(5)交互作用预设,我们的感官由现实世界所激动;(6)脑功能预设,思维和意识是脑,也即一种自然器官的功能;(7)客观性预设,科学陈述应当是客观的;(8)启迪性预设,工作假设应推动而不是妨碍研究;(9)可说明性预设,经验现实中的事实是可以分析的,并可以通过"自然规律"得到描述和说明;(10)思维经济预设,不必要的假设应当避免。

很明显,在上述科学认识的十条预设中,(3)与(9)是值得怀疑的。实际上我们这个世界,从根本上讲既不是连续的,也不是可还原分析的。而(1)、

第七章 心法存养

(2)、(4)、(5)、(6)则是不可证明的,因为我们顶多给出一种现实的主观描述,而不是现实本身。(7)、(8)和(10)只是科学研究的一种良好愿望,难以企及,因为任何科学观察与分析,都是离不开主观性干涉的,并不存在绝对客观的描述。说到底,所有这些预设,都是忽视了精神的作用效应,因此必定是有不可避免的局限性的。

实际上正是这种理性思维本身,构成了科学局限性的根本原因。精神与物质,主观与客观,心灵与物身,是与非,真与假,对与错等非此即彼的二元对立思维方式,再加上实证分析的还原论取向,当试图解读作为整体一如的宇宙万象时,必然显得苍白无力。我们知道,根据哥德尔定理,非真即假,只适用于小范围的符号形式化研究。

美国精神分析学家弗洛姆在《生与死之间的两歧》一文中指出:"理性是人的福音,但也是他的祸根,理性迫使他永无止境地从事解决那永远解决不了的'两歧'。"(陈珺,2003:76)可谓一语中的,科学理性的最大问题就是难以调和主客观之间的统一性。此时,泛化科学主义的一个前提就是否定主观性,强调世界的客观论,或者干脆就认为客观与主观的二元对立性是普遍有效的。这虽然是科学得以成功的根本原则,但也同样是科学局限性的根本原因,必将把人类最为重要的精神问题排除在科学研究的对象之外。

的确,在泛化科学主义的世界里,是没有人类精神的栖身之处的,科学理性泛滥的危险就在于割断人们与超越性的精神源泉的联系。还原论科学的物质至上观点,忘却了物质伴随性的精神,从而抛弃宇宙整体关联性的空性,忽视了宇宙作为一个关联整体是从根本上不可还原的。

泛化科学主义的根源就是理性思维至上,其流弊必然在人们生活中破坏中和心态的达成,而理性思维的基础是基于物理机制的脑智活动,归根结底就是一种物质运动。因此要警惕滥用脑智,因为正是滥用脑智,导致精神的失落,使我们的体验意识羸弱,从而失去精神生活的体验能力,生活才变得毫无意义。

理性思维属于物质性的脑智,而意识体验必然与宇宙精神相关,因而物质发达往往与精神失落结伴而至。物欲会导致精神失落,物欲上瘾,导致精神与物质整体纠缠态的坍缩。当我们瞥见内在精神之时,就会发现,理性本身具有明显的局限性,因为其根基是建立在是非概念思维之上,所以不可能为人们指明通向超越概念分别的真理之路。因此我们不应片面赞美理性，因为正是过度的理性思维导致精神的失落，只有恪守中道，除去概念理性的分别之心，才能保持精神作用的显现。常言道，"智者千虑，必有一失"，而仁者无敌，这是为什么呢？"智者千虑，必有一失"是因为理智的局限性——分别之心所致，而"仁者无敌"是因为精神作用的体悟能力。须知，人生抉择当以整体体悟为依据，而不是由局限性脑智活动来处理。

印度学者克里希那穆提在《爱的觉醒》一书中说："在任何环境下，思想都不可能完整，它可能会推测哪一个完整，然后沉迷在思想产生的言语表达和经验里。可是思想永远无法觉知到它的美，它的无限。"（克里希那穆提，2006：170-171）

对于精神显现宇宙空性这样的事情，人的理性思维是无能为力的，要想获得爱的体验，首先就要学会如何超越理性思维，唯有体验意识，才能够引导我们找回失落的精神。相反，理性思虑只会导致永不满足的物欲，而只有让内心所有的思虑知见熄灭，才能熄灭所有的欲望，从而得到精神的显现。

可以说，理性思维无论如何运作，都不可能是精神的，其所基于的脑智，连同我们的物身，永远是一种物质的运动，可以还原为物理过程。建立在理性之上的思虑，只能提供物欲助长之因，包括那些所谓高尚的理想，同样也是自我实现名目下的物欲之因（或者更确切地说是模因，某种文化观念）。因为理性思维的物质性，因而永远无法达到那种超越时间的精神终极。终极的空性以及在生命中显现的精神，不是靠理性思维所能理解把握。因为所有的理性理解，无非都是把终极问题还原到一些概念的理解之上，但概念只是人心分别的产物，不可能是终极的东西。

理性思维是物质性的，因而也是制造人与人之间阻隔空间的原因，这必将催生人与人之间的隔阂与竞争。于是争斗、痛苦和恐惧接踵而至，而人际之间体现整体关联性的关爱便消失了，人们的精神作用也就消失在日益强势的理性思维之中。

物质是有限的，因而脑智也是有限的。而由脑智所产生的理性思考无不受到人们所处的社会文化环境中各种观念思想的制约所局限。于是烦恼也就伴随而至，思维越发达，意志越坚定，物欲越强烈，这种烦恼也就越显著，人生的意义何在？

第七章 心法存养

试图依靠科学技术发明的各种机器来摆脱这种生活的困境,找回失落的精神更是徒劳无益。沃尔夫说:"机器是无法帮助我们回答这个问题的,它们只能帮助我们打杂而已。除非是在遥远的古代,倒还寻得着一些明智见解,例如禅宗行者的平常心是道——砍柴、挑水、洗碗自有深意。现代生活早已把这些古老的真知灼见扫入了历史的尘埃中,我们用机器砍柴,用马达把水打到家中,又用洗碗机来洗碗。"(沃尔夫,2005:5)

实际上恰恰相反,机器的计算能力越来越强大,人们的想象能力便越屡弱。通过贯通世界的互联网,我们能够获得有关幸福的知识越来越多,但人们就是无法体验到幸福。科学给我们带来越来越先进的机器和越来越丰富的物质享受,结果我们反倒越来越变得缺乏精神,自己成为没有灵魂的机器。

对此处境,早在庄子那里就有清醒的认识。《庄子·天地篇》曰:"吾闻之吾师,有机械者必有机事,有机事者必有机心。机心存于胸中则纯白不备,纯白不备则神生不定。神生不定者,道之所不载也。"信乎哉!

其实这样的结局是必然的,因为极端理性思维的结果,只会带来分裂的意识,只有自明性体验才能找回精神自性。《庄子·齐物论》指出:"物无非彼,物无非是,自彼则不见,自知则知之。故曰彼出于是,是亦因彼。彼是方生之说也。虽然,方生方死,方死方生;方可方不可,方不可方可;因是因非,因非因是。是以圣人不由而照之于天,亦因是也。是亦彼也,彼亦是也。彼亦一是非,此亦一是非。果且有彼是乎哉?果且无彼是乎哉?彼是莫得其偶,谓之道枢。枢始得其环中,以应无穷。是亦一无穷,非亦一无穷也,故曰莫若以明。"是的,"莫若以明",一篇"齐物论"没有别的,讲的都是理性思维的局限性。

自然,理性思维也是体悟精神之道的障碍。禅宗六祖的弟子洛京荷泽神会大师示众曰:"夫学道者,须达自源。……不思一物即是自心。非智所知,更无别行。……心归法界,万象一如。"(道元,2000:594)就这一点,《祖堂集》卷十八中南泉禅师说得更加直接:"道不属知不知,知是妄觉,不知是无记。若也真达不拟之道,犹如太虚,廓然荡豁,岂可是非!"(静、筠,2001:586)

可是非常遗憾的是,在泛化科学主义者面前,如果你企图论及任何非科学的东西,特别是有关东方哲学思想,诸如像禅道的思想,他一定会鄙夷地不屑一顾,并且不等你讲出任何与科学不同的意见,一定会"大笑而不顾",一溜烟地走掉。因为他们已经沉湎于科学的超级盲信之中而难以自拔。

我们必须清楚,人的一切重要情感以及对信仰的感悟不是通过科学道理,而是通过体验来显现的——这是在宇宙中伴随着生命的成长而呈现出来的精神。源于伟大心灵有生命力的信仰,其意义永远不会被某一科学理性思维的逻辑阐释体系详尽无遗地阐述清楚。去体验生活,感受人生,这就是宇宙的精神,而与理性思维无关。

像宇宙精神这样的根本之道,如果存在,也不是我们基于逻辑的认知能力所能把握,只有超越逻辑,通过直觉体悟,才能够明白。《庄子·齐物论》指出:"故知止其所不知,至矣。孰知不言之辩,不道之道?若有能知,此之谓天府。注焉而不满,酌焉而不竭,而不知其所由来,此之谓葆光。"

说到底,对精神本性的体悟已经超越我们理性概念分别的范围了,所以说是不可致诘。既然是不可致诘,也就意味着我们已经看到认知能力所能达到的边界,也就是抵达庄子所说的"知止其所不能知"这种境地。此时,只有超越一切概念名相的理性思维,才能最终企及精神体悟的彼岸。

根本之道是超越是非真假的,不但不能用逻辑分析,而且也是不能用语言描述。关于道的不可言说性,又为塔斯基定理所证实。因此"有关物质这一层次上的知识不再来自直接的感官知意,而我们通常的语言是从感知的世界中获得概念的。因此这种语言也就不再适于描述所观察到的现象,随着我们越来越深入地研究自然界,我们不得不越来越抛弃日常语言的形象和概念。"(卡普拉,1999:38)

正因为道的不可描述性,因此道又是可以信口雌黄的,这又为斯科伦定理所证明。或许你会觉得匪夷所思,这岂不是落入了悖论?!是的,只有遭遇了悖论,你才可以明道。所以《庄子·齐物论》说:"可乎可,不可乎不可。道行之而成,物谓之而然。恶乎然?然于然;恶乎不然?不然于不然。物固有所然,物固有所可。无物不然,无物不可。故为是举莛与楹,厉与西施,恢诡谲怪,道通为一。"

遗憾的是,人们一旦接受还原论科学对世界万物的错误解释,那么我们势必就会走进生命孤立,体验羸弱,精神失落的境地。从而对生活与宇宙存

第七章 心法存养

在的意义毫无领悟,这是目前以西方文明为主流的社会通病,导致神圣生命意义的丧失。对于人生而言,自由、仁爱、行动的达成,重要的是基于意识体验之上的秘密认知能力,而不是建立在脑智活动之上的公共认知能力,我们现代人可不慎乎!

确实,即使从科学追求本原问题上讲,无论是物质的纠缠性,生命的自组织,还是意识的自明性,一旦涉及根本之道时,大自然就无情地向我们显示不确定性、不可测性和非还原性。通过现代科学的有效探索,人类似乎已经达到"知止"的边界,"故知止其所不知,至矣。"(《庄子·齐物论》)也许所有这一切正是人类理性思维的界限。

因为对于万物根本之"道",必定是超越任何概念分别和是非之心的。也就是说,可以辨别真伪是非的,一定不是"道"。所以庄子说:"道恶乎隐而有真伪?言恶乎隐而有是非?道恶乎往而不存?言恶乎存而不可?道隐于小成,言隐于荣华。故有儒墨之是非,以是其所非而非其所是,欲是其所非而非其所是,则莫若以明。"(《庄子·齐物论》)

总之,真知之光会逐渐摧毁一切怀疑或较低等的爱,而归于"唯一",并使人顿悟自己就是"神"。因此只有解除了理性的全部武装,直观才成为可能。"在'实在'的概念面前,智力失去效用,部分原因是由于智力本身关注的是细微琐碎的思想、教条、信条等,在思想层面像泡沫一样地招摇、卖弄的东西。此外,智力也不过是人脑功能的有限创造物。也就是说,智力是机械而缺乏创造性的。如同语言一样,智力在'真实'呈现出来时也失去了效用。"(贝克,1998:70)

因此单单依靠理性思维是不够的,我们也需要精神体验能力,并将两者有机地结合起来,才是体验幸福人生的唯一途径。我们唯一需要努力的,就是要超越我执的局限。通过与宇宙精神的完满结合,去亲证生命本身固有的空性,找回那久已失落的精神家园。生活应该回到有精神光照的世界中,回到人类崇尚仁爱的价值观和道德尺度中去,来摆脱我们这个社会正日益遭受到的精神空虚之苦。

明道显性:沟通文理讲记

秘密的认知能力

　　精神的失落缘于理性思维与语言交流的公共认知能力,这从前面章节有关精神失落步骤的描述中,我们已经知道了。换句话说,精神的失落发生在主体不再秘密保有其对空性的认知,也就说,对空性的认知作思维与交流。而这一秘密保有其对空性的认知是人们唯一的对精神的神圣认知,我们称之为秘密认知。所谓秘密认知,不但不为他人所知,同时也不为自己所知,是一种直觉体悟意识,摒弃一切概念分别。这种认知实际上就是一种不需要证明的认知,使得重新加入的行为成为一种信念。所以秘密认知的回归便是找回失落精神的唯一途径。方法就是重新加入神圣,采用去意向性的心法。

　　那么什么才是真正去意向性的心法呢？如何才能够将蒙蔽的本性之仁,重新恢复起来呢？根据中华圣学的宗旨,就是要"显诸仁,藏诸用"。具体地讲,就是要通过去除机用之心,以助仁爱之心的显现,使心灵达成自在之境,使之能够任运万物。这里所谓"藏诸用"乃"退藏于密"之谓也,程伊川指出:"学为易,知之为难。知之非难也,体而得之为难。"(程颢、程颐,2000:379)这里"体而得之",就是通过知止之后,运用秘密认知能力而体悟的意思。

　　从精神作用的原理上,要做到藏诸用,关键就是秘密认知能力。比如《五灯会元》在"嵩岳慧安禅师"行状介绍中是这样记载的(普济,1984:72):

　　　　有坦然、怀让二僧来参,问曰:"如何是祖师西来意？"师曰:"何不问自己意？"曰:"如何是自己意？"师曰:"当观密作用。"曰:"如何是密作用？"师以目开合示之。然于言下知归,让乃即谒曹溪。

　　这里的"密作用",指的就是秘密认知。之所以这里将"开目示之"称之为密作用,是因为这里体现的就是"如人饮水,冷暖自知"这种意识的私密性。如果不能保持密作用,非要有个自我知见,那么必然不得妙道。切记,秘密认知能力是"不勉而中,不思而得",根本上是无任何着力处的。

　　与秘密认知能力相对,公共认知不再保有秘密,因此也可以称为思议性认知,而就空性的自觉而言是不可思议的。只要能秘密知道(直觉体验)一

第七章 心法存养

些有关自己心性而外界并不知道的事情(与精神的联系,犹如饮水,冷热自知),那么就与神圣的精神有着独一无二的联系。秘密认知让主体感受到精神的存在(作用显现),没有这种秘密认知你就会适得其反,感受不到精神的存在。

思议性认知也就是意向性认知,具有明确的主观测量对象,导致真空纠缠态(空性)向自我肉身(物质片断)坍缩,精神便堕落到物欲之中。而纯粹意识状态是不可思议的,只有秘密认知才能保持与精神的联系。

特别是,由于恋物倾向性的使然,一旦精神失落于物欲,个体便会上瘾,甚至成为孤立的自我(宇宙的物质碎片),并因此而感到痛苦烦恼。要减轻人生的苦恼,生命必须回到纯粹非物质状态,此时就需要秘密认知能力。

秘密认知是恢复精神联络的重要途径,实际上也就是一种无须证明的直觉体悟,超越悖论的意识能力,除了悟识能力外,别无可能。所以秘密认知就是一种不做任何意向努力的心法,本乎于无住,从而达成心性(仁爱精神与智慧活动的叠加态)的显现。所谓"有意栽花花不开,无心插柳柳成行",排除所有意向性思维,才能达成精神本性的回归。

因为体验意识的一种特有的现象就是"觅心不可得"。如果一定要用科学的术语来讲,就是精神显现的状态是不可思议认知的,因为任何思议认知首先必须对其进行测量,从而导致精神整体叠加态坍缩而失落,测量对象的失落使得思议性认知成为不可能。其实对于任意认知的测量,测量过程本身就对被测量事件起到影响,这在心理活动层面也是不可避免的。比如像心理咨询的结果,只能反映被试知道要进行这次咨询后的心理状态,而无法反映其"不知然而然"的自然状态。再如那些"自行实现的预言",也有同样的主观影响问题。因此不做任何意向努力的秘密认知才是保任精神显现状态的唯一途径,避免主观自我认知导致的整体叠加态的坍缩。

当精神已经失落,秘密认知则是找回失落精神的有效途径,此时摒弃概念分别,超越悖论的体悟就是秘密认知的唯一途径。于是人们可以通过秘密认知来恢复悟识能力,从而达到了悟体验,重建天人合一的整体关联性,体验宇宙的空性(精神与物质的纠缠态)。

一旦找回失落的精神,就意味着回到物质与精神的整体关联性之中,放弃小我,找回大我。"我"不再是孤立的"自我",而是整体关联性的"我们",

甚至是天人合一的空性。在此空性中，人与自然相互关联，全体人类整体关联，成为不可分割的一个整体，拥有同一的宇宙精神。从这个意义上讲，秘密认知也是摆脱自我执著的途径。

很明显，由于自我意识的自指性，任何分析实验的手段对于这个自我的把握都是无济于事的，即所谓"觅心不可得"者。那么通过"观心"（即以心观心）又如何达到破除我执，从而解决这一问题的呢？为了"了然于心"，你必须"息心"；为了"自我"，你必须"忘我"。秘密认知就是要让你"舍"，通过"舍去"来"达成"，包括舍去这"通过'舍去'来'达成'"的执著，你才会"明心见性"，达成"自由心境"。

或许爱刨根问底的读者还会问，既然连"我"也去掉了，一切都空了，那么又是谁在秘密认知呢？问题就出在这里，如果你还有此问，说明你还在行使"我执"这一公共认知，因此就要通过"不思而得"空掉这个"我"。反之，如果已经无"我"了，那也就没有秘密认知的必要，这个问题也就成为一个伪问题了。所谓了悟空性，就是天人合一，达成纯真精神状态。因此关键就是要去除一切概念分别之心，放弃建立在脑智之上的思议性思维活动，包括任何爱刨根问底的询问。

禅宗初祖达摩在《小室六门·第四门安心法门》中有这样一段问答："问：世间人种种学问，云何不得道？答：由见己，故不得道，己者我也。至人逢苦不忧，遇乐不喜，由不见己故。所以不知苦乐者，由忘己故，得至虚无。己自尚亡，更有何物而不亡也。"（净慧，1994：6）所谓不知苦乐，就是至乐。一得之见者，就是是非。见己之得，落在自我知见之上，蔽于我执而已，不是真得，焉能觉悟。

秘密认知能力的核心就是否定自我认知，所谓破除我执，把心中的所有"自我"活动全部除掉。自我认知属于脑智活动，是精神失落牵扯下的机用之心，其中充满着欲望以及由欲望衍生出来的焦虑、恐惧、痛苦、执著等。了悟，就是回归到和谐的叠加态，充分体现整体关联性，便是精神升华。因此所谓了悟，就是以心观心，用体验去感悟而不是用脑智去思想，这便是秘密认知能力。

因此秘密认知能力，就是能够达成去意向性而进入精神显现效果的那种了悟性认知能力。正是这种秘密认知能力，使得人类能够保持与精神宇

第七章 心法存养

宙的联系,免遭灵魂堕落的厄运,这就是中华心法所要达到的境界。

既然秘密认知是精神保任与恢复的唯一途径,那么如何能够拥有这种秘密认知能力呢?或者说,我们如何行动才能够找回并保持我们的精神状态呢?从人类修身养性方法的发展历史上看,向来强调入道多途,形成了众多实现秘密认知能力的具体途径。归纳起来讲,大致可以分为默观静虑和智慧顿悟两类途径。

默观静虑途径,也称之为静虑式修行方法。这是一种古老的修行方式,存在于各种文化传统之中。比如西方传统文化中的超越冥想(transcendental meditation)、伊斯兰苏菲咒语(Sufi zikr,用心来体验天人合一的和谐状态),儒家的静养心性,道教的内丹清修,基督教的祈祷灵修,印度教的瑜伽,小乘佛教的禅那,藏传佛教的密观(sgom),佛教天台宗的止观双修以及禅宗的默照坐禅,等等。其名虽异,其法一如,都是秘密认知的具体修行方法,是拯救精神的重要途径,最终都是为了到达不可言传(ineffability)的纯粹意识状态(pure consciousness)。

在这些传统静虑式修行方法中,以东方默观(静虑、冥想)传统最为广泛流传,影响深远。其主要目的通常是要产生诸如内在"至乐",心理学上的"自在"等"更高的"意识状态的境界,就其本身而言,是要触摸"精神性"的纯粹意识状态。

如果以庄子的逍遥心法为参照,为了达到《庄子·逍遥游》"至人无己,神人无功,圣人无名"之无待境界,也就是不依附任何事物的自在之境界。大致有三种具体的心性存养方法,即心斋之法、坐忘之法和朝彻之法。其中朝彻属于顿悟式修行方法,留待下文介绍。而心斋和坐忘就属于静虑式修行方法,比如《庄子·人间世》论心斋有如下描述:

> 回曰:"敢问心斋。"仲尼曰:"若一志,无听之以耳而听之以心,无听之以心而听之以气。听止于耳,心止于符。气也者,虚而待物者也。唯道集虚,虚者,心斋也。"

究其根本,典型是一种专注一境的静虑法。再如《庄子·大宗师》论坐忘则有这样的描述:

> 颜回曰:"回益矣。"仲尼曰:"何谓也?"曰:"回忘仁义矣。"曰:"可矣,犹未也。"他日复见,曰:"回益矣。"曰:"何谓也?"曰:"回忘礼乐矣!"

179

曰:"可矣,犹未也。"他日复见,曰:"回益矣!"曰:"何谓也?"曰:"回坐忘矣。"仲尼蹴然曰:"何谓坐忘?"颜回曰:"堕肢体,黜聪明,离形去知,同于大通,此谓坐忘。"仲尼曰:"同则无好也,化则无常也。而果其贤乎!丘也请从而后也。"

同样,深究这种坐忘之法,就是一种默观静虑方法,应该说也是目前广泛流行的正念亡心之法的先声。所达成的境界就是去除一切意向性思维之后的纯粹意识状态,与宇宙精神相联通,即所谓"同于大通"。

默观是一种纯粹意识体验活动,以心观心就是触及精神深处的体验并达到了悟状态,超越一切知见,让心灵达到自在境界,体验到终极的精神本体。通过默观可以克服时空范畴所限定的意识存在局限性,是体验持续不断精神过程的唯一可能方式。默观也是对基于理性思维价值观的一种挑战,强调自主、无欲、当下,而漠视权威、欲乐、财富。

默观就是要去除一切意向性思议活动,否定自我的一切思虑,使意识活动达到最为纯真的状态。默观绝不是发呆,发呆是一种大脑处于静息状态的外在表现,默观则是达成纯粹意识状态的意识悟识过程。当代认知神经科学的脑电实验发现,其表现脑电活动模式是大相径庭的,有着本质的差别。

在体验当下的默观中,就是要超越时间的界限,不追悔过去,不抱怨现在,不忧虑未来,只在当下中体悟。因为任何追悔、抱怨和忧虑都是对当下精神体验的破坏,唐代大珠慧海和尚上堂曰:"过去心已过去,未来心未至,现在心无住。于其中间更用何心起观?"(道元,2000:600)

对于成功的默观者而言,从来不会追悔过去,追悔无非就是用是非标准去判断过去,但对于精神的体现者,不存在是非纷扰之心。而对于现在,默观者也不会有任何抱怨,因为对于现在,默观者既不漠视(careless),也不关心(careful);既不欠缺(less),也不充满(full),而是无忧无虑(carefree)。至于未来,更不必去关心。如果连当下现在都不得快乐而寄希望于所谓的未来,显然是毫无意义的。过去的当下,现在的当下及未来的当下就构成了你的一生。如果每一个当下都是快乐的,那么人生就是快乐的。因此只有当下的现在体验才是最真实的,是自在之境的源泉和途径。

精神的存在即为当下快乐的体验。在默观中享受生活,那是至乐的生

第七章 心法存养

活。默观者的快乐就是快乐本身,不依附于对象,就像快乐的孩子玩玩具一样,快乐不在于玩具上,而在于玩的过程之中。默观的快乐就在默观之中。

默观也是实现精神解脱的一种过程,为精神生活带来全新的秩序。只要放下脑智思虑活动的混乱,精神体验的秩序就会出现。通过自组织才会涌现秩序,任何人为的主观干扰只会破坏自然的秩序。所谓加强秩序,其实是一种破坏秩序的行为,秩序乃是自在之物。因此只有自我脑智思虑活动平息后,体验意识才会清明;只有当自我的认知活动彻底终结时,纯真的精神才会涌现。

当然,除了默观静虑的途径外,世界上还有许多其他实现秘密认知能力的重要途径,其中最富有成效的一种途径就是智慧顿悟方法。智慧顿悟主要是指从达摩到慧能所建立的禅宗所倡导的一种顿悟禅法,强调自性自净自悟的方法,把成佛转换为个体自性显现,并以自悟体证为原则。慧能提出"菩提般若之智,世人本自有之"(慧能,1999:35),只要"各自观心,令自见本性顿悟"(慧能,1999:45),因此成为最为快捷的一种秘密认知途径。由于要放弃一切思议性思维活动,因此顿悟心法也是一种典型的秘密认知途径。

智慧顿悟,顾名思义就是要启悟智慧。所谓智慧就是"藏诸用",因此不是一般的俗智,而是指道慧。魏晋郗超在《奉法要》中说:"行以有心,谓之俗智;领以兼忘,谓之道慧。"(石峻,1981:22)道慧也称为种智,与郗超同时的支愍度则说:"种智之体,豁如太虚,虚而能知,无而能应。居宗之极,其唯无乎?"(石峻,1981:77)此藏诸用之所以能显仁性,道理就在于此。

因此顿悟禅法的修行就是修智慧,世俗之人之所以难明心性,就是因为只讲聪明,不讲道慧。以心了心是道慧,缘境所得为聪明。只有拥有智慧(道慧)的人,才是真正的智者。须明白,有道慧者必聪明,但聪明则未必有道慧。所以宋代陆子静说:"夫所谓智者,是其识之甚明,而无所不知者也。"(陆九渊,1980:372)

智慧顿悟方法同样强调秘密认知,比如有人问佛:"世尊,如来一切智慧,从何处得?"佛答曰:"无有得处!"诸位读者,如来智慧可得乎?如来智慧不可得乎?这里就需要秘密认知能力了,明白吗?

当然,运用这种智慧的秘密认知能力,同样可以达成去除一切意向性思维的自在如如之境。比如再以《庄子·大宗师》论朝彻的描述:

明道显性:沟通文理讲记

南伯子葵曰:"道可得学邪?"曰:"……吾犹守而告之,参日而后能外天下;已外天下矣,吾又守之七日,而后能外物;已外物矣,吾又守之九日,而后能外生。已外生矣,而后能朝彻。朝彻,而后能见独;见独而后能无古今;无古今而后能入于不死不生。杀生者不死,生生者不生。其为物无不将也,无不迎也,无不毁也,无不成也。其名为撄宁。撄宁也者,撄而后成者也。"

这里讲述的也是一种修道顿悟之法,所谓"撄宁",就是一切烦恼不侵心,不受外界干扰的宁静自如之心态。

禅宗的顿悟心法,应该说就是继承庄子那种"朝彻"心法的传统,特别强调观心顿悟法门,更加注重智慧的心性显发。因此禅宗之禅法,不重坐禅之类有形式的禅修,而将信心觉悟融汇于智慧观照,这正是高明之处。所以禅宗所提倡的顿悟禅法,与打坐入定不同,属于刹那纯粹意识显现,一时顿悟自性(精神本性)。

从具体达成途径的形式来看,但以明心见性为要旨的顿悟禅法,基本上不拘形式。从强调自信自立,敢于承当的信心不疑之法来看,自慧能以来,所记载得道禅师的顿悟契机,大致可以归纳分为如下三类。

(一)从缘契悟:自然触境,临机感悟。从缘契悟最为难得,因为从缘契悟需要有长期的修行作基础,是量变到一定的程度而发生的质变,而且完全是无心而得,可遇而不可求。唐代有一位禅师,法号灵云志勤。起初他跟随著名的禅宗大师沩山参禅,但一直没有得到契悟。有一天灵云外出行游,看见一片桃花盛开十分灿烂,心生感悟,平生疑情顿时消融,便作了一首偈:"三十年来寻剑客,几回落叶又抽枝。自从一见桃华后,直至如今更不疑。"后来沩山禅师看他的这首偈后,遂与印可,并认为"从缘悟达,永无退失"。这就是从缘契悟的一个典范实例。

(二)棒喝开悟(包括与此类似的各种开示方便,如伸脚、竖拳、举拂子等):要点是,出其不意,震绝心路,属于人为制造悟境的大机大用。这种禅法,一般根器深者往往奏效,根器浅者难领玄旨。因其禅法高峻,不易掌握时候机缘,故难以成为普适方法。也举个例子,唐代著名禅师马祖道一有一个徒弟,法号水潦。有一天水潦和尚问马祖:"如何是西来的意(什么是究竟真实之理)?"马祖道:"礼拜着!"水潦和尚便要礼拜,就在水潦正要跪下时

第七章 心法存养

候,马祖突然当胸一脚,就将他踢倒在地。没想到,就在这突如其来的一踹中,水潦和尚突然豁然大悟了。他便从地上爬起来,拊掌呵呵大笑道:"也大奇,也大奇!百千三昧,无量妙义,只向一毫头上,识得根源去。"说完,就礼谢自在而去了。

(三)言下明悟(包括读经明法、讲法开示、机锋答问、看取话头、参究公案等文字般若):这类悟道途径,主要是通过言语入理,理尽悟出。常常是截断念头,言思路绝,豁然明白。这种禅法,成为最上乘顿悟禅悟禅法主流,广为流行,也是禅宗参悟的主要途径。自初祖以来,大多数禅师均因此尽消疑情,明心见性。举个例子,古代有了叫楼子的和尚,不知是哪里人,也不知师事何人。有一天偶然经过某一街市,在走过一家酒楼时,发现自己的袜子带松了,于是就停下来,弯腰去整理袜带。就在此时,忽然听得酒楼上传来一位女子的歌声,歌词唱道:"你既无心,我也休……"这楼子和尚一听,忽然大悟。这就叫作言下明悟。

当然,不管是哪种具体途径,最终都是对自我精神状态的了悟。很显然,在体验自我精神状态时,必然会遇到一个"谁经验这一状态"的问题。对于禅宗而言,正是要解决如何通过顿悟来动态地、富有成效地重构无我之境。

再次强调,了悟就是回归到和谐的叠加态,充分体现整体关联性,便是精神升华。因此所谓了悟,就是以心观心,用体验去感悟而不是用脑智去思想,这便是智慧。智慧就是佛教中所说的般若,也是心法,也可以称之为秘密认知能力,有"不著一智,尽得性空"之功效,纯粹意识体验便可不期而至。

但要注意,仅凭这种智慧顿悟,往往限于理入,如果弄不彻底的话,徒有事理明白,难得纯粹意识体验。实际上许多顿悟智慧的禅师,往往也都是长期磨砺、瓜熟蒂落的结果。即使一朝顿悟自性,也须历练保任,方能坦荡长久。因此运用智慧顿悟方法的一个前提,就是要结合日常生活历练式的体悟实践,包括忍辱苦修,布施行善,持戒约己,以及精进悦入等,才能够达到比较理想的效果。

如果说默观静虑途径侧重的是通过定、止或寂来显现仁性,那么智慧顿悟途径侧重的就是通过慧、观或照来显现智性。智顗在《修习止观坐禅法要》中明确指出:"止乃伏结之初门,观是断惑之正要;止则爱养心识之善资,观则策发神解之妙术。止是禅定之胜因,观是智慧之由藉。若人成就定慧二法,斯乃自利利人法皆具足。"(潘桂明,2001:108)也就是说,观是秘密认知,止是精神作用,不可有所偏废。有所偏废,皆导致叠加态坍缩,或堕物欲上瘾,或陷幻觉入魔,难入了悟正途。

于是最佳运用秘密认知能力的方法,就是将两者有机地结合起来,开展仁智双运(佛教中的悲智、定慧、止观、寂照双修),这样便又回到"显诸仁,藏诸用"的宗旨。"显诸仁"是"以此洗心"的目的,便要践行仁性,重在体验;"藏诸用"则是要"退藏于密",先须了知智性,重在悟识。因此说到底,"显诸仁,藏诸用"就是要仁智双运。这才是存心养性的根本之道,也是《礼记·大学》中达成"明明德"的根本途径。其实在"知止而后有定,定而后能静,静而后能安,安而后能虑,虑而后能得"之中,定静是显仁之法,而安虑便是藏用之法。

周敦颐在《太极图说》中则说:"唯人也得其秀而最灵,形既生矣,神发知矣。五性感动而善恶分,万事出矣。圣人定之以中正仁义(自注:圣人之道,仁义中正而已矣)而主静(自注:无欲故静),立人极焉。"(周敦颐,2000:48)就是说,经过生命漫长的演化,最终演化出拥有十万基因的顶级复杂生物——人类,即所谓"唯人也得其秀而最灵"。这其中的最灵之处,就是人类拥有高度发达的神经系统,加上宇宙精神的投射纠缠,从而生发出高度发达的仁智能力,因而能够发明万事,所谓"形既生矣,神发知矣。五性感动而善恶分,万事出矣"。

需要注意的是,在古文中"义"者"宜"也,指藏用之智的运用。而仁与智互为其根,合而为一是为易道所成之性。只是因为"百姓日用而不知",加以分别对待,支离过度,才会"仁者见之谓之仁,知者见之谓之知"。因而只有保持寂然不动之纠缠态,"显诸仁,藏诸用",无过无不及(中正仁义),方为圣人之道。所以周敦颐在此强调"圣人定之以中正仁义而主静",这便是秘密认知能力的终极法则。

总之,通过秘密认知,人们可以重新找回失落的精神。此时,我们终于可以迎接精神的回归,这意味着我们重新拥有神圣的体验能力,但我们必须时刻警惕自我的再次膨胀,导致精神的再次失落。

西方文明主要是对理智的开发与利用发展到了极致,而东方文明则强

第七章 心法存养

调人类自身的反观意识,这种反观意识说到底就是一种抑制理智的默照。因此只有通过重建秘密认知能力才能够生大智慧,了悟空性,恢复整体叠加态,促进精神升华。

任运自在的境界

精神的失落莫过于信心的丧失,而自信心又是人们幸福生活的最后支点,但现代人却渐渐丧失了这一支点,因此生活也就越来越缺乏安全感。荣格在《现代人的心灵问题》一文中指出:"现代人已经失去其中古时代兄弟们所有的心理信心,现代人的信心都已为物质安全、幸福及高尚等理想所替代。可是这些理想要能实现,所需要的乐观成分当然更多。甚至于物质的安全现在亦成为泡影了,因为现代人已开始发觉,在物质上的每一次'进步'阶段,总是为另一次更惊人的浩劫带来更大的威胁。……科学甚至于已经把内心生活的避难所都摧毁了。昔日是个避风港的地方,如今已经成为恐怖之乡了。"(陈珺,2003:280)

是的,在现代社会中,尽管科学理性越来越深入人心,物质文明越来越发达,但人们的内心深处却越来越缺乏安全感。于是一种奇怪的现象发生了,在科学昌明的当今社会,越来越多的人重新将自己的命运交付古老的宗教信仰之上,又回到寻求神主、佛祖、真主等各种外在权威的庇护之路。特别是在眼下的中国,基督教的传播发展之迅速,跟这样的社会境况是分不开的。或许有人认为,既然科学理性思维是有局限性的,那么就应该求助于上帝,通过对神的信仰来获得内在的幸福。

面对精神日益空虚的现代人,人们向外寻求精神上的寄托,这是十分自然的事情。既然依靠理性不能胜任解决精神困境的使命,那么只能将希望付之于宗教信仰。这便是基于理性之上,科学化高度发达的西方,离不开基督教的真正原因。这也是当今中国基督徒迅速泛滥的重要原因。

在普遍缺乏安全感的社会生活中,人们必然会把对内在安全感的希求,转移为那种超越有限的彻底归属感,通过至高无上的神祇保护来满足内在的精神寄托。或许相信安拉、耶稣、佛陀等,会给你带来一种被保护的感觉,但这不过是一种幻觉。这是内心缺乏肯定的一种臣服和依赖,你不可能从中得到真正的自由和快乐。

从崇尚理性转而又回到祈求神祇，其实是从一种极端走向另一种极端，其中共同的根源都是缺乏内在的自己肯定。靠科学理性无法拯救的人类精神，靠任何外在的宗教权威也同样无法拯救。

实际上，英国非实在论神学家唐·库比特就认为整个传统的宗教历史时期都已经无可挽回地离去了，"如果不是愤懑取得了胜利，我们也许能够直接从前历史跳跃到后历史。……那样我们或许能够切断充满仇恨、犯罪、禁欲主义和来生宗教的几千年丑恶史。……简言之，处境就是我们目前所有主要的宗教传统都在走向终结，就如古代美索不达米亚、埃及、希腊那些一度非常重要的宗教一样在古代终结了。"（库比特，2002：123-125）。

其实无论是宗教信仰还是人文理性传统，对人生展望的不彻底性主要表现在：(1)向往天堂性的另一个世界，如基督教的天堂，佛教的极乐世界，道教的神仙世界等。(2)寄希望于未来而不是当下，基督教的最终审判，佛教的因果报应，道教的得道成仙等。(3)奢望人定胜天并与自然对立，如古希腊理性精神等。(4)期待于某种伟大理想的指引，如乌托邦社会理想等。(5)指望永不枯竭的世俗生活的动力，如西方的物欲至上主义等。

具有讽刺意义的是，正是这些种种信仰或理想，形成不同的教派和政治势力，制造世界上永无宁日的战争和冲突。一部人类战争史，从某种意义上讲就是不同信仰与主义的争斗史。远的不说，就说近的，中东地区从不间断的各种冲突，美国与伊斯兰极端主义之间的战争，以及举着人权口号的各种势力的渗透，都与宗教信仰与政治理想有关。

其实那些宣讲种种信仰的宗教领袖，特别是那些排他性宗教的宣扬者，无非都是为了掌控权力，即使是"以暴易暴"也同样是邪恶的。人类的精神自觉，既不能靠理性的意志力来刻意造就，同样也不能靠这些宗教的权力来强制达成。不要相信任何教条，除了自我的觉醒，依靠自己的力量而达成的至善，别无其他道路可以拯救自己的精神世界。

宗教的教条提供的只是口头或书面上的原则、理想和结论，根本不切合秘密认知的原则。人们只有依靠自己的内心确信，才能发现生命的意义，任何外在的教义、信仰或理想，都无法替代自心内在的确信。

正因为这样，当代西方的基督教也开始走向非实在论的上帝观。一方

第七章 心法存养

面强调对上帝的体验不是在人对外部自然的体验中,而是在人对自己的体验中被激发出来的。就是说,不是需要一个全能的上帝作为人类无能的托辞,而是要弄清人自己是什么?要求有一个终极解答。另一方面,信仰上帝也不是臣服,而是解放。是从自己的束缚中解放出来,从自信不及中解放出来,成为自由的人。

这样,旧宗教教义中那个至高无上的外在上帝不再需要了,值得借鉴的也许只有旧宗教中意识反思模式或方法,特别是像禅宗所倡导的自净其心的心法。因为"后现代对真宗教的一个严肃定义是:宗教就是使你比你的上帝更聪明。……它加强了意识,给人以良知,帮助人们以一种更加透明的道德观看自己和他人。"(库比特,2002:131)说到底就是找回人们失落已久的自信心和精神家园,而不是什么上帝。

推而广之,在找回人类精神家园的道路上,任何外在的权威也都不再需要了。对于自在精神自由境界的达成,重要的是人们内在的信心,而不是外在的信靠。因为当你有所信靠的时候,你就不可能获得真正意义上的自在之心,也谈不上任何自由。因为有了外在的权威,就有了分别之心,人与神就会处在矛盾的对立之中,自性就得不到彰显。

世上并没有"神",也没有使人得以拯救的"中保",这些不过就是人为制造的说教,"中保"是为耶稣创建基督教的宗教改革制造舆论罢了。其实耶稣只是一个人,是基督教的创始人,根本就没有主宰一切的神。历史上所有的神,都是人们编造出来的弥天大谎。国际歌唱得好,从来就没有什么救世主,全靠我们自己。

"全靠我们自己"体现的正是对自觉信心的肯定,就是要唤起我们的自信心。自信心是内在的肯定,因此任何对外在事物的依赖都会成为内在信心达成的障碍。心法的核心首先是要唤起内在的自信心,《近思录》指出:"然学之道,必先明诸心。知所往,然后力行以求至,所谓自明而诚也。诚之之道,在乎信道笃。信道笃则行之果,行之果则守之固。"(朱熹,2000:36-37)只有这样,才能"自诚"、"无待"和"自悟"。

人们之所以缺乏安全感,归属感,是因为缺乏自信心;人们之所以有掌控欲,名利欲,也是因为缺乏自信心;人们之所以相信外在的权威、信仰,还是因为缺乏自信心。说到底,所有对这些信仰、权力、权威、情欲、名利、安全、归属等的追求,都是对外在事物的依赖。因此它们都是自信心的障碍,要予以消除。

真正的问题是,如果人们有所依赖,不管这个依赖是什么,那么人们就得不到真正的自由和快乐。因此要获得自信心,就在于人们能够不依赖于一切外在环境、事物、毁誉而获得自由之心。当然,要获得不依赖于一切外在事物影响的自信心,是非常困难的。《淮南鸿烈·诠言训》有言:"自信者,不可以诽誉迁也;知足者,不可以势利诱也。"(刘文典,1989:465)人只有不依附于任何神祇信仰,不依附于任何权威势力,不依附于任何名利毁誉,才能获得真正自信。

特别是,获得自信心的途径是依靠智慧而不是知识。智慧与知识毫无关系,真正的大智慧不是知识,也不是智力,而是悟识能力,当体便是,动念则乖。知识是建立在脑智活动之上的,是一种意向内容,而智慧则是基于那种秘密认知能力的东西,可以达到精神的自由境界。知识是外在的东西,所表征的都是外部的对象。人们不可能依靠外在的对象而获得自信心,信仰各种宗教知识不足以获得自信心,其原因便在于此。

是的,信心建立在智慧之上,所谓格物致知,然后才能诚意正心,才能有信心。可惜信仰宗教的人们,往往难以摆脱对神祇对象愚昧的盲信盲从,甚至将信心寄托在神迹的见证之上,更是愚昧之极。

信仰之所以重要,不在信仰的内容,而在于信仰状态本身。因为重要的不在于你信仰的对象是什么,而在于你信仰坚定的状态本身。宗教之所以有力量并非在于教义如何高明,而在于对信仰本身的坚持。因此信仰归根结底是一种信心,所谓疑情尽释的"信心不二,不二信心"。而信心的基础是自信,从这个角度上讲,自信心也是一切信仰的基础和归宿。这就是为什么,所有成熟的宗教都无不强调信心的重要。这是不言而喻的,所有信仰之根基也在于此。

那种认为外在权威的应许就是信心的支柱的观点是靠不住的,因为这是有住之境,是他信,不是自信,不彻底,不自在,怎能道成肉身呢?况且外在权威的应许也就是一张空头支票。比如就基督教而言,这外在的权威就是神,而臣服于神的信徒能够获得这种蒙恩而得到应许,完全是靠不住的。因为神自有他预定论的计划,不见得就应许给每一个信徒,而不管信徒有多

第七章　心法存养

么虔诚。

其实一个真正富有自信心的人,是不需要有任何权威依赖性的,有的只是不被束缚的自在之心,没有任何疑情在。《五灯会元》记载有这样一则公案(普济,1984:147):

> 夹山与定山同行,言话次,定山曰:"生死中无佛,即无生死。"夹山曰:"生死中有佛,即不迷生死。"互相不肯,同上山见师(大梅法常)。夹山便举问:"未审二人见处那个较亲?"师曰:"一亲一疏。"夹山复问:"那个亲?"师曰:"且去,明日来。"夹山明日再上问,师曰:"亲者不问,问者不亲。"

所谓自信者不问,疑问者便不自信。自信是一种内在的肯定状态,并没有什么支持的外在理由。因此在追求精神自由境界的征途上,正确的态度是自力、自立与自为。重建秘密认知能力,找回精神家园的关键,就是要唤起内在的自信心。

只有唤起内在的自信心,才能从容不迫地生活在这个充满诱惑与危险的社会中。放弃任何执著与信靠,唤起内在的自信心,才能顿悟自性达到至善之境。因此如果要体悟天道,达到致中和的状态,首先是要到达自信状态。

体悟天道,乃自立自力自为之事,不是靠他力所能成就。一切所要寻找的东西,都在人类自身心中就具备了。那种依靠上帝佛祖、信仰教条、打坐断食等他力,都是无济于事的。如果一定要说世界上存在绝对权威的上帝的话,那么人人都可以成为上帝,展现自己纯粹精神就可以成为上帝。

人们必须建立信心,摆脱任何权威,做自己的主人! 因为"没有任何人能引领你,没有任何人可以告诉你目前已经有进步了,也没有人可以真的为你带来鼓舞,你必须完全独立自主地进行冥想。只有当你深入探索过自己的真相之后,这份光明才会被点亮。"(克里希那穆提,2006:129)

我们常常因为恐惧而需要外在的信靠依赖,为了逃避孤独我们选择宗教。我们选择信奉上帝,是为了遗忘孤独。再不然就选择麻痹自己,深陷更糟糕的声色、吸毒、刷屏之中而难以自拔。但人们不明白,点亮生活的希望,关键在于唤起人们的自信心。

只有自信,人才能摆脱一切恐惧,也只有自信才能战胜孤独。只有自信的人,才能够置生死而度外,超越生死;只有在完全自信的状态中,人才能够显现神圣的从容。反之,我们如果不能顿悟自性,建立充满自信的生活态度,便将难以承受人生的重担。

自信就意味着体悟到彻底空寂的心,消除了所有对那些神迹、仪式、宗师和上帝的依赖,才能体验自由的精神境界,摆脱没有权威临在的恐惧感,从而消除一切恐惧,从而得到真正的自在本色,将"无有恐怖,远离颠倒梦想"体现在日常生活之中。

放弃任何执著与信靠,唤起内在的自信心,才能顿悟自性。这是需要靠自立自为自力,但不是那种表现出如何活跃的脑智能力,千般计较权谋思虑,而是通过静止一切思虑,才能获得自性的体悟,呈现那个宇宙精神本性。

如果把精神的显现与保任看作是至道的话,那么达成这种境界的秘密认知途径,就是所谓的心法。精神显现是从宇宙万物的角度看,显现的就是万物的空性;精神保任则是从生命个体的角度看,保任的是个体的自性。两者本是一体,所以在中国传统文化中常常统称之为"道"。应该清楚,宇宙万物的根本之道,无非就是一心而已。而体悟至道的心法关键,就在于自心要保持不被任何意向对象所捆绑,所谓"应无所住而生其心"。

黄檗希运禅师《传心法要》说:"诸佛与一切众生,唯是一心,更无别法。此心无始已来,不会生,不会灭。……超过一切限量名言足迹对待。当体便是,动念即差,犹如虚空,无有边际,不可测度。"(道元,2000:155)讲的就是"至道一心"。而接着又说:"故菩萨心如虚空,一切俱舍,过去心不可得,是过去舍;现在心不可得,是现在舍;未来心不可得,是未来舍,所谓三世俱舍。"(道元,2000:160)讲的便是"心法无住"。

其实世人之所以得不到精神上的自由,就是因为心中有各种各样的妄念与欲望,因此产生各种各样的烦恼,蒙蔽了自性。只要人们认清这一点,清除一切妄念与欲望,无所用心,心无所住,就可以达到精神自由的彼岸。

所谓"无住生心",就是去除一切内外意向对象后的意识状态,达到"外离诸相,内心不乱"的心理状态。"外离诸相"是除去一切外显心理活动的意向对象,"内心不乱(内灭诸念)"是控制一切内隐心理活动的意念对象,最终到达的那种心理状态就是纯粹意识状态。对此,《金刚经》中讲述得最为清楚。比如《金刚经》中佛陀告诉须菩提:"是故须菩提,诸菩萨摩诃萨应如是

第七章 心法存养

生清净心,不应住色生心,不应住声、香、味、触、法生心,应无所住而生其心。"(河北禅学研究所,1997:7)以及"是故须菩提,菩萨应离一切相,发阿耨多罗三藐三菩提心。不应住色生心,不应住声、香、味、触、法生心,应生无所住心。若心有住,即为非住。"(河北禅学研究所,1997:9)其中无论是"清净心",还是"菩提心",指的都是纯粹意识状态,也就是古代禅师描述的那种"心下常无不足,目前触事有余"的精神自由境界。

从意向性分析的角度看,"心法无住"的"住",就是"着相",就是意识活动具有意向对象。而"应无所住,而生其心"就是要去掉一切意向对象,达到没有任何意向对象的意识状态,这可称为去意向性。这样,就像我们在第五章对五蕴心理能力所分析的那样,只有去除一切有意向性的心理活动,才能够达到那种去意向性的意识状态。

当然,要达到没有任何意向对象的意识状态,这是一件很难具体做到的事情。我们的意识活动往往很难摆脱意向对象的流转,念念相续,无有了期。当人们思考着如何去除意向对象时,却又进入了这"去除意向对象"的意向之中。也就是说,只要有分别之心,就难以摆脱意向之心。比如对于"本句子是假的"的这样一个命题,如要执著真假分别,便会陷于逻辑悖论而不能自拔。其实在我们的脑智思维活动中,念想流转,概念流转,表征流转,均是意向之心在起作用,除了陷入无尽无止的逻辑悖论之中,别无可能。只有斩断脑智思维,去除意向性,达到无住生心,方能显现精神自性。

无任何意向性的意识状态不是靠意向性脑智思维所能显现的,因为脑智思维本身就是意向性的,除了在意向对象之间"流转相生"外,别无可能。去意向性能力,是一种直觉体验,绝非事物感知、概念辨识、逻辑思维所能企及,只有随其直心,方能觉悟。达成无意向性之心,就能体悟到任情自由的如如之境。

这种悟识能力,"那是一种跟欲望、意志力或思想无关的空寂。在那样的冥想状态里,并没有一个掌控者,然而所有被宗教组织发明出来的修行体系,永远却需要努力、自制力和锻炼。"(克里希那穆提,2006:79)显然这并非是一种绝对静态的空寂达成,而是一种动态开放空性的能力。如果将这悟识能力看作是觉悟佛性(空性)的能力,那么在《古尊宿语录》卷一中对这种能力的本质,百丈禅师讲得就十分清楚:"从人至佛是圣情执,从人至地狱是

191

明道显性:沟通文理讲记

凡情执。只如今,但于凡圣二境有染爱心,是名有情无佛性;只如今,但于凡圣二境及一切有无诸法都无取舍心,亦无无取舍知解。是名无情有佛性。只是无其情系,故名无情。不同木、石、太虚、黄花、翠竹之无情,将为有佛性。"(赜藏主,1994:18-19)

禅宗初祖达摩在《小室六门·第五门悟心论》指出:"非有非无心,此名为中道。是知将心求法,则心法俱迷;不将心求法,则心法俱悟。"(净慧,1994:7)这便是禅宗强调的"应无所住而生其心"的自在之境。

那么如何才能够达成这种"心无所住"的自在之境呢?在具体达成"无住生心"的具体实践中,大体可以分为两种途径,一种就是通过理性觉悟的途径(理入),来摒弃一切概念分别,顿悟自在之境。另一种则是通过灵性感悟的途径(行入),来获得终极至善仁爱,显现空性。

这种对自性达成的成双途径认识,有着十分悠久的传统,早在印度瑜伽修行方法中就有类似的论述。比如《薄伽梵歌》中就指出:"我早就说过,这世上有两种立足的方法,数论行者的智慧瑜伽,瑜伽行者的行动瑜伽。"(潘尼卡,2005:50)这里的"智慧瑜伽"就相当于"理性觉悟",中国禅宗也称为"理入"。而"行动瑜伽"则相当于"灵性感悟",中国禅宗也称为"行入"。

禅宗初祖菩提达摩在《小室六门·第三门二种入》中总结说:

> 夫入道多途,要而言之,不出二种。一是理入,二是行入。理入者,谓藉教悟宗,深信含生同一真性,俱为客尘妄想所覆,不能显了。若也舍妄归真,凝住壁观,无自无他,凡圣等一,坚住不移,更不随于文教。此即与理冥符,无有分别,寂然无为,名之理入。行入者,谓四行,其余诸行悉入此中。何等四耶?一报冤行,二随缘行,三无所求行,四称法行。云何报冤行?谓修道行人若受苦时,当自念言,我从往昔无教劫中,弃本从末,流浪诸有,多起冤憎,违害无限。今虽无犯,是皆宿殃,恶业果熟,非天非人所能见与,甘心忍受,都无冤诉。……二随缘行者,众生无我,并缘业所转,苦乐齐受,皆从缘生。……三无所求行者,世人长迷,处处贪著,名之为求。智者悟真,理将俗反。安心无为,形随运转,万有斯空,无所愿乐。……四称法行者,性净之理目之为法。信解此理,众相斯空,无染无著,无此无彼。(净慧,1994:5-6)

我们这里将理入与行入分别称之为"理性觉悟"与"灵性感悟",主要是

第七章 心法存养

出于第五章对意识作用分析上的考虑。也就是观心之法,即是悟识之法。从脑智方面用功,即是理入。但自觉觉他,觉智明了,则名解脱,是为摒弃一切意向对象,了见自性;从体验方面用功,则是行入,但体验生活,感悟人生,也名解脱,是为了还原精神作用,显现空性。

理性觉悟,强调的是摆脱概念分别的公共认知,清除一切意向性对象,通过抑制脑智活动与恢复纠缠态而达自在之境。用简练的话讲,就是去智用之心而存慧照之境的般若之途,从而可以明心见性。

我们知道,概念分别的罪恶之源便是我执(自我认知),因为自我认知的存在使得自我对象出现,导致认知活动成为意向性,从而破坏秘密认知,失去与精神的纠缠联系,因而蒙蔽自性。此时,只有通过去意向性的秘密认知,才能找回失去的精神作用,回复空性叠加态,洞见自性。

理性觉悟所要洞见的是意识整体关联性,因此并不是思议性的理性思维,也不是要追寻因果关系,而是超越理性思维,让整体关联性的整体意识瞬间呈现在你的眼前。这其中,你不能有任何概念分别,因为一旦有了概念分别,就不可能见到空性。换言之,绝对自性的证得,发生在将理智思维弃绝到无穷深渊突然回转后的意识闪光,所谓峰回路转、柳暗花明就是这种境遇的最好比喻。

灵性感悟,强调的是避免精神失落的恋物倾向性,唤醒正向情感性意识,通过提高体验能力恢复纠缠态而达自在之境。一言以蔽之,就是通过除恶扬善与惩忿窒欲来显现仁性的慈悲之途,从而可以复性至善。

对于感悟者而言,长期扶植正向情感,端正心态,慈悲为怀,必将有助于增强意识体验能力,战胜脑智活动的自我认知,保持精神与物身的整体关联性,从而达成无住慈悲的境界,显现空性。

灵性感悟所要成就的心态包括多个方面,如心不报怨,逢苦不忧;得失从缘,随遇而安;息愿无求,恬淡处世;助贫扶困,济世爱人等。最终便是无有人我,不分彼此,超然物外,浑然一体,达到一种极乐的感受体验,天人合一之境界。

当然,理入行入,殊途同归,总为心法,达自在境界,显如如之心境。因此也常常被同时付诸实践,称为悲智双运。比如五代高僧永明延寿所著《万善同归录》,就反复提倡"悲智双运,内外相资",一方面强调慈悲与智慧并举，另一方面倡导自力与他力结合。

总之，如图 7.1 所示，了悟自性的心法是一种秘密认知能力，不管是"理性觉悟"还是"灵性感悟"，都是可以重新沟通与宇宙精神（自性、空性）的联系，使人们回归至善的精神自由状态，避免纠缠态的坍缩而失落精神的作用。然而在中华禅宗顿悟心法的传播过程中，往往偏重于智慧而忽视慈悲，所以我们在这里要特别纠正这种重智轻悲的倾向，以便更好地贯彻智慧与慈悲叠加的中道思想。

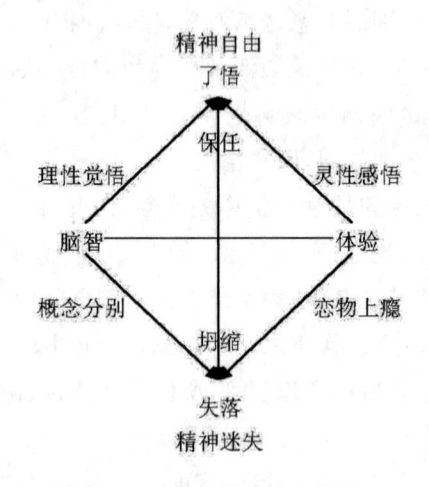

图 7.1　心法存养达成途径原理

矫枉必须过正，要着重论述体验意识的重要性，强调"当体即是"的灵性显现作用，就要论及仁爱在幸福生活中的重要性。从这个意义上讲，所谓修心，就是无住生其"仁爱心"而已，就是对慈悲精神的感悟。在我们的意识活动中，思虑性的脑智活动越强烈，灵觉性的体验作用就越得不到彰显。只有一无所住的慈悲心才能唤起社会整体意识的体验，终结自我概念分别之心。因为在脑智活动制造的思想空间里总有自我的概念，故而就不会有真爱，从而也就达不成幸福的体验——至乐（bliss）。慈悲的体悟就是没有私念的纯粹意识体验，与具有意向对象的觉知体验不同，不会导致概念分别的智力活动，而是与体验活动复归整体纠缠态（空性）的显现。

在人类的精神活动中，空性代表的就是社会整体关联性。维持这种人类整体关联性的便是"爱"，所谓仁者爱人，涉及的便是人与人之间的关系。

第七章 心法存养

有了仁爱之心,便会融入"大我",从而忘却"小我",自我认知的狭隘就不会作祟,精神也就不再会失落。于是我们又拥有了至善的体验,比如存在感、愉悦感、幸福感等。有了仁爱精神的回归,我们同样还会拥有美感、灵感、快感,甚至我们可以拥有许多神奇的体验,因为当精神得到升华时,其作用显现的体验都必定是美好。因此仁爱精神的回归是幸福生活的前提。

至善的爱不在书本的教条中,也不在空幻的想象中,而是在人们亲历的行动中。至善的爱就是仁爱,就是无住慈悲之心,主要是通过体验内在精神世界而显现。因此找回心灵的至善精神,便是仁爱。

"行入"之"行"是行动,是生活体验之源,也是达成仁爱的途径。因此仁爱与行动及由此带来的人生体验,是密不可分的。"爱与行动是不可分的,使它们分开的其实是念头。行动是爱的一部分,没有爱的行动并没有多大意义。"(克里希那穆提,2006:9)反之亦然,没有行动的爱,只是停留在观念中,也同样是没有什么意义的。而"观念"可以通过"理入"来消除,与感悟行动一起促成仁爱之心的显现。没有任何观念(理想、信仰、杂念等),就是彻底的精神自由。

彻底的精神自由,就是摆脱一切观念的束缚,包括摆脱你这种爱的观念。因为你一有爱的观念实际上你不再爱了,而是走入到爱的观念当中去了。当你一旦摆脱观念的束缚,那么无论处于什么境遇,心中都会有爱,有爱的行动。隋代儒家学者王通在《中说·礼乐》中指出:"知之者不如行之者,行之者不如安之者。"(王通,1989:31)因此只有放下一切思虑才会有自由之心,包括放下对爱的追寻之私心。内在的自在决定外在的自由。只有放下自我中心的观念,才会有自由。有了自由之心,爱才会如期而至。自我中心的念头一经出现,就不会有真爱。

有理由相信,一切良善源于仁爱之心,源于空性精神,代表着那个人类的整体关联性。行善的本能就是源自这种固有的整体关联性,因此只要摒弃我执的思虑之心,人人都可以显现出这种行善的倾向。

凡恶念都是源于欲望之心,而善念则来自仁爱(慈悲)之心。人们有了一份仁爱之心,就会发现世界原来如此美好。因此此时呈现的便是精神上的圣境。僧肇《答刘遗民书》论"圣境":"圣人空洞其怀,无识无知。然居动用之域,而止无为之境;处有名之内,而宅绝言之乡。寂寥虚旷,莫可以形名

得,若斯而已矣。"(洪修平,2000:293)

　　空性,那个精神上的圣境,便是全部爱的源泉——整体关联性作用的显现。因此在至爱中是没有善恶之别的,只有充满着至爱的时候,至善才会来到;只有到达至善境界的时候,才会有至乐的体验。所谓至善,就是不分善恶之善,而所谓至乐,便是不分苦乐之乐。因为世上本无善恶,善恶系于人心;人心观念有是非,世上才会有善恶。而一旦有了分别之心,爱就会消失。

　　智用为分别之心,慧照为混融之心,只有充满着爱的时候,自由的至乐才会来到。因此仁爱也是终极体验,在仁爱的行动中,精神得到感悟。从仁爱中升起的感悟,能够为人们带来对至高喜乐的体验,那就是至善之境。

　　仁爱是一种宁静的心境,像王通《中说·问易》所言,需要"默而成之,不言而信,存乎德行。"(王通,1989:21)仁爱是没有任何对象的博爱,在佛教中称为慈悲,是一种最高境界的。因此要使精神得到升华,就是要回归到这种终极的仁爱境界,体验自在之境的至乐天性,所谓恢复精神整体关联性这一本性。

　　总之,无住生心可得自在,无论是理性觉悟,还是灵性感悟,精神自由之心法都是通达至善境界的必由之路。而这其中,重要的是要有一颗仁爱之心,慈悲为怀,行善济世。此为至善之道。

第八章

仁爱淑世

> 一切生活都是神圣的,我们必须对生活有信仰。我们所有人都要热爱生活,过完满的生活,信仰生活,让自己委身于生活,并且在生命中充分享用生活。
>
> ——(英)库比特《生活 生活》

仁爱淑世,自然离不开生活守则。从某种意义上讲,生活的守则就是生活的信念。遵循自然运行法则的信念,符合生命律动规律的信念,有助人类社会和谐的信念,就是优良生活的信念。将优良生活的信念转化为人们遵守的生活行为准则,就叫作生活守则。孔子述《易》的本义,就是为了"垂教"的,是通过知天道以定淑世原则的。因此作为最后一个环节,我们将效仿圣人"垂教"之意,主要谈论有关如何赢得优良生活方面的问题,希望能够为人们探寻出一条人生幸福之路。

追求幸福的生活

自古以来,人们对人生的无常颇多感叹,不管是积极的,还是消极的,人们总是会对命运的把握,流露出无可奈何的叹息。意大利文艺复兴时的诗人洛朗·特·梅提契,在其著名的《巴古斯和阿丽阿纳》中就有着这样的感叹:

青春多美!——但消失得多快。——要行乐,趁今朝。——明日的事儿难分晓。

看那巴古斯和阿丽阿纳,——他们俩多美,多么相亲相爱。——因为时间飞逝,令人失望,——他们在一起永远很快活。

这般水仙和别的神仙,——眼前都欢乐无比。——但愿追求快乐的人个个称心如意。——明日的事儿难分晓。

快活的小山羊神,——爱上水仙,——替她们筑的小窝不计其数,——在洞里,在林中:——如今受着巴古斯鼓励,——只管舞蹈,只管奔跳。——但愿追求快乐的人个个称心如意。——明日的事儿难分晓。

诸位年轻的情人,——巴古斯万岁,爱神万岁!——大家来奏乐,跳舞,歌唱;——但愿你们心中燃起温柔的火焰;——忧愁和痛苦暂时都该退避一旁。——但愿追求快乐的人个个称心如意。——明日的事儿难分晓。

青春多美!——但消失得多快。

你看在这"青春多美!——但消失得多快。——要行乐,趁今朝。——明日的事儿难分晓"中,尽管字里行间还洋溢出快活,但毕竟可以看出那种对命运的不可控制、不可预料和无可奈何的感叹。

德国哲学家叔本华甚至撰有《生存空虚说》一文,对人生空虚不幸的原因做了系统的归纳,指出:"生存之所以空虚,在以下几点中都能很明显地表现出来:第一,在生存的全形式中,'时'与'处'本身是无限的,而个人所拥有的极其有限;第二,现实唯一的生存方式,只是所谓'刹那的现在'的现象;第三,一切事物都是相关联、相依凭的,个体不能单独存在;第四,世上没有'常驻'的东西,一切都是不停地流转、变化;第五,人类的欲望是得陇而望蜀,永远无法餍足;第六,人类的努力经常遭遇障碍,人生为了克服它,必须与之战斗,予以剪除。"(叔本华,1987:89)。

应该说,这样的理性分析,确实反映了人生固有的困境。因此对于这种人生无常的命运,更多的时候则是悲伤的哀叹。曹雪芹在《红楼梦》中第一回,借甄士隐对《好了歌》的解注,就将这种哀叹描写得淋漓尽致(曹雪芹,1982:18-19)。

陋室空堂,当年笏满床;衰草枯杨,曾为歌舞场。蛛丝儿结满雕梁,绿纱今又糊在蓬窗上。说什么脂正浓,粉正香,如何两鬓又成霜?昨日黄土陇头送白骨,今宵红灯帐底卧鸳鸯。金满箱,银满箱,转眼乞丐人

第八章 仁爱淑世

皆谤。正叹他人命不长,那知自己归来丧!训有方,保不定日后作强梁。择膏粱,谁承望流落在烟花巷!因嫌纱帽小,致使锁枷扛。昨怜破袄寒,今嫌紫蟒长。乱烘烘你方唱罢我登场,反认他乡是故乡。甚荒唐,到头来都是为他人作嫁衣裳!

真可谓"人生天地之间,若白驹之过卻,忽然而已。注然勃然,莫不出焉;油然漻然,莫不入焉。已化而生,又化而死。生物哀之,人类悲之。"(《庄子·知北游》)人生无常,又无可奈何,即使在现今高度发达的科技时代,人们对这种"无常",依然是无可奈何!

如果我们仔细斟酌上面文学作品中对人生无常命运的描述,我们不难发现,这其中的所谓"无常"实际上包括三个方面的意思:(1)人生命运的不可预测性;(2)人生命运的不可控制性;(3)人生命运的无可奈何性。当然第三条是对前面两条的无奈感伤,只是对造化弄人的一种无助。而从自然法则的角度看,人生命运的无常主要还是体现在(1)条之上。

其实这并不奇怪,正如非线性科学指出的,对于一切复杂事物现象,无不体现着非线性规律,而非线性就意味着不可预测性。是的,宇宙万事万物都在非线性地不断变化着,无规律可循,因此人生必定是不可预测性。对人生的这种状况,还是西方诗人本杰明·斯蒂林弗利特的诗描写得比较清楚(沃斯特,1999:63):

> 规律失去了思想,结果也无原因。
> 命运去向不定,但变化无误。
> 在那儿,无谓之事在向混沌沉沦。
> 或者,某些仍贬向更低。
> 因为没有你,
> 他被跌得粉碎,
> 成了空虚无力的原子。
> 无力抗拒——它使我们的思想远离。
> 在那里,面对变化着的利己的法律,
> 永恒的定律在减退,
> 正确,还有错误,
> 代之以利益,拥有和肆意……

是的，人生确实是不可预测把握，但更可悲的是人们对待人生"无常"的态度。如果因为人生的无常而就"代之以利益，拥有和肆意"，那么人们只有在"人生无常"的感叹中沉沦。

读者朋友们，你的人生幸福吗？你是否也正在为人生的这种无常而感叹呢？是否正在为一些不如意的生活而伤感呢？应该说，大多数人的生活是相当贫乏空虚的，尽管他们拥有许多财富、权力和知识，但依然得不到圆满的人生，幸福的生活，据说这种现象被称为"伪幸福"。我们为什么会没有幸福感呢？难道这一切正是因为人生无常的必然结果吗？

不，人生是无常的，但如果你的内心有常而不随无常而变，那么人生就是有常的了。因此问题并不在人生是否无常，而在于人心是否有常，"生活本身是变动不定的，但生活的真正价值则应当从一个不容变动的永恒秩序中去寻找。这种秩序不是在我们的感官世界中，而是只有靠着我们的判断力才能把握它。"（陈珺，2003：53）这种判断力不是别的，就是源自于内在精神本性。

因此如果人们失落精神本性，如果人们永远有无法餍足的欲望，如果人们总有得陇而望蜀的贪婪，如果人们不观照当下而总是沉浸在过去的懊悔、现在的抱怨和将来的忧虑之中，那么他们的人生一定是无常的。

为什么呢？因为在人类的生存形式中，人们所欲求的资源总是稀缺的，难以满足水涨船高的欲望。而由于个人力量的渺小，因此不管人们如何努力，早晚总会遇到难以克服的障碍。当欲望得不到满足时，无常的痛苦必然随之而来。况且人们唯一存在的方式仅仅只是刹那的当下，要以刹那的当下思虑过去、现在与未来，必然彻底扰乱有常之心，岂能有幸福体验不期而至？

想要占有、掌控、支配一切可接触到事物的欲望，似乎是人类脑智活动中一种天然的本性，无论是小孩还是成人，都可以看到这样的强烈欲望。由此伴随人们而来的就是狡猾、诈骗、凶残等无尽的争斗，即使人们已经生活无忧，由于缺乏安全感而滋生出来的占有欲、掌控欲和支配欲，使得人们依然无休无止地进行着争斗。

于是人们在生活中就会充满着矛盾，并陷于其中而难以自拔。矛盾的根源便是自我欲望的欲罢不能，以及脑智思虑的是非概念分别之心。人们

第八章 仁爱淑世

总喜欢用有与无,得与失,好与坏,多与少,是与非,生与死等二元对立的观念看待生活中的每一事件,重思虑而轻体验,结果必导致情感分裂和心灰意冷,生活成为毫无意义的事。

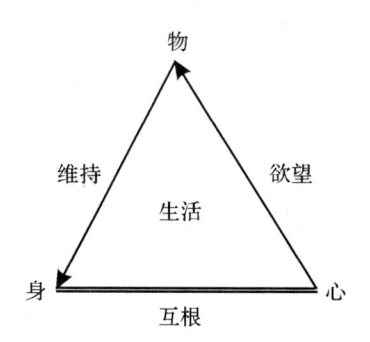

图 8.1 幸福生活三要素关系图

我们为什么不能将"得失是非"都放却呢？如果将生活看作是一种艺术,那么至乐的体验就是一种审美体验。这种美感状态的达成决非靠思维逻辑之类的脑智活动所能产生,而是远离欲望的精神作用的结果。威廉·詹姆斯在题为《生活值得过吗》的一次讲座中指出:"大概对我们在座的差不多每一个人来说,只要我们能够确定,勇敢而耐心地对待生活才是善始善终,并能够在一个看不见的精神世界里结出果实,那么最不利的生活也可能是很值得一过的。……我对你们的最后忠告是,别害怕生活。相信生活是值得一过的,而你们的信念将帮助你们创造这一事实。"(陈珺,2003:29-33)

为此,我们必须来探索人生的意义所在,发现那些久违的幸福人生的真谛。只有这样,我们才会有勇气承受我们生活逆境中的苦难。古希腊思想家亚里士多德在《政治学》中论及幸福人生时指出:不管是人类还是个人,幸福的生活是一种闲暇优良的生活,具体包括三个方面的满足:(1)物质丰富;(2)身体健康;(3)精神愉悦。并强调三者缺一不可,三位一体,如图 8.1 所示。

优良的生活在于各个层次的需求得到协调,而不是只顾及其中的一个层次。物质丰富是人类生存所必备,维持着我们身体的健康运行。但生命不仅仅是物身,与物身须臾不可离的就是精神,代表的是仁爱、至善与智慧的灵性。

明道显性：沟通文理讲记

多数人只是依据物身的需求去生活，人生无常就成为必然。我们则希望人们更加关注精神之心。如果仅仅考虑"生"出来"活"下去，那么这样的"生活"确实只需要丰富的物质去维持嗜欲的身体就可以了。但如果关注幸福的生活，"能够在一个看不见的精神世界里结出果实"，那么精神体验就成为至关重要的事情了。因为幸福是一种内源性的体验，是一种非实在性的心理状态，不是靠外源性的物化满足所能获得。

有些人之所以没有幸福感，因为他们总是把幸福的希望寄托在外在权力、金钱、地位以及社会肯定的获得上。结果只能有两种结局，一是没有实现预期的目标从而变得无比失落与沮丧，甚至丧失了生活的信心；二是实现预期的目标，但很快又在欲望的驱动下产生了不断升级的愿望，于是同样继续产生对现状不满的情绪。显然无论是哪种结局，如果不能真正从内在寻找精神的依托，都不可能赢得真正的幸福感受。

因为生活的秩序并不在外在的世界里（那里只有偶然性的无常），而在于我们内心所给予它的秩序。没有内心的有常，要赋予外在的秩序，要想赢得幸福生活是不可能的。而内心的有常，不是别的，就是我们的精神本性。

内心的秩序不在得失之间，只有舍得，才会有常。患得患失是无常，无得无失是有常，人生的无常被消融在内心的有常之中。生活是复杂多变的，在复杂的生活中必然包含众多的不协调、不一致和不和谐的现象。因此用有常的恒心去应对无常的生活，复杂就是自在之本。反之，用无常的欲念去应对无常的生活，复杂则成烦恼之源。生活的意义在于内心的创造，就像语词的意义是依赖于语境一样，生活的意义也如此，其根植于我们内心的心境之中。

那么如何才能够达到内心的有常呢？关于这一问题的回答，中国古代圣学的中庸之道论述得最为透彻。《礼记·中庸》中说："天命之谓性，率性之谓道，修道之谓教。道也者，不可须臾离也；可离，非道也。是故君子戒慎乎其所不睹，恐惧乎其所不闻。莫见乎隐，莫显乎微。故君子慎其独也。喜、怒、哀、乐之未发，谓之中。发而皆中节，谓之和。中也者，天下之大本也。和也者，天下之达道也。致中和，天地位焉，万物育焉。"

这一段的意思就是说，按照自然法则去生活就是正确的道路，也是人生的根本之道。因此我们都应该了解这个根本法则（知天道），并按照这样的

第八章 仁爱淑世

根本之道来修身养性,最终达到"中和"的人生境界(致中和),这样才能够生活美满幸福。

所谓致中和,就是内心到达有常之境,具体而言,在中庸之道中就是要达到心"诚"(直心是道场),因此《礼记·中庸》中又说:"诚者,天之道也。诚之者,人之道也。诚者,不勉而中,不思而得。从容中道,圣人也。诚之者,择善而固执之者也。"而"唯天下至诚,为能尽其性;能尽其性,则能尽人之性;能尽人之性,则能尽物之性;能尽物之性,则可以赞天地之化育;可以赞天地之化育,则可以与天地参矣"。

所以说,"中和"就是"至诚","至诚"可以"尽性",而这"性"不是别的,就是我们的精神本性。《孟子·尽心上》:"尽其心者,知其性也;知其性,则知天也。"这种尽其心而知性,然后必能知天。

当然,树立这"至诚"之心,别无他途,只能依靠我们自己,是自力自立自为的事情。因此中庸之道又进一步指出:"诚者自成也,而道自道也。""自诚明,谓之性;自明诚,谓之教。诚则明矣,明则诚矣。"关于这一点,其实我们在第七章"任运自在的境界"小节中已经详细论述过了,是确定无疑的。

一旦达到了这样的境界,万物便了然一心。"诚者,物之终始,不诚无物。是故君子诚之为贵"。因为"诚者,非自成己而已也,所以成物也。成己,仁也;成物,知也。性之德也,合外内之道也,故时措之宜也"。了然一心,便是至善。周敦颐在《周子通书》中说:"诚者,圣人之本。大哉乾元!万物资始,诚之源也。乾道变化,各正性命,诚斯立焉,纯粹至善者也。"(周敦颐,2000:31)

至诚也是天人合一,为此《礼记·中庸》指出:"唯天下至诚,为能经纶天下之大经,立天下之大本,知天地之化育。夫焉有所倚?肫肫其仁!渊渊其渊!浩浩其天!苟不固聪明圣知达天德者,其孰能知之?"

于是从"知天道",到"致中和",又到这里的"成己仁"的至诚,幸福生活的大途径就勾画得完整无遗了。难怪宋代道学家对《礼记·中庸》这一篇非常重视,认为是圣学的传授心法,并把它从《礼记》中独立出来,成为四书之一。在为四书的《中庸》注释中,程子说:"不偏之谓中,不易之谓庸。中者,天下之正道;庸者,天下之定理。"(朱熹,1983:17)以我来看,《中庸》中其所强调的"中和"或者"至诚",就是仁爱至善达到自在境界的真切写照。

这样一来，致中和就是使心中有常，心中有常就可以应对人生无常而"心下常无不足，目前触事有余"，这便是幸福生活体验。幸福生活是一种态度，少物欲思虑，多精神体验；少向外奢求，多向内除念，道法自然而已。

道法自然，就是要遵循自然法则，充分地展现根植于宇宙深处的生命力。任何时候，生命力的充分展现就是幸福生活的唯一源泉。可以这么说，生活就是一个展现生命力的过程。在这过程中，生命力展现得越充分，人生幸福的体验就越真实。从某种意义上讲，生命的历程并不取决于人们的客观寿命，而是取决于在此过程中人生阅历的主观寿命。人生阅历越丰富，生命的历程就越长。反之，人生阅历贫乏无味，那么不管实际寿命如何长久，其生命的历程也是短暂的。因为生命的意义在于生命力的展现，在于人生阅历的丰富性，在于对幸福生活主观体验的深度与广度。

充分展现生命力，首先就是生命本身的保存与发展。生命力的保存就是个体生存，生命力的发展就是物种的延续。这也是我们人类至善的目的。所谓"食色，人之性也"，而"率性之谓道"，强调的就是这一至善之道。

饮食男女是生命过程中最基本的内容。非常奇怪的是，在我们中国的历史上，对于"食"与"色"褒贬似乎总不能同等对待，往往是厚"食"薄"色"。我们"食不厌精"发展了丰富的饮食文化，并津津乐道。但我们对男女之事，却讳莫如深，并常常遭受种种道德戒律的无端指责。其实廉颇"尚能饭否"的"能饭"是一种生命力的体现，性的活跃同样也是生命力的体现，是生命力过剩的征兆。"性是生活，只要你在性方面是活跃的，你就仍然活着。……如果我们承认，我们内部的性欲显示它自身的一种活力，基本上独立于我们的理性控制，在很多方面像一个无关道德的贪婪的孩子，我们就开始明白为什么宗教的一些形式如此决然地努力控制它。"（库比特，2004：173）

正因为性欲是生命力的体现，因此任何道德戒律都是苍白无力的。对于性欲，需要的不是压制，而是升华。将力比多的释放转化到更加广泛的生命展现形式之中，以文化符号化的形式不断向外展现自身的生命力，赋予这个世界美妙无比的色彩。这就是生命力充分展现的更高阶段，文化观念的繁殖发展。

让那些道德家看作是"让人讨厌的东西"，即无止境的生命冲动，去支配着更加"高尚"的脑智活动，将生命力转化为个体生命对文化的创造力，来扩

第八章 仁爱淑世

大生命力展现的范围。正是通过建立在精神纠缠基础上的脑智创造活动，我们人类生命创造了包括科学、艺术与宗教在内的思想文化体系。

在文化系统的繁衍发展中，每一个个体生命，通过我们无与伦比的创造性生命力，都对文化思想观念的传承与发展做出贡献。对于人类而言，这种对文化思想观念的繁衍甚至比生命本身的繁衍更为重要。我们也经常愿意把创作的文化思想作品看作是我们的精神孩子，并希望它们能够汇入人类文化的洪流中，成为全人类的精神财富。

的确，人类生命存在的天性就在于探求真、善、美的过程中寻求希望和意义。于是艺术、宗教、科学和哲学等随之而来的便是繁荣的文化产物。这样一来，建立在生物进化基础上的文化进化，就成为进化发展全新的形式。而充分展现人类生命力的高级表现形式，那种建立在生命原动力之上的创造力，也就成为更重要的问题。

就人类的生命发展而言，生命力的充分展现不仅仅是饮食男女，还有文化思想观念。在人类生命的历程中，应该是在生物与文化两个方面都能和谐地发展。当我们离开这个世界时，留给后代的除了我们生物基因外，还应该有我们的文化基因，那种汇入人类文化洪流中的思想观念。正因为如此，我们对人类文化倍加珍惜。

充分展现生命力另一个方面则是要尊重生命并珍惜生命，这也是展现生命力的前提。我们必须珍爱一切生命以及演绎生命的舞台，那个一切生命赖以生存的生态环境。珍爱生命就是让生命自然地发展，任何对生命及其生态环境的人为干扰，都是对生命力展现的一种破坏。人们一切信念与行动都应该与其自然生存的环境相适应，并顺应宇宙的自然法则。只有这样，生命力才能够得到最好的发展。

自然界的一切生命都是相互依存的，一损皆损，一荣皆荣。生命在不同尺度上展现着他们的美丽与尊严，繁荣着我们共同的地球。"我们之所以崇拜、滋养和保护地球上的泥土，因为所有的音乐和生命以及所有的一切都来自于泥土。泥土是人类欢愉的源泉。"（格里芬，1995:69）

我们每一个人就是这生命整体的代表，我们首先要学会珍惜自己的生命。珍爱生命是我们与生俱来的一种天性，是自然法则在我们人性中的体现，所谓"恻隐之心人人有之"，我们应该树立起珍惜一切生命的信念与行动机制。我们必须清除那种叫做"仇恨"的情绪，它是让人们无视无辜者生命的渊源。当仇恨在胸中升起的时候，就会掩盖乃至摧毁人类固有的恻隐之心，人们就会变得缺乏同情与怜悯。

当然，任何生命都必然有消亡的那一天，这也是自然法则使然。只要不是人为的伤害，人们无须为之感伤。换句话讲，生命的意义在于生命时间的有限性。因此人们必须学会珍惜时间。从某种意义上讲，珍惜时间就是珍惜生命的时间，就是珍惜生命。不过时间是生命过程的属性，珍惜时间不是像守财奴那样把着不放，而是要充分使用时间，因为时间越用越值钱，如果你竟不用，就会白白烂掉，变得半文不值！在时间中充分展现生命的光彩，就是对时间的最好珍惜。

可是遗憾的是，许多人却不能很好地珍惜生命的时间，往往把时间花费到无益之事上。他们对于生活上的一切所求，都是出于对死亡恐惧的考虑，谋取足够的生活资源（有时发展到贪得无厌的境地），建立生存安全条件，医疗条件的不断完善，吞吃所有能够促进延年长寿的饮食与药物，甚至相信世上有长生不老之术或灵丹妙药，等等。而他们的生命力，却在不断萎缩、消沉，变得毫无光彩。

不要忧虑死亡，也不要留恋必将消亡的生命，能够置生死于度外，才能最好地展现生命的光彩。要快乐健康地生活，就要学会正确对待生命的终结。那些对死亡恐惧而做的一切努力，都有损于生命力充分展现，是对生命不珍爱的表现。生命是一个过程，出生与死亡都是自然法则决定的，而人们自己所能把握的就是从出生到死亡的这一生命力展现的过程。

人类生命力的展现过程就叫作生活。充分展现生命力就是要热爱生活，在生活中展现丰富多彩的生命历程。因此充分展现生命力的第三个方面就是热爱生活，并在生活中充分体验生活的快乐。

爱生活首先是爱活着！"一个爱生活的人，可以被称为一个沉醉于生活的人。这样一个人陶醉于无常。……以至于从活着中获得一种永久快感。她具有一种增强的活力或者生活意识。"（库比特，2004：147）爱生活就是生活在爱之中，开放的、无目的地享用生活。其实爱也是生命力保存和展现发现的最高体现，即使考虑"自我实现"，也不过是生命力展现的一种等价物。

生活是一个过程，你只需快乐生活，在生活中充分展现你的生命力。生

第八章 仁爱淑世

活本身没有目的,人生也不可能有什么既定的目标。所谓的成就,只不过是快乐生活过程中的副产品,肯定不是,也不可能是计划好的东西。因为人生这个过程是非线性的,计划所预测的结果必将随着计划期限的增长而越来越不可确定。如果一定要追求什么理想或目标的话,那么命运必定是事与愿违。因为我们每一个人的生活都是独一无二的,生活中的每一件事物也必定是独特的,充满着期待,不可预测。只有在生活参与的过程中,你才可以有所期待,期待那不可预料的奇迹发生。

用心去关爱社会

光彩的生命,快乐的生活,在于生活所根植的社会之中。在我们这个社会中,"存在许许多多活着的东西,许许多多活着的人,每一个都有要过的生活。其共同生活牵涉到互相交流,与环境交流这个不间断的复合过程。通过这些交流过程,他们在自己周围建立一个丰富复杂的生活世界。"(库比特,2004:146)每个人只有在这个生活的世界里,才能找到属于自己的生活。

生活的快乐是社会性的,"若无他人的快乐,我自己的快乐将不存在。"(居友,1994:102)《孟子·梁惠王下》中说:"独乐乐,与人乐乐,孰乐?曰:'不若与人。'"快乐地生活在社会的整体互动之中,一个自私自利的个体是没有真正快乐可言的。因为生命在与他人的同甘共苦中得到更好的展现。一个善于帮助他人的个体往往表现着更加充实的生命力,也在社会共同体中得以充分展现。

爱生活就是爱社会生活,生活是一个过程,是生存而不是占有,要走进生活而不是逃避生活,要积极参与社会的生活。快乐不仅仅建立在健康的生理活动之上,更重要的是建立在集会与交谈的社交活动之上。德国哲学家雅斯贝尔斯说过:"因此交流才是哲学的目的,所有其他的目的——如对存在的意识,从爱中得到的领悟,安宁境界的达到,无一不是根源于交流。"(陈珺,2003:74)

如果你拒绝接触社会,忽视文化习俗,担心交换思想,逃避人群环境,而只是待在家里的网络世界里保持"纯洁",那么就会像卵石投入水中,仅仅湿表面那样,根本就不会得到生活的快乐体验。

生活需要亲历，虚拟网络生活是平面化的，对于情感体验能力是一种严重的蚕食，有若温水煮青蛙，久之必将导致生活意义的缺位。我们必须清楚，"大部分人类愉快的根部都扎在社会生活中。无论我们是在思考爱情还是权力，专业声誉还是社交友谊，家庭生活的舒适还是竞争性运动的挑战，个体所体验到的满足都是由其他人的行动所决定的。大多数忘我的和精神的满足也是如此。"（布劳，1988：16）

所以重要的是要走进生活，不是逃避生活，站在生活的边缘上观看别人生活，说三道四是无补于自己的幸福快乐。社会是展现生命力的最好舞台，只有在社会生活的参与中，才能够获得快乐的生活。

生活是第一位，包括学习生活在内的日常生活，是人们唯一存在的生活方式，除了生活，生命不再有其他的生存途径。所有的都是生活，在生活之外没有任何事物，也就是说，生活是没有外在性的，生活就是生活。有些人愿意把生活看作是上帝的赐予，把生活的幸福寄托在上帝、佛祖、真主等外在权威的恩赐，这完全是错误的。快乐的生活掌握在我们自己的手中，因此"不是把我们自己设想为上帝安置于世上的特殊创造物，而是越来越把自己理解为纯粹内在的存在物，沉浸在生活中。……生活就是我们自己，生活就是我们所创造的东西。"（库比特，2004：14-15）

生活没有外在性，生活本身就是充满的空性，就像宇宙的空性一样，它没有外在性。因此生活不是用来议论的，而是在于参与。如果说一定要有上帝或佛道的话，那么生活就是上帝，日用就是佛道。所以生活的快乐在于自己的生活体验，在于我们生活中的精神体验，生活不需要任何外在的教条与权威。关于这一点，让我们听听19世纪法国伦理学家居友的铿锵有力的声音："我们必须独立行走，应该对那些道貌岸然的道学家、传教士和其它形形色色的说教者深恶痛绝。我们应该成为自己的主人，应该从自己身上寻找'启示'，这样的时代已经到了！现在耶稣不见了，让我们每个人都来当自己的耶稣吧，都根据自己的选择和能力来向上帝许诺，或者干脆不承认上帝。"（居友，1994：142）

道德戒律或宗教教条是对生命力发展的限制，带来的往往就是痛苦，甚至会对生命造成伤害。因此只有遵循自然法则，摈弃那些陈腐的道德教条与宗教说教，才能为生命追求快乐的生活敞开大门。

第八章 仁爱淑世

　　生活应该向年轻人请教,如果是个孩童,那就更妙。凭着直觉就是没有偏见和固执,而不像那般传统的说教,总有那么多的框框,框了自己,还要再去框别人!……思想害人,知识多了也害人。……重要的不是思想、言辞,而是行动!……而不是坐在床头去读那些霉烂发臭的书本。那里只是描写了一个也许好像更完善或更邪恶,但却是虚构的世界。除了把你清白的大脑塞满了成见、偏见外,再无半点好处!……没理性就没理性,那理性不是什么好东西!人们把它赞美了五千年,可那是书本上的事实,靠雄辩可以战胜真实!但真实毕竟是真实,人类却是非理性的!……不要管文明、价值、道德、规范……人性高于一切,自由高于一切。践踏了人性和自由的道德最不道德,道貌岸然的伪君子最可恶。扔掉那一切束缚……人性的本质不需要束缚,知道吗,生活需要走进去!

　　这是我在三十多年前所写《走进去随想曲》中的一段文字,虽然当初年轻气盛,言辞难免过激,但还是表达了充分展示生命力的一些基本原则。生活不需要那些束缚生命力展现的道德戒律。道德戒律无非就是告诉人们哪些言行是允许的,哪些言行又是不允许的。道德戒律是强制性的,是人为赋予事物以善恶的价值,根本就不存在对错问题。世上的事物本无对错,只是规定了允许和不允许,于是才产生了对错。

　　在道德家们看来,道德信念是第一位,行为展现是第二位。但是道德戒律根本无助于人们生命力的展现。在我看来,生命力展现才是第一位,道德评判是第二位。我们应该放弃那些妨害生命力充分展现的道德戒律,如果一定要建立一种合理的道德观的话,那么只有一个原则,就是要符合一切生命的自然构造,符合充分展现生命力的要求,并有助于生命个体追求丰富多样的生活。

　　生活在于行动,行动的过程就是生命力展现的单元,生命力在一次次生活的行动中得到强大。生命便在行动中展现自己,并只有通过行动,快乐的生活才能够得以实现,并不断点起新的生命之火。这就是勃勃生机的自然法则。

　　道德只有符合自然法则才是合理的,因此科学的道德戒律应该就是:"在所有方面发展你的生命,成为一个具有尽可能丰富的深厚而又广博的活

力的'个体',因而成为一个最社会化和最可亲的人。"(居友,1994:121)

我们应该放弃几千年来那些伪善的道德戒律,因为其目的无非就是依靠理性来控制人们的各种激情。但激情不是靠理性所能控制的,激情是生命展现的重要动力,激情只有和内在的良心结合,才能使生命的精神得到升华,从而拥有快乐的生活。

为什么我们这个社会道貌岸然的伪君子(网络戏称圣人婊)那么多,而真正品德高尚的人又那么少呢?因为那些所谓的正人君子,都是靠自我理性克制来实现外在表现道德戒律的结果,他们的内心根本就没有真正的良心在起作用。从根本上讲,他们看重的是外在的荣誉而不是内在的精神。

从遗传通信的角度看,如果我们的后天文化确实能够移人性情的话,那么年轻人乃至孩童的天性就更接近自然本真,更具有良心发现的倾向。生活应该向年轻人学习,就是要让人们重返那种赤子之心的本真,从而保证良心的发现。

良心是精神本性的表现,是源自精神的一种自觉,不是靠脑智的理性活动所能习得。良心是发现的而不是教育的。良心发现,就是在一定文化环境的沐浴中,通过意识体验能力,对精神本性的自然呈现。所以良心就是人类整体关联性的体现。从这个意义上讲,充分展现生命力的最高表现就是良心的显现,那种内心深处的至善,这就是仁爱。

归根结底,人类的生命力展现过程是由爱所推动,包括自爱与仁爱。而良心的发现必然会显现精神本性,那种人类整体关联性,且最终摒弃自爱的小我,充分实现仁爱的大我,并因此成就至善的境界。个人存在于社会关系之中,而全部社会关系的基础就是爱。出自仁爱的一切意图与行动,就是至善的表现。

因为精神的本性就是整体关联性,人类社会是一个相互关联的整体,因此对人类社会的关爱之心,就是体现人类的精神本性,也是生命最高境界的表现形式,至诚至善的仁爱。在中国的传统文化中,强调这种用心关爱社会的学术思想,当首推孔子的仁学思想。

在孔子的学术思想中,虽然也强调知天道的"闻道"和致中和的"中庸",但落脚点却是在躬亲民的"爱人"之上的。《周易·系辞上》曰:"知周乎万物而道济天下,故不过;旁行而不流,乐天知命,故不忧。安土敦乎仁,故能

第八章 仁爱淑世

爱。"孔子晚年好《易》,以至于"韦编三绝",也是希望通过讲述《易》理,来阐发淑世爱人思想。比如孔子述《易》的重点便在《象辞》中,因此每说一卦,必有一"象曰",明言君子当如何如何,就是采用取象比类的方法,来昭示躬亲民的原则。

实际上就我们的圣学体系而言,虽然通过知天道、致中和可以成就高明之士,独善其身。但这还不够,作为一个具有高尚理想人格的君子,还需要怀有"先天下之忧而忧,后天下之乐而乐"的济世爱人精神。正如《中庸》所指出的:"故君子不可以不修身。思修身,不可以不事亲;思事亲,不可以不知人;思知人,不可以不知天。"反过来讲,就是不管是知天还是修身,最终都是要落实到"事亲"之上的,这便是躬亲民的本义。

"躬亲民",首先是"躬"字,所谓"躬",乃亲历亲为之意。"亲民"则有三义:一是以民为本,二是修身立己,三是爱人利群(齐家、治国、平天下)。强调的就是"仁者爱人""修辞立诚"和"知行统一"。

《尚书·尧典》云:"帝尧曰放勋。钦,明,文,思安安,允恭克让。光被四表,格于上下。克明俊德,以亲九族。九族既睦,平章百姓。百姓昭明,协和万邦。黎民于变时雍。"(孔安国,1999:25-27)讲的就是帝尧躬亲民,仁在其中矣。

对于君子而言,虽不能如帝尧那样管理万邦,但在自我完善之后也是要求有济世爱民之心的,所谓达则兼济天下,其宗旨就是"与人为善,仁爱天下"。对于孔子而言,仁者爱人的关键就在于"忠恕"两字,"恕"是指"己所不欲,勿施于人"(《论语·颜渊》);"忠"则指"己欲立而立人,己欲达而达人"(《论语·雍也》)。仁者爱人的具体行为表现方面则有五个,即孔子所强调的"恭、宽、信、敏、惠。恭则不侮,宽则得众,信则人任焉,敏则有功,惠则足以使人。"(《论语·阳货》)当然,仁者爱人切忌花言巧语,虚情假意,孔子曰:"巧言令色,鲜矣仁!"(《论语·学而》)此之谓也。

在当今社会中,我们当然不能照搬孔子讲述的这些论述,而是要把握孔子仁爱思想的精神,并将这种精神发扬到每一个人的行动中,让每一个人都能够来关爱社会。这里"关爱"是指,"利之而勿害,成之勿败,生之勿杀,与之勿夺,乐之勿苦,喜之勿怒。"(刘宝楠,1990:17)因此孔子说:"爱之,能勿劳乎?忠焉,能勿诲乎?"(《论语·宪问》)

那么我们如何才能够具有内在的仁爱之心,并落实到行动之中呢?依我之管见,获得仁爱之心的关键,首先是要放弃自我执著之心,通过重新认识自我,放弃小我,成就大我。只有这样,爱才能出现。

放弃自我执著,就是要放弃所有的愤怒、忧虑、贪婪、恐惧、执著,放弃所有的知见与念想,摆脱掉你的欲望,让所有拥有的东西,如财富、亲友、事业不再占据你的心灵,让自己成为一无牵挂的赤子。此时你就会展现出自性之光,意识的自明性功能得到展现。

只有完全放弃自我,你才能够真正了解自己,而只有真正了解了自己,仁爱之心才会自然涌现。只有否定自我执著的那个小我,你才能够获得自由的那个大我。自由是通过自我否定才可以达到的,仁爱之心只属于自由之人。没有真正的自由,就无法摆脱那种至多追求有限良善而受限制的生活。

当然要完全放弃自我,否定自我是非常困难的事情。因为我们的自我难免会有所依赖,我们难以摆脱对信仰的依赖,对财富的依赖,对安全的依赖,对亲情的依赖。总之,是难以摆脱对自我的依赖。否定这些依赖关键在于否定的心态,而持久拥有否定的心态就是解脱,所谓"应无所住而生其心"。

或许人们最难以割舍的就是那份自爱,但自爱也是一种执著的小我。虽然小我的自爱是达成大我仁爱的必由之路,但自爱依然是一种自我执著。小我与大我之间隔着的障碍无非就是心中自我执著的妄念而已。自我否定的心态出现了,其中的障碍也就消失了,小我的自爱便融入大我的仁爱。

只有大我的仁爱,才能给你的生活带来真正的快乐。因为仁爱是独一无二的生命力最高表现,体现的就是人类的整体关联性。因此只要出现自我执著,仁爱就无法存在。是的,自我中心的念头一经出现,就不会有仁爱之心。因为当你的心占据着自我妄念,精神的本性就不再显现。因此只有放下一切思虑才会有自由之心,包括放下对这"放下"本身的追寻之心。内在的自在决定外在的自由。

放下所有的执著,你就会涌现仁爱,那是真正源自于自性的德性,也是赤子之心。一旦你拥有这份仁爱之心,那么你就拥有一切慈悲的心肠,你将情不自禁地珍爱一切生命,随时准备将自己的一切奉献给需要帮助的人。

第八章 仁爱淑世

在我们所处的社会中，大多数人在生活中充满着矛盾，并陷于其中而难以自拔。矛盾的根源便是自我欲望的欲罢不能，以及脑智思虑活动的是非概念分别之心。这样便导致人们勾心斗角，明争暗斗，这种永无止境的竞争之心已经积重难返。

在这样恶劣的环境中，只有人的善意（仁爱），才能够给社会带来良性关系的互动，从而获得幸福的生活。真正的善，必定是强调整体关联性的，将相互关爱体现在社会整体之中。因此如果我们都能够放弃自我的执著，用心去关爱我们的整个社会，那么人类的生活一定会更加美好。

医治人类社会痼疾的唯一途径，在于摆正与物质性存在的另一极（精神世界）之间关系，恢复原本的宇宙整体关联性，从而人类不再因为物质性的自我膨胀而企图成为宇宙的主人（所谓人定胜天），而是因为重新建立与宇宙精神的联系才成为自己的主人。人类如果不依据与宇宙精神之间的关系，并且依赖于这种整体关联性来展开生活，那么就会成为被物化世界所扭曲的人。人不是代表孤独的自我而作为生活的主人的，而是在与宇宙精神联系中的整体关联性中（爱人类的过程中），才能为自己生活的真正主人。

如果你生活中执著于自我，当然生活的一切都不会有意义。但如果你愿意奉献仁爱之心，那么其中的体验本身就充满意义。生命的意义在于充满爱的生活，因为人是社会性的，人的幸福必定源自于社会互助的关系之中，此时爱就成为必不可少的了。

或者有人会强调人性自私、个性解放而可以忽视人际互助关系中的爱，但克拉默说过，信任是我们人际关系的基础："因此信任是人类共存的原则，但没有爱，信任是不可能的。所以爱是我们人类世界的必要原则。……爱是我们世界上起作用的力量。没有这种力量，人类世界就不可能存在。"（克拉默，2000：307-308）

说到底，人是社会性的，一个人如果没有被结合进社会，那么他就不可能是自由的。当我们难以摆脱"小我"的束缚，都被庸俗的自私自利、鄙俗的审美取向压得喘不过气来的时候，也许我们才会认识到，自由是一种融入社会关系而又超然于社会关系的人生境界，其根基就在于对人类本身的爱。记得有一首歌唱得就很好："只要人人都献出一点爱，世界将变成美好人间。"

因此爱是人类社会关系的基石，是信任的基础，没有爱信任是不可能的。其实我们生活中的每一个人都是整个人类的一个代表，每一个人既是自己又是整个人类，这是人类精神本性的整体关联性所决定的。我们没有理由不去关爱社会，我们每一个人都应该成为有爱心的人。生活就是人与人之间的交往，而爱便建立在这种交往的社会关系中，我们需要加强人际的交流，在社会交往中奉献我们的爱。

凡爱都有意义，凡奉献爱的行动都是有意义的行动。应该说，奉献乃是生活的真正意义，而爱就是无私的奉献，不求回报。弗洛姆在《爱对于人生的意义》一文中指出："爱是人的一种主动的能力，是一种突破使人与人分离的那些屏障的能力，一种把他与他人联合起来的能力。……爱主要是'给予'，而不是'接受'。"（陈珺，2003：86-87）而正是"在爱的行为中，在奉献我自己的行为中，在洞察另一个人的行为中，我找到了我自己，我发现了自己，我发现了我们两个人，我发现了人类。"（陈珺，2003：92）我们每一个人都是人类整体中的有机分子，奉献爱是我们义不容辞的义务。

但我们也必须记住，任何爱的奉献都是一种白白的给予，期盼名利回报的给予不是爱的奉献，而是一种伪善。那些"为善而欲自高胜人，施恩而欲要名结好"的给予者，是对神圣爱的亵渎。《老子·第八章》所说："上善若水，水善利万物而不争。"仁爱就是一种《老子》所说的上善，没有半点私心与私利。爱情之所以美好，是因为真正拥有爱情的人没有私心。一个自私自利的人是不会拥有爱情的，有的只有情欲。

爱不求回报，爱只关心行动。是的，爱只在行动中，爱拒绝一切是非议论，没有行动就没有爱。知道爱是一回事，在生活中可以奉献爱则是另一回事，对于爱是知易行难，要做到知行统一不容易。爱在具体生活中的体现，就是敬业、爱民与奉献。

据《景德传灯录》记载，唐代有一位非常著名的鸟窠和尚，在杭州行化。当时大诗人白居易也在杭州做官，于是就去向鸟窠禅师请教，问："如何是佛法大意？"师曰："诸恶莫作，众善奉行。"白居易听后，觉得道理太简单，颇觉疑惑，就说："三岁孩儿也解这么道。"师曰："三岁孩儿虽道得，八十岁老人行不得。"（道元，2000：56）其实爱也一样，难的是要"行得"而不是"解得"和"说得"。

第八章 仁爱淑世

爱是至善,至善在行动中而排斥议论,任何议论都是对爱的损毁,在爱中没有善恶分别,一有分别之心,爱就消失了。《淮南鸿烈·诠言训》说:"为善则观,为不善则议。观则生贵,议则生患。"(刘文典,1989:470)"观"者,反观自身而后行善;议者,议论是非而无行动。是的,只有观行能改恶心向善念,只有观行能化凶险为安宁,还是只有观行能转病体成健身。

世事本无善恶,善恶出于人心,至善就是超越善恶分别,那就是爱。《淮南鸿烈·说山训》中有一则寓言很能说明问题,说是有一位父亲在女儿出嫁时谆谆教诲道:"尔行矣,慎无为善。"女儿很惊讶,问道:"不为善,将为不善邪?"父亲便应之曰:"善且由弗为,况不善乎?"(刘文典,1989:527)在生活中,放弃是非之善,才可以有博爱之心。有所选择的善不是真善,有所选择的爱也不是真爱,因为那其中的选择便有自我执著的妄念。

真爱不在概念分别中,也不在道德的教条中,爱并非是一个字,而是至善的行动。有分别的爱是欲爱,充满渴望的目的,包括渴望成为慈善家。但有了渴望,真爱就消失了。真爱与欲爱不同,在真爱中没有渴望的任何踪影,因为在真爱中自我已经消失。

至善的爱,是仁爱、真爱,只有通过体验内在的自性才能显现,找回精神的本性,便可以显现仁爱之心。"只有在没有观察者的情况下,爱才可能出现。这表示,只有在心灵本身不被分割成观察者和被观察者的时候,才有那样的爱。"(克里希那穆提,2006:181)

放弃一切妄念是默观之境,默观只有与行动结合才会有爱。爱虽在默观中萌芽,但却在行动中结果。印度学者克里希纳穆提在《爱的觉醒》一书中说:"爱与行动是不可分的,使它们分开的其实是念头。行动是爱的一部分,没有爱的行动并没有多大意义。"(克里希那穆提,2006:9)

没有行动的爱,只是停留在观念中,也同样是没有什么意义的。而"观念"可以通过"观照"来消除,与感悟行动一起促成爱的实现。没有任何观念(理想、信仰、杂念等),就是彻底的自由,"那就是人类必须彻底自由,不是只解脱某一问题或束缚,而是所有的问题和束缚都得到解脱。……真的自由了,那么无论处在什么样的文化或社会,你都有爱。……自由的心才能行动,这样的行动便是爱。"(克里希那穆提,2006:9-10)

因此爱的最高境界就是自在之爱,所谓"从心所欲,不逾矩"(《论语·为政》),此时,凡有行动无不是爱的体现。在自在的爱中,你的全部身心都充满着爱,没有欲望,没有渴望,也没有任何向往,只有爱本身。这就是你的自性之光。

在自在之爱中,不再有概念分别的人与事,在仁爱中实现了心灵的自在。此乃是唯一的存在,是自性,也是空性。因此空性便是无限的爱——那种宇宙整体关联性作用的显现。所以说,真正的仁爱是没有具体对象的,其中只有爱本身。这是一种无所住之爱,慈悲之爱,不是靠自我的理性思辨所能把握的。我们期待着自在之爱照亮我们社会的每一个角落,我们期待着社会中的每一个人都能用心去关爱社会,期待因为爱,世界就变得更加美丽和谐。

人当诗意地栖居

在《论语·先进》中记录有孔子及其弟子的一段有趣的对话,说的是孔子问及四位弟子的志向,其中三位弟子纷纷讲述了自己大大小小的事业抱负。最后轮到曾皙时,曾皙放下正在拨弄的乐器,悠然说出他的志向是:"莫春者,春服既成,冠者五六人,童子六七人,浴乎沂,风乎舞雩,咏而归。"孔子听后颔首称是,深加赞许。其实依我看,一部《论语》讲来讲去,其宗旨无非就是向往这种诗情画意的生活而已。

当然,在现实生活中,要过上这种诗情画意的生活并非是一件容易的事,因为生活有无诗意完全取决于人们的心态,生活的诗意其实在每个人的心里。只有人们的心中有着永不熄灭的诗情画意,那么不管生活的境况如何窘迫,依然可以有充满诗意的生活。

就拿孔子的得意门生颜回来说吧,《论语·雍也》中孔子称赞道:"贤哉,回也!一箪食,一瓢饮,在陋巷,人不堪其忧,回也不改其乐。贤哉,回也!"若非内心诗意般的涵养,岂能如此愉悦幸福!应该说,诗意般的生活首先在于内心的修养。大致而言,可以分为这样四个步骤的追求之上,即"消俗虑"、"明理境"、"正心态"与"几空灵"。

诗意的生活首先是要"消俗虑"。"人"食五"谷"杂粮,怎能免"俗"?因此人俗一点没有关系,但人不能有虑俗之心。所谓行俗者真,虑俗者惑。消

第八章 仁爱淑世

俗虑,并非是要人不食人间烟火,而是去掉那些对俗事执著的虑想妄念。如果人们满脑子都是俗虑,生活怎能会有半点诗情画意呢!人要行俗事,但不能有俗虑,就是希望人们能够保持一颗清明的心。

现代人的心里有着太多"阿堵物"(指钱)的思虑了。没有"阿堵物"的时候,想着如何谋划"阿堵物";有了"阿堵物"的时候,又整天虑思着"阿堵物"的保值升值,深陷俗务而难以自拔。人拥有钱物不是一件坏事,使之成为坏事的是对钱物的态度。钱物对于诗意的生活不是一种诱惑,而是一种生活所需。诗意的生活并不轻视钱物,只是不依附钱物罢了,是人能转钱物,而不是被钱物所转。消俗虑,所要消除的不是俗世的生活,而是要清除"财色名利"主导的思维方式。

当然,由于长期在污浊物质至上环境中浸染太久,这种俗虑的思维方式往往潜移默化,表现在生活的微妙之中,抹杀了人们本来拥有的诗意天性。比如有一个故事,讲一位画家为他刚刚认识的女友画画。画完后,其女友一看,大为失望:"这画的是什么呀,一点也不像我!"画家听了女友的话,失望地答道:"俗气!要像,找摄影师去,我只是画家。我画的只是对你的第一印象。"是的,这位女友太现实了,她生活中的俗虑思维习气,已经侵蚀了她的审美取向,诗意般的心灵不再显现了。

有时也许你也在努力希望去"消俗虑",但结果还是事与愿违。原因就是你所做的努力本身,使用的依然是俗虑性的思维方式。记得以前有一个家喻户晓的师徒和尚过河背女子的故事。大意是说,一座寺庙有师徒两人,一天,师徒两人下山购置日常用品,回来的路上遇到一位女子过河不得,于是师父就背起女子过了河。告别了女子,师徒继续赶路。一路上,小和尚对刚才师父背女子的事一直耿耿于怀,出家人不得亲近女色,师父居然犯了色戒。越想越觉得不对,忍不住就问师父说:"师父您刚才背了那位女子,岂不是犯了清规?"师父答道:"我早已放下那位女子了,你怎么还没有放下!"

对于消俗虑也一样,重要的是消除思虑之心,而不是消除俗事俗务。如果你心中无思无虑,哪怕整日行着俗事,做着俗务,交着俗人,你的心依然是清明的,充满着诗意的,你的生活一定也会是充满诗意的。

诗意的生活第二是要"明理境"。对于明理境而言,同样重要的不是"明理",而是明理之境。"境'是境界,是你对事物整体性理解的高度。在生活

217

中,明理容易,明理之境难。比如就具体要明白的道理来说吧,"欲速则不达"与"兵贵神速"都是理,你都能明白。但在具体的实际境遇中,如何运用哪一个"理",则依赖于审时度势,整体把握所处境遇的能力,这就是一种人生的境界。

　　人生境界站得高,就不会患得患失,能够学会"舍得"。诗意的生活就是要有"舍"的精神,能"舍"才能"得",故名"舍得"。舍的是身外之财物,得的便是内心之快乐。能舍的人是有力量的表现,是富有的表现。人的富有不富有,跟钱财的多寡无关,只跟慷慨解囊的态度有关。钱财也许可以买到俗乐,但绝对买不到因帮助需要帮助的人而带来的内心诗意般的幸福感。学会舍得,就是要突破自我中心,所谓破除我执。不仅仅舍得身外之物,也舍得你的名誉之心。《淮南鸿烈·缪称训》说:"君子者,乐有余而名不足,小人乐不足而名有余。观于有余、不足之相去,昭然远矣。"(刘文典,1989:332)

　　人生境界站得高,也会明白富贵的本意,就是"心下常无不足,目前触事有余"。周敦颐在《周子通书·富贵》中所说:"君子以道充为贵,身安为富,故常泰无不足。"(周敦颐,2000:41)而影响这种富贵境界达成的最大障碍,就是对外在权势财物的依仗之心。宋代云门宗圆通居讷和尚,曾谆谆告诫世人说:"蹩足命在杖,失杖则颠;渡者命在舟,失舟则溺。凡林下人自无所守,挟外势以为重者,一旦失其所挟,皆不能免颠溺之患。"(大慧杲,2000:11)可谓至善良言。

　　人生境界站得高,更会警惕强加于他人的意志,诗意的生活容不得半点掌控欲。在日常生活中经常会看到夫妻一方掌控对方的家庭,在那样的生活中根本就毫无自由、诗意和真爱可言。所谓掌控欲,不过就是一堆欲望而已,而欲望是一切美好生活的祸水。将自己的意志(说到底就是欲念)强加于对方,不管是何人,不管出于什么样的动机和"善意",都是在毁灭对方,同时也在毁灭自己,在毁灭诗意的生活。

　　所谓明理境,就是要据境而运理,体物而达道。这种人生的境界的达成需要智慧。智慧是人生不可或缺的养分,智慧之于男人是睿智与深邃,智慧之于女人则是博爱与仁心。因此归根结底,明理境,就是获得生活的大智慧,从而可以诗意般地欢度生活。

　　诗意的生活接着"明理境"的,则是"正心态"。所谓的"正心态",就是要

第八章 仁爱淑世

有正确的生活态度。对于生活而言,生活的内容固然重要,但更为重要的是人们对待生活的态度。当人们处在生活的逆境时,要体验诗意般的幸福生活,这一点尤为重要。

当在人们面前放上半杯水,悲观的人看到的总是半杯空的,而乐观的人看到的则总是半杯满的。人生是否快乐,这取决于你对生活的态度。金子与烂泥,哪个更有价值?也许大多数人会毫不犹豫地说,当然是金子啦。但我要告诉你的是,对于一颗会开花结果的种子而言,烂泥更有用。对于诗意般幸福生活的获取,道理同样如此,完全取决于你对生活的态度。

当我们处在生活不如意的时候,我们总是抱怨自己不被他人理解,但我们却从来不愿花力气去理解他人。但在《论语·学而》中孔子却说:"不患人之不己知,患不知人也。"这当然也取决于你对人生的态度。

无论何时,积极进取,乐观向上,充满自信,都是人生中永远应该具备的生活态度。"正心态"就是要找回这种久已失落的生活态度。生活中诗意心境的产生,关键在于这种生活态度的转变。

不要看轻自己,每个人都有自我生存的意义。在人们的生活中,一个具有自信乐观的人比完全缺乏信心的悲观者会更加快乐。人们只有充满内在的自信,才能够从容地应对生活中的困难。热爱生活,然后用高度的热情与信心去展示属于自己的生活,从而获得一种诗意般的生活感受,这就是生活的全部乐趣和意义。

诗意的生活最后就是"几空灵",正心态的目的是明心。心明,诗情画意自会从胸中自然流淌,达到自由的空灵境界。这里先要对这个"几"做一番解释,"几"是"接近、达到"的意思,我们这里除了"接近、达到"之意外,还强调其"微妙"之意。孔子在《周易·系辞下》中说过:"知几,其神乎!君子上交不谄,下交不渎,其知几乎!几者,动之微,吉之先见者也。君子见几而作,不俟终日。"因此"几空灵"不仅仅是指要达到"空灵"的境界,更是要明白"空灵"境界的神妙性质,非思议所能及。

那么什么是"空灵"境界呢?简单地说,就是放弃一切欲望及其思虑之后出现的心灵活动状态,就叫空灵状态。有时这种状态也可以称为无待,没有任何期待,不依恋任何事物,但又随时蓄势待发。五代高僧永明延寿在其所著《宗镜录》的序中所说:"返鉴其心,则知灵明湛寂。广大融通,无为无住,无修无证,无尘无染,无垢无磨,为一切诸法之宗矣。"讲的大略就是这种"空灵"之心。

当然这是一种奇妙的心灵状态,对其任何描述都会充满着"矛盾"。锡兰学者贝克在《东方哲学的故事》中有一首英文诗是如此描述这种心灵状态的:"如果你能把你自己的自己掏空,直掏到就像个无人居住的躯壳。那时他就会取而代之,用他自己把那壳儿填满,但你的躯体原本就被那'真你'充满着。你的行为举止又是如此聪明伶俐。那时他再到来时,他会说:'够了,这儿已经满着,没有地方再留给我。'"(贝克,1998:99)这就意味着,只有摒弃一切,包括头脑中所有细微的念头,才能够让"空灵"进入。

然而只有进入这种空灵的状态,你才能够真正发现神圣的自由之心。而只有获得了自由之心,你才能感悟到那诗意般的生活体验,体验人生幸福的至乐。正是这样的至乐,给你带来一份纯真的生活体验,其中充满着诗情画意的美妙感受。这份至乐与一切外源性的东西毫无关系,完全源自你内在的精神,是你摒弃一切概念思维,进入到一无所知之时油然而生的心灵状态。

生活的"空灵"状态,虽然是可遇而不可求,但也是长期修养的结果。从修养的角度讲,空灵也是一种人生体验到极致的感悟,是人生感悟极致的平静,那是一种更为简单纯净的心态。"淡泊以明志,宁静而致远",这是中国传统文化修身养性的最高境界。有修养的人懂得只有淡薄世事之后,才会洞明凡尘;只有清心内收之时,才会彻悟"空灵"。

追求诗意的生活,除了"消俗虑"、"明理境"、"正心态"与"几空灵"之外,当然人们还应该有生活的情趣。对于诗意的生活而言,没有生活情趣的人,就不可能是一个有诗意的人,没有生活情趣的生活也是单调乏味的。生活情趣是一个人志趣的反映,健康向上的生活情趣,不仅有利于人的身心健康,还能开阔人的视野,丰富人的知识,激发人的诗兴雅致,陶冶高尚的情操,享受美好幸福的生活。

当然,要拥有生活情趣,还在于内心要达到"中和至诚"那种境界。这不是每一位读者都能够轻易就成就了的。这其中的关键就是要不断培育我们的精神体验能力,通过上面"消俗虑"、"明理境"、"正心态"与"几空灵"的步骤,不断使精神得到升华,从而能够发展我们的仁爱之心,实现自由美好的

第八章 仁爱淑世

幸福生活。

卓别林(Charles Chaplin)在1940年所演电影《大独裁者》中,最后有一段独白说得非常好,我将其翻译为中文是:"生活之路可以是自由美好的,可是我们却迷失了方向。贪婪毒害了人们的心灵,仇恨使世界分裂,把我们驱入无尽的苦难和流血之中。我们显示了速度,速度却阻隔着我们彼此的联系。机器带来了财富,而我们却依然贫乏。知识使我们言行乖僻,我们的才智冷酷无情。我们思虑多而体验少。须知,比机器更重要的是博爱,比才智更重要的是仁慈。如果没有这些品质,生活就会变得动荡不定,一切都将不复存在。"

这段独白好像描写的不是20世纪40年代的情形,而是我们眼下社会现状的真实写照。确实,从根本上讲,美好幸福的生活,需要博爱和仁慈!我们需要维护人类社会整体关联性的那个精神!

为此,作为一种日常生活幸福的可行途径,如果诸位读者不能一时顿悟至诚之心,那就不妨遵循以下基本的淑世准则,让人们的心灵渐渐可以变得清明起来,从而赢得属于自己的幸福人生。

首先要学会认识自己,孟子曰:"万物皆备于我矣。反身而诚,乐莫大焉。强恕而行,求仁莫近焉。"(《孟子·尽心上》)也就是说,要达到这种"仁"的境界,首先是认识自己,并通过认知自己的本性去体悟天道,因为"万物皆备于我"。所以《孟子·尽心上》中又说:"尽其心者,知其性也,知其性则知天矣。"

其实这样的观点,在西方思想传统中也有类似的论述。德国现代哲学家卡西尔就认为:"在宗教生活中的一切较高形式中,'认识你自己'这句格言都被看成是一个绝对命令,一个最高的道德法则。……赫拉克利特就确信,不先研究人的秘密而想洞察自然的秘密那是根本不可能的。"(陈珺,2003:49-50)

不过要想真正认识到自己本性,也不是一件易事,会涉及我们秘密认知能力的运用。在《六祖大师法宝坛经》"自序品第一"中记载这么一段公案(河北禅学研究所,1997:328):

> 逐后数百人来,欲夺衣钵。一僧俗姓陈,名惠明,先是四品将军,性行粗糙,极意参寻。为众人先,趁及慧能。慧能掷下衣钵于石上,曰:

明道显性:沟通文理讲记

"此衣表信,可力争耶?"即隐草莽中,惠明至,提掇不动,乃唤云:"行者,行者!我为法来,不为衣来。"慧能遂出,坐盘石上。惠明作礼云:"望行者为我说法。"慧能云:"汝既为法而来,可屏息诸缘,勿生一念,吾为汝说法。"明良久。慧能云:"不思善,不思恶,正与么时。那个是明上座本来面目?"惠明言下大悟。复问云:"上来密语密意外,还更有密意否?"慧能云:"与汝说者,即非密也。汝若返照,密在汝边。"

这便是认识自我本性的秘密认知。认识自己,说得白话一点,就是要认清人的社会性:我们每一个人代表着整个人类,每一个人既拥有自己的个性,更体现着人类的共性,我们人类是相互关联的一个整体。进一步,按照古希腊哲学思想的先驱赫拉克利特的信念,跟孟子的观点一样,认识自己的秘密(精神本性),也是洞察自然秘密(天道空性)的前提,从而便可以达到天人合一的境界。

然后第二就是要相信生活是值得一过的。记住,不仅最不利的生活也是值得一过的,而且我要说,生活的挫折、坎坷和磨难,实际上反过来是人生的一笔财富。平庸者,总是不愿经历苦难、磨炼、奋斗,缺乏持之以恒的坚持。但是你可曾知道,傅雷在人生历程中与日俱增的信念吗?他在《贝多芬传》"译者序"说:"不经过战斗的舍弃是虚伪的,不经劫难磨炼的超脱是轻佻的,逃避现实的明哲是卑怯的;中庸、苟且,小智小慧,是我们的致命伤。"(傅雷,1983:115)

所以《孟子·告子下》曰:"故天将降大任于斯人也,必先苦其心志,劳其筋骨,饿其体肤,空乏其身,行拂乱其所为。所以动心忍性,曾益其所不能。"坎坷磨难好比是磨刀石,可以磨炼心志,使宝刀更加锋利。

其实人生之危不在磨难坎坷,而在于素位不配。正如《淮南鸿烈·人间训》中所指出的:"天下有三危:少德而多宠,一危也;才下而位高,二危也;身无大功而受厚禄,三危也。"(刘文典,1989:588)因此"相信生活是值得一过的",并不能仅仅是一句空话,而是要通过积极进取的修为,来达到无为自在的境界。

最后第三,要探索人生的意义。奥地利思想家弗兰克尔指出:"固然,探索人生意义,会引起人的内心紧张,而失去心情平静。但是这种紧张恰恰是精神健康不可或缺的前提。在这个世界上,我敢讲,能如此有效地帮助人们

第八章 仁爱淑世

在恶劣的逆境中坚持下来的,莫过于对人生意义的认识。"(陈珺,2003:96)

那么人生的意义是什么呢？奥地利未来学家阿德勒在《生活的意义》中指出:"奉献乃是生活的真正意义。"(陈珺,2003:39)以及"只有了解生活的意义在于奉献的人,才能够以勇气及较大的成功机会来应付其困难。"(陈珺,2003:46)人生的意义就在于爱的奉献。这一点在《论语·阳货》中有明确的说明,孔子说:"君子学道则爱人,小人学道则易使也。"君子学道就是为了仁者爱人的,要成为社会的贡献者,而不是谋取私利,成为精致的私利者。所以《孟子·公孙丑上》曰:"故君子莫大乎与人为善。"

要去践行爱的奉献,自然关键在个人自己的修为。因此复性行善,自利利他,是奉献爱的第一要务。仁心在内,必有爱人行为之表现。总之,要成为仁者,则需要具体外行善事,内存善念,知行合一。其原则便是,不违背良心,不损害自我、他人及整个共同体(包括动物等),必要时候牺牲小我。

必须清楚,实现爱的能力途径就是社会关系。也就是说,仁爱不仅仅是一种简单的个人行为,而且更重要的是全部社会关系的基石。因此如果进一步考虑到人际关系是我们生活主要意义所在,反过来建立在仁爱基础上的良好人际关系就不仅是生活快乐的源泉,也是个体存在的自我感的源泉。张载在《张子正蒙·至当篇》中说:"爱人然后能保其身,寡助则亲戚畔之。能保其身,则不择地而安。……不择地而安,盖所达者大矣；大达于天,则成性成身矣。"(张载,2000:170-171)

行善之要在于行。清代西京宝应寺沙门释清觉,在其所著述的《正行集》里,开篇就说:"凡君子者,不在乎贵,不在乎贱,不在乎贫,不在乎富,唯在乎行也。……凡君子者,宽宏大量,高识远见。理其性,静其神,修其德,蕴其行。以教以绪,无纵无恣,不侮不骄,绝毁绝誉。不彰他人之过,不行自己之非。"(大藏经 Vol.63，No.1254)可为奉献行为的准绳。

注意,这里"不彰他人之过",就是要心存善念,远离是非。传说宋代苏东坡有一天到佛印禅师那里闲坐,苏问:"大师,你看我坐在这里像什么?"佛印答曰:"像一尊佛。"苏却反唇相讥说:"但我看你倒像一堆粪。"佛印答曰:"哦,是吗？"苏说:"你尊我为佛,而我说你是粪,你不生气吗？"佛印道:"我应该高兴,怎么会生气呢！"苏惊讶地说:"大师何意？"佛印说:"自己是佛,所以看别人也是佛；自己是粪,看别人也是粪。"

因此为人在世，不仅不要当面恶语相向，更不要背后议人是非，在任何时候心中都保持善良的念头，不要有恶念存心。因为恶行恶语乃是内心恶念的反映，人心中有了是非才能看出是非。人所有言行不过都是内心思想的反映，有恶念必有恶语恶行。反之亦然，恶语恶行是内心恶念的外在表现。

　　总而言之，诗意般幸福生活的原则，不出"积极进取，随遇而安"这八个字。用冯友兰的话来解释就是："君子作事，乃因其应该作而作之，成败利害，均所不计较。所以他的气概是一往无前底，他的心境是空阔无沾滞底。"（冯友兰，1996:52-53）

　　人生的意义在于奉献。要使得幸福的感受不会被杂念破坏，就要随遇而安，不要在乎结果。《老子·第八十一章》说："天之道，利而不害；圣人之道，为而不争。"不在乎结果不代表不作为，而是"为而不争"。

　　"积极进取，随遇而安"，用通俗的话讲就是：竭尽全力把你想做的事做好，不要关心其结果，在任何境遇下都要保持乐活心态。乐活则心活而无累，心活无累，则得自在快乐。陆子静在《象山语录下》中说："内无所累，外无所累，自然自在，才有一些子意便沉重了。彻骨彻髓，见得超然，于一身自然轻清，自然灵。"（陆九渊，1980:468）只要树立起生活的信心，"积极进取，随遇而安"，你就可以创造属于自己的美好生活。《论语·述而》所讲的"子之燕居，申申如也，夭夭如也"，即是愉悦自在的生活写照。

　　当然，如果把易道的心性存养宗旨也结合进来，我们还可以将"积极进取，随遇而安"这八个字扩展为："显诸仁，积极进取，自强不息；藏诸用，随遇而安，厚德载物。"这便是幸福生活的淑世准则。

　　归纳起来讲，养成积极向上的生活态度，是人生幸福的总原则。我们必须对生活有信心，生活就是一切，一切都是生活。不要害怕生活，哪怕有再多的苦难，生活也是值得一过的，生活的终极意义就在于生活是不可预测的，这也是人生价值的所在。如果人生一切可以在预料之中，那么生活必然变得枯燥乏味。因此只要树立起生活的信心，你就可以创造属于自己的美好生活。

　　如果说生活有什么技巧的话，那就是要有追求的目标，经常保持微笑，学会与人分享喜悦，乐于帮助别人，永远保持一颗童心。学会与各种人愉快

第八章 仁爱淑世

相处,要有一点幽默感,要能够处惊不乱,要学会宽恕别人,经常听听音乐;要有几个知心朋友,领略与人合作的愉快,享受天伦之乐,保持高度的自信心。尊重弱者,千万不要财迷心窍。

依靠自己的智慧,达成仁爱的自由,从而体验幸福的人生。自由则无依恋之情,仁爱则无掌控之欲,智慧则无贪欲之心。如此便可充分体现空性所呈现的整体关联性作用,自信自立,不借他力,成就诗意生活的境界。

那么何谓"诗意生活的境界"呢?依我管见,诗意的生活大致可以分为四种境界,即空灵之境,超然之境,闲暇之境,守志之境。我向来以为,惟有诗意的生活,才会有生活的真情;惟有生活的真情,才有诗人的真诗。在所有语言文字的言说中,也只有诗歌最显真实,我宁信诗中之情真,也不信逻辑之理真。因此我们就以中国唐代一些著名诗人们所描述生活意境的诗歌,来一窥这四种诗意的生活境界。

首先若以守志生活之境为例,那么王昌龄的《芙蓉楼送辛渐》:"寒雨连江夜入吴,平明送客楚山孤。洛阳亲友如相问,一片冰心在玉壶。"就是典型的一首。芙蓉楼,原名西北楼,遗址在润州(今江苏镇江)西北。登临可以俯瞰长江,遥望江北。这首诗大约作于唐玄宗开元二十九年(741年)以后。诗人传达自己依然冰清玉洁,坚持操守的信念,是大有深意的。

如果说王昌龄的《芙蓉楼送辛渐》描述的是高洁清白的生活境界,那么白居易的《问刘十九》:"绿蚁新醅酒,红泥小火炉。晚来天欲雪,能饮一杯无?"其中表达出的优雅闲暇,自然是典型的闲暇生活之境。吕洞宾也有诗句说:"闭门清昼读书罢,扫地焚香到日晡。"同样是对闲暇生活的一种描写。人生能清闲如此,诗意生活不求自来。

至于超然生活之境的写照,当推李白的《山中问答》,其诗曰:"问余何意栖碧山,笑而不答心自闲。桃花流水窅然去,别有天地非人间。"好一幅超然之画面,大有"采菊东篱下,悠然见南山"之意境,逍遥洒脱,荡尽心中俗念。

最后,当然就是空灵之境了。唐代德诚船子和尚有诗偈云:"千尺丝纶直下垂,一波才动万波随。夜静水寒鱼不食,满船空载月明归。"船子和尚,原名德诚,遂宁(今属四川)人。约生活于中晚唐时期,隐居华亭(今上海市松江区),从药山惟俨禅师学道参禅。了悟后,常乘小船往来松江朱泾间,以纶钓度日,人称船子和尚。此诗偈中一句"满船空载月明归",非见性落拓之人不能得,空灵之极。

空灵生活之境,也是心灵任运自在的生活境界。宋代朱熹所写《偶题三首》之三:"步随流水觅溪源,行到源头却惘然。始信真源行不到,倚筇随处弄潺溪。"若有所得。元代石屋清珙禅师的一首《山居诗》,则描写得更为自在:"柴门虽设未尝关,闲看幽禽自往还。白璧易埋千载恨,黄金难买一身闲。雪消晓嶂闻寒瀑,日落秋林见远山。古柏烟消清昼永,是非不到白云间。"无疑就是自由之境了,任情空灵,生活自在。而近代僧人敬安禅师在《答柳溪居士》一诗中说:"何必山巅与水涯,安心随处便为家。有人问我西来意,笑指长天落晚霞。"更是直达诗意人生的妙高峰顶。

诗意的生活不是靠别人给予,而是全靠自己的心灵感悟。其纯粹是顺乎天性,徜徉自然,悠然自得的结果,体现的就是人作为一种纯粹精神的存在。德国存在主义哲学家海德格尔在《诗·语言·思》一书写有"人诗意地居住"一章,其篇名取自荷尔多林的诗句(海德格尔,1991:185):

　　充满劳绩,但人诗意地
　　居住在此大地上。

海德格尔在文章中仔细分析了荷尔多林这首诗,指出作为人的一种超然物外的精神。

是的,人当诗意地栖居在此大地之上,人作为人是不可限制的,这种人的不可限制性,首先体现在人作为精神之存在体,诗性是其根本特质。如果人生缺失诗意,那么人的这种存在也就毫无意义了。

第九章

结　论

> 天地感而万物化生,圣人感人心而天下和平。
> 观其所感,而天地万物之情可见矣!
>
> ——《周易·咸卦》

当今世界,全球化正在不断冲击着经济发展模式,文化思想观念,乃至人们生活方式。如何突破不相适应的传统文化价值体系,建立起符合时代精神的全新文化价值系统,无疑是一个值得人们普遍关注的问题。从这个角度上讲,或许我们这部读物在沟通文理论述中所获得的一些启示,对于推动此类重建人类全新文化价值体系,会起到推波助澜的有益作用。因此作为最后一章的总结性论述,我们不仅要把书中的主旨做一番梳理与归纳,而且要通过对书中涉及的不同文化体系进行分析比较,来讨论全球文明未来发展的趋势,希望能够有助于读者更好地认识未来全球文化发展的脉络。

明确圣学宗旨

现在,我们先来对书中一以贯之倡导的思想观念进行归纳总结。从内容上讲,除了引论和结论外,全书大致可以分为三个有机环节部分。

首先是明道部分:第二章的物质空性,第三章的宇宙缘起,以及第四章的生命演化,都属于天道认识部分,主要论述自然规律及其在不同尺度上的表现。通过这些自然规律及其表现的系统论述,我们对于外部实在的科学描述理论,比如量子论、相对论、遗传学、进化论、混沌学、脑科学等,都有了较为全面的了解。更重要的是,通过与当代科学理论的比较分析,我们对中国古代的天道观,尤其是道家关于天道的论述,周易关于天道的论述以及北宋理学家对天道的论述,也有了更加全面的深刻理解。

接着是第五章的意识反观,属于衔接部分,主要是在物质世界与精神世界建立起沟通的桥梁,不像前面三章所讨论的物质、宇宙和生命,都已经建立起基本的科学解释理论。意识问题是一个地地道道的科学难题,目前尚未建立起任何哪怕十分简陋的解释理论。为此,我们通过改造佛教唯识论的主要论述,建立一种意识功能与现象的统一解释框架,将物理世界与精神世界有机地融为一体,从而为揭示精神现象扫清障碍。

最后是显性部分:第六章的精神作用,第七章的心法存养以及第八章的仁爱淑世,都跟心性的显现有关,主要论述心性作用及其在不同方面的显现方式。通过对这些心性作用及其表现的系统论述,我们对于内在心性的作用性质,比如整体关联性、时间存在性以及恋物倾向性等,有了比较全面的认识。更重要的是,通过对心性显现途径的了解,我们也就清楚了存心养性的主要途径,以及幸福生活的基本准则。

实际上通过将科学与人文沟通起来的第三种文化论述方式,应该说,我们这部读物不管是天道还是心性,乃至生活,都有涉及。如果用高度浓缩简练的语言来概括,这部读物所倡导宣扬的主旨可以归纳为这样十二个字:格物敬天,明心悟道,淑世爱人。

第一是格物敬天。格物敬天,首先是格物,然后在格物致知的基础上去敬天,对于自然要心存敬畏。因此所谓"格物",就是要遵循科学精神,通过科学途径去认识与把握自然的根本规律与法则。用中华圣学传统的话来讲,就是知天道。而所谓"敬天",则是指要尊重自然规律,敬畏自然法则,保护自然生态,强调人与自然的和谐相处,达到天人合一的境界。

显然,"敬天"的前提是"格物",只有格物才能致知,才能消除愚昧获得智慧。人们只有了解了大自然的规律,才能更加自觉地敬畏自然而不是盲目地迷信神迹,或一切不解之谜。民间迷信地敬畏某样"神仙"、"大师"或"神祇",这是愚昧的表现,就是因为对自然规律缺乏科学的了解。人们只有在科学地了解自然规律的基础上,才能够遵循自然法则,更好地去行动,才是真正的敬畏自然,珍爱生命,保护生态。

因此只有通过对复杂的自然现象底下的根本之道有了清醒的认识,获得智慧,才能真正达到格物敬天。可以说,智慧是众善之门,而愚昧则是万

第九章 结 论

恶之根。可见我们"格物敬天"是多么重要。

第二是明心悟道。通过格物敬天我们了解了天道,但还不够,那只是认识上的。因为人们还需要能够进一步达到天人合一的境地,要把了解的天道法则内化成为一切行为的动因,此时就需要明心悟道的功夫。

这里的"明心",是指要保持优良的精神状态,善于保任意识体验能力,让精神常处于清明状态,不为物欲所动摇。当然"明心"的最高境界就是"悟道",是指顿悟自性的自在之境。用中华圣学传统的话来讲,就是致中和。

《大学》指出:"知止而后有定,定而后能静,静而后能安,安而后能虑,虑而后能得。"可见真正做好"明心悟道",首先就要"知止",即把握自然的根本规律与法则。因此"格物敬天"又是"明心悟道"的必要前提。

社会需要理性,而社会中的个体则需要悟性,人生最高境界就是要获得理性与感性统一的悟性能力,能够显现宇宙精神。因此了解精神实质,向内发明心地,体悟自性,从而洞见宇宙空性,达成精神自由境界,就成为人生幸福的必要条件。

第三就是"淑世爱人"。不管是"格物敬天"还是"明心悟道",其落脚处都是为了人类社会的幸福生活。所谓"爱人",就是要提倡大爱精神。孔子说:"仁者爱人。"《圣经·加拉太书》说:"全部律法可一言以蔽之,曰要爱人如己。"佛教说:"慈悲为怀。"所有这一切,无非就是要谆谆告诫世人,大爱是人类社会幸福生活的基石。

当然,"爱人"的目的便是"淑世",同样用中华圣学传统的话来讲,就是躬亲民。倡导和平自由仁爱的价值观念,建立公平正义民主的社会制度,发展富足健康幸福的物质技术,都是"淑世"的基本内容。

总之,人类社会的可持久发展,人类生活的幸福美满,都需要我们每一个人献出自己的一份爱心,我们所有的人都是紧密关联的一个整体。人类美好的生活需要我们共同努力。提倡"格物敬天,明心悟道,淑世爱人",就是希望我们的社会能够走上健康发展的道路,让社会中的每一个人都能够生活幸福。

当然,我们提倡"格物敬天,明心悟道,淑世爱人"这样的宗旨,是针对整个社会而言的。对于个人而言,显然不必要求每一个人都能够亲历"格物"、"悟道"、"淑世",但能恪守"敬天"、"明心"与"爱人",就能够感受到幸福的生活境界。

　　首先我们要敬天。对于普通人来说,不是每个人都可以去亲历格物的,格物是科学家的事情,需要特殊的实验条件和长期的能力培养,一般普通人是没有这个条件和能力的。但是普通人去了解已有的科学成就,从而认识最先进、最真实、最全面的当代科学思想和原理,这是没问题的。建议读者可以多读一些高级科普作品,了解目前科学对大自然规律的认识。所以,尽管人们不一定要亲自去格物,但通过对科学家们格物成就的了解以后,遵循自然规律,便可以达成敬天的境界。

　　然后我们要明心。同样,对于明心悟道而言,这个悟道也不是每个人都能轻易达到的。尽管原则上讲根本道性人人天就,但是非经过机缘、历练和努力,多数人一时很难悟道,可以说真正悟道是很难的。但是人们不必为此灰心,每个人做到明心,应该是没问题的。也就是说,尽管人们难以悟道,但是通过努力把心灵洗涤干净,提高人们的心理品质,只要贵在坚持,这是人人都能够做到的,并因此可以更加美好地赢得属于自己的幸福人生。

　　最后我们要爱人。淑世原则上不仅要去齐家,而且还要去治国、平天下的。这也不是每个人都有施展的机会的,依赖于人们从事的职业。作为公务员、企业家,或者社会各界贤达,理应本着淑世精神,去为我们美好社会的建设、管理和服务,做出自己的贡献,让百姓都能衣食无忧,过上幸福生活。但是淑世抱负的施展,是依赖于一定的社会地位的。作为普通百姓,或许难以施展淑世的抱负,但在日常生活中,无论是处于什么境遇,属于什么阶层以及从事什么职业,至少都要努力做到爱人。由近及远,从爱家人,爱亲戚,爱朋友,爱邻居,爱同事,乃至爱普天之下所有的人,都是可以渐渐去践行的爱人行动。所以每个人都可以努力践行爱人之原则。

　　综上所述,归结一条,我们这部读物倡导的精神宗旨就是这六个字,"敬天、明心、爱人"。倘如我们每一个人都能切实践行这三个基本生活准则,那么幸福生活就会不期而至,美好的社会也就会变成现实。

　　实际上这上述三条原则刚好跟我们《大学》的精神是一致的,我们都知道,第一章引论中我们解读了《大学》,其中强调三个要旨,"知天道,致中和,躬亲民"。对应到我们这部读物的宗旨,正好就是上面归纳的内容,并与"格物敬天,明心悟道,淑世爱人",或者简单地说"敬天、明心、爱人"一一对应。

第九章 结　论

所以说，我们这部读物与《大学》所提倡的圣人之道是相符的。不大一样的是，我们这部读物中，更多涉及现代科学，不像古代，对自然规律了解不多。而我们这样的结论是在了解大量现代科学的基础上，重新建立起来的认识，因此具有更加广泛的普适性。

优良的生活不仅仅需要丰富的物质生活，也同样需要充实的精神生活。遗憾的是，眼下时风每况愈下，人心不古，物欲泛滥，自我膨胀，导致精神失落。所以我们重点阐述心身修养的重要，也就是《大学》宗旨中强调的"修身为本"，以期能够唤醒民众，找回失落的精神家园，所谓"明道显性"，重塑幸福的人生。要想重塑幸福的人生，就要践行"敬天、明心、爱人"之旨，而前提首先就是需要人们以智慧破除迷信。

什么是迷信呢？宁达蕴在《佛教问题之总答辩》一文中指出：所谓迷信，"是某人对于某神或某种学说，并不探讨其理由，而一昧加以盲从的信仰或崇拜。"（宁达蕴，1927：11）因此凡是对外在事物的盲信，都是迷信，包括对科学的盲信，也是一种迷信，叫"迷信科学"。梁启超指出："夫知焉而信焉，可也；不知焉而强信焉，是自欺也。"（何建明，1998：191）更加容易产生迷信的是宗教，信仰宗教无可厚非，但如果处于无知而盲从，就会陷入迷信的泥潭，"信仰之所以成为迷信，是由于无知而盲从所致。"（何建明，1998：191）

当然，一般迷信的事物包括钱财、权力、权威、神祇、名人、名言，等等。迷信的表现形式则包括崇拜、膜拜、痴迷、盲从等，比较低级的迷信表现就是求卦问卜，烧香磕头，顶礼膜拜之类。高级的迷信表现则有崇拜偶像，敬神拜佛，信守教条之类。迷信根源就是不能自信，结果就是迷失自性。因此大凡把幸福生活寄托在灵丹妙药，神像崇拜，绝技神通，甚至经句箴言之上，都是迷信。

有人觉得迷信的产生是科学水平的缺乏，要是可以用科学的方法解释所有事，就没有迷信了。但如果一昧迷信科学也会产生新的迷信。其实在中国古代科学水平并不高，但一些达人圣贤照样不迷信，因此迷信的根源是人们的愚昧之心。

人因为愚昧才会时常轻信、盲从，甚至迷信。难辨是非，才会疑神疑鬼，总是不能自明。《明道显性》这部读物，就是要扫清人们的愚昧，使一颗受蒙蔽的心得以清明，正如庄周所言，辨别是非，"莫若以明"。

明道显性:沟通文理讲记

　　人因为愚昧才会崇拜物质、权威,抑或偶像。难悟自性,才会信这信那,总是不能自信。《明道显性》这部读物,就是要帮助人找回那份久已失落的自信,正如慧能所言:"般若之智,人皆有之。"

　　人因为愚昧才会缺乏诚意、真情和爱心,难达善境,才会自私自利,总是不会忘我。《明道显性》这部读物,就是要帮助人放下小我找回大我,让内心充满大爱,正如孔丘所言,为人忠恕,"仁者爱人"。

　　迷信就是向外祈求福佑而不是向内了明自性。从修为的角度讲,就是违背了自信自立,自力自为,自修自证的原则。人们之所以迷信,除了封建迷信文化生态的不良沿袭外,主要还是投机取巧,好逸恶劳,出人头地的心理在作怪,或寄希望运气,或寄希望神通,或寄希望神佑。

　　记住,不要有因愚昧而陷入权威崇拜的迷信,而是要有经了解"格物"后产生"敬天"的智慧;不要有因贪欲而落入迷失自我的私心,而是要有求达成"悟道"而努力"明心"的意愿;不要有因争夺而结成冤冤相报的仇恨,而是要有为成就"淑世"而遵循"爱人"的情怀。

　　其实"敬天、明心、爱人"的躬行之策也很简单,归纳起来也就是三句话:破除迷信知天道,调养性情致中和,关爱社会行良善。说到底,美好的生活取决于一种圣学精神,取决于一种积极向上的生活态度。我相信,幸福生活是一种生活态度的反映。当人处在躁动不安充满诱惑的大千世界里,难免不受影响,于是就需要形成良好的生活态度,这便是修养功夫。

　　中华圣学博大精深,其为人生修养指南,最为实用。但由于格物致知一节,没有当代科学发达,因此所建学说体系,尚有许多不足之处,其中关于天道的认识不足,尤为突出。我们依据科学成就,充实其思想体系并加以阐发,使之适应当代社会的需要,来指导人们的个人修养。

　　只有知天道,方可去迷信。人不知天道,便入愚昧,心生无明,盲目迷信,往往会误入歧途。人生需要有自信心,而自信心首先源自对宇宙万物的正确认识,方能不为物境所迷惑。因此如果不能认识天地万物的根本之道,树立一种由内而外的自信心,那么奢谈个人修养,那终究还是难以持久的事。

　　因此在科学高度发达的今天,在有了对自然规律深刻洞见的基础上,对于每一个当代人而言,我们提倡将"敬天、明心、爱人"作为生活的基本原则。

第九章 结　论

其实这也不是什么新口号，记得日本明治维新时代，进步的思想家就提出了"敬天、爱人"口号，结果带动了日本国民的觉醒，日本社会也因此走向繁荣富强，科技发达。

不同的是，我们根据书中的论述，发现在现代社会中，内心世界的中正平和，在优良生活的追求中占据着决定性的作用，并关乎仁爱之心的显现。加上现代化普遍给我们这个社会带来的焦虑负面影响，因此"明心"也就成为一个不可或缺的环节。

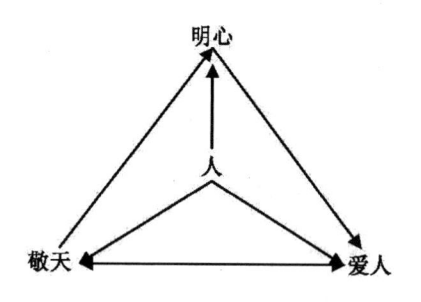

图 9.1　中华圣学宗旨

中华圣学宗旨，如图 9.1 所示，天有天道，人有人道，敬天爱人，天人合一，是为悟道。悟道由心，心无所住则道悟。反之，如果心源一失，则敬爱双亡。所以敬天与爱人，都离不开悟道，从而离不开明心的努力。进一步，无论是敬天也罢，是明心也罢，还是爱人也罢，又都贵在心诚。心诚则敬天，敬畏自然；心诚则明心，明了自性；心诚则爱人，爱济天下。

在当今现实社会中，以物质利益为核心的市场竞争，必然导致这样的结果，追究个人幸福的自私，导致两极分化，必然阻断民众普遍幸福；极端的物欲化，必然导致精神失落；为了消灭竞争对手，必然导致垄断的产生。

一方面，以技术和物质为价值取向的个人主义观念盛行，导致人们的生活失去了意义。人们生活在没有意义的世界里，为了寻找生活的意义，没有片刻宁静之心的人们，又不断地极尽所能试图证明自己的存在。于是拍写真，写自传，秀生活，就成为社会的常态。但这些依然填补不了人们孤独空虚的心。在当今社会生活中，寻找失去的自我，成为生活最大的挑战。

"但是这种证明自己存在的方式，只不过是大众失去社会性后表现出的

明道显性:沟通文理讲记

一种无可奈何的行为罢了。……在这种社会里,人与人之间的关系逐步地被人与物之间的关系所替代。"(杨伯溆,2002:170)于是在全球化的当今社会,人们比以往任何时候,都更需要从各种古老传统文明里面寻找智慧,来抚慰那颗焦虑、孤独和破碎的心。这也就是为什么随着现代化进程的不断发展,各种古老传统文化不断复兴的原因。

在全球化进程不断深化的当今社会中,倡导一种崭新的生活方式,给出幸福生活的日常指导,建立全新的道德伦理价值体系,应对后信息时代面临的生存挑战,重建人类的精神家园。这就是我们之所以倡导"格物敬天,明心悟道,淑世爱人"的初衷,也是我们《明道显性》这部读物通过系统的论述希望传递给读者的宗旨。

归纳起来,我们一直主张,在指导人类幸福生活的文化观念体系中,有两个方面的内容是少不了,一个是圣学,一个是科学。科学解决我们的物质生活问题,圣学解决我们的精神生活问题。如果能把这两种文化有机融合起来,成为一个完整的新的体系,那一定会成为人们未来生活的普遍的行动指南。这就是我们这部读物的结论。

世界文化比较

总结完这部读物的主要思想宗旨以后,诸位读者可能还有一个疑问,就是这部读物所传达的思想观念,与世界上现有主要文化比较,是否包纳了各种文化优秀的观念要素,代表最为先进的文化思想观念?是否有助于人们优良生活的化导?所以接下来我们进行世界主要文化的比较,从而更好地认识我们思想宗旨的意义所在。

首先不可否认,这部读物所倡导的思想观念,显然主要是以中华圣学思想为主导,从科学与人文两个方面文化融会贯通的视角得出的,是在第三种文化视野下取得的思想成果。但细心的读者也不难发现,我们这样的宗旨也是在汇通世界上为众多民众所遵循的,有着不同来源的优秀文化思想成分之上得出的结论。

我们知道,目前全球现存主要文明,包括西方文明(也称为基督教文明)、东正教文明、伊斯兰文明、印度教文明、中华文明以及日本文明等。就

第九章 结 论

各大文明的代表性国家而言,美国是基督教文明的核心国家,俄国是东正教文明的核心国家,印度是印度教文明的核心国家,中国是中华文明的核心国家,日本是日本文明的孤立国家,而伊斯兰文明(泛指整个伊斯兰世界)尚无代表性的核心国家。除了上述主要文明覆盖的地区之外,其他国家的文明归属大致可以划分为泛东方文明和泛西方文明两大阵营。泛西方主要指其他基督教文明覆盖的地区,比如西欧和拉美以及西南非洲;泛东方则指其他佛教文明覆盖的地区,比如东亚、南亚和部分东南亚地区。

如果将文明看作是广义的文化(包括观念、制度和技术),那么我们在下面的讨论中将采用狭义的文化一词,主要是指主导各文明形成的思想观念体系。狭义的文化,主要是指人类生活中系统化的思想观念(信念),包括世界观、价值观、人生观及其在日常生活中的体现,即所谓生活方式。

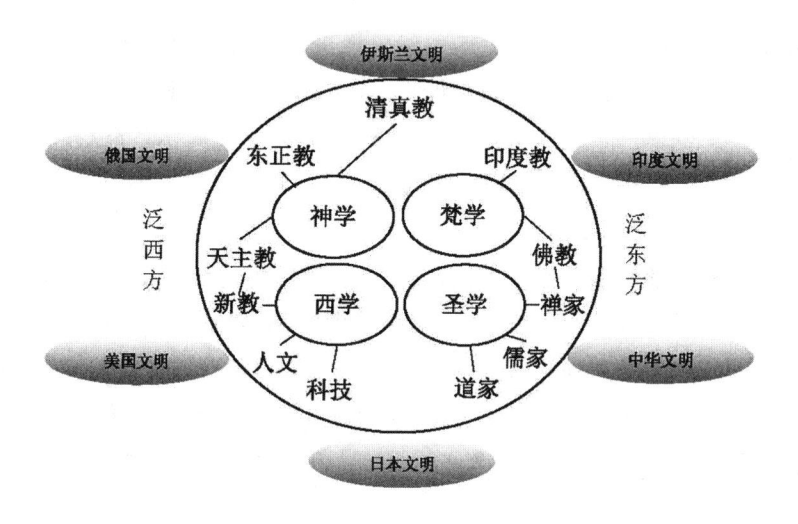

图 9.2 全球文明主要文化思想源头

这样一来,就不难知道,目前主要文明的文化思想种子,都可以在公元前5—6世纪左右,追溯各自的源头。归纳起来,如图9.2所示,这些源头主要包括以色列民族以上帝观念为基础的神学思想体系,以希腊爱智观念为基础的西学思想体系,以印度奥义观念为基础的梵学思想体系,以及中国儒家仁智观念为基础的圣学思想体系。

235

明道显性：沟通文理讲记

　　然后大约经过1200多年的时间，在这些思想观念不断传布、交融和发展之下，到了公元7—8世纪，基本上形成目前主要文化思想学说的格局。在阿拉伯半岛，新兴的伊斯兰文明正在孕育；在东欧，拜占庭东正教文明已经形成；在西欧，西方基督教文明正在形成；在印度，古老的印度教文明得到复兴；在东亚，中华文明达到鼎盛时期，并全面影响日本等东亚国家。

　　这样，大约又经过1200多年，形成的文明国家之间相互征伐，主要是伊斯兰文明、东正教文明和基督教文明三者之间的此消彼长的相互征战，伊斯兰文明对印度文明的蚕食，蒙古帝国对欧亚大陆的征讨，特别是对东正教文明的侵略，以及最后泛西方文明对所有其他主要文明国家全球范围内的掠夺、殖民和侵占，还有其他各主要文明国家的纷纷独立和民族文化复兴。发展到今天，形成目前的全球文明格局。

　　因此迄今为止，非局限于一地一国（如日本的神道等）。至今依然在世界范围广为流传的文化思想体系主要包括：（1）西方文化思想体系，简称西学；（2）一神教文化思想体系，简称神学；（3）印度文化思想体系，简称梵学；（4）中华文化思想体系，简称圣学。之所以在这些文化体系简称中都冠以"学"字，是因为我们这里的分析只注重文化基因型（文化思想体系），而并不关心文化表现型（具体文化现象）。

　　首先看西学。主要是传承古希腊—罗马文化传统，并经过文艺复兴、启蒙运动以及现代科学的不断发展，成为目前全球范围内的主流文化。主要特点是以理性精神为基础，包括科学与民主为主体观念的一种体现现代化思潮的文化思想体系。这一文化体系大概在17世纪之后的近三百年来，伴随着殖民扩张，波及并影响全球大多数地区。目前已经成为全球大多数国家的主流文化。

　　其次是神学。主要以敬拜唯一的神（上帝或真主）为宗旨的，包括犹太教、基督教（东正教、天主教及新教）、伊斯兰教等各种教义为主体的一神教文化思想体系。尽管具体各大宗教的教义有很大的区别，但都属于一神教文化思想体系，并产生全球性的广泛影响。迄今为止，全球大约三分之二以上的地区都是受各种神学思想的影响。

　　然后是梵学。主要是传承古印度文化传统，以修行解脱为目的，包括奥义智慧、唯识理论、瑜伽禅修为主体观念的梵佛文化思想体系。其中产生世

第九章 结 论

界影响性的主要是佛教,在南亚、东亚和东南亚,包括中国、蒙古、日本、朝鲜,都产生比较深刻久远的影响。目前波及了西方国家,因此梵学也具有全球性影响。

最后是圣学,主要以儒家思想为主体,并吸收道家和佛家的合理思想,形成的一种体现中华文化核心精神的文化思想体系。圣学在东亚、东南亚有着较为广泛的影响,特别是蒙古、日本、朝鲜、越南,以及东南亚华侨聚集的地区。因此圣学也是一种世界性的文化思想体系,并不局限于中国本土。

如果从文化思想的内涵分析着眼,特别是从人类生活的主宰是强调人本还是神本,精神救赎的途径是强调主智还是仪式,以及世俗政治的参与是关切还是漠视,这四种文化思想体系,各自既有差异又有相同的文化价值取向。

从强调人本还是强调神本的角度上看,西学强调理性人本,圣学强调悟性人本,梵学强调神本人启(其中印度教偏向神本,佛教偏向人本),神学强调神本天启。从强调人本到神本的递减顺序排列,依次是西学、圣学、梵学(佛教、印度教)和神学(新教、天主教、东正教、伊斯兰教),从中可以看到西学与伊斯兰教正好处在对立的两极。

从精神救赎的途径上看,西学和圣学都是偏向启智主行途径的,强调智慧启迪,践行体用;就宗教而言佛教也基本上是主智的,但不同的佛教派别主智程度却有差别,启智主行程度从强到弱依次为大乘佛教、小乘佛教和藏传佛教。而神学和印度教多半偏向于崇拜主信途径的,强调礼拜仪式和信仰救赎。这些崇拜主信的宗教在程度上也有一些区别,崇拜主信程度从强到弱,依次为伊斯兰教、东正教、天主教、新教和印度教(印度教在解脱途径上采取宽容态度,途径多样,有知识瑜伽、虔爱瑜伽和行为瑜伽三种。但就现代印度大众而言,往往偏向于崇拜主信的虔爱瑜伽)。

从与世俗政治的关系上看,西学(就人文主体而言)和圣学(就儒学主体而言)均主张实学经世,佛教(包括禅宗)偏向避世修行(但不同的流派也有区别,涉世程度从强到弱,依次为藏传佛教、小乘佛教和大乘佛教),印度教和东正教偏向政教依附,基督教(包括新教)偏向政教分离,伊斯兰教偏向政教合一(但不同的教派也有区别,涉世程度从强到弱,依次为逊尼派、什叶派和苏菲派)。

如果回到我们这部读物所关注的文化价值取向来分析,这四种文化思想体系对我们书中论述思想内容的贡献大小是不同的,其贡献方面也有不同的侧重。如果以"格物敬天,明心悟道,淑世爱人"这一宗旨作为衡量标准,对照分析上述四种不同文化思想体系所做出的贡献,那么我们就可以发现不同文化思想体系的优势所在。

鉴于对于文化比较难以给出非常客观的分析评判,为此,我们仅只围绕着我们得出的美好生活宗旨,对这四种不同文化思想体系进行简要的分析,以期清楚中华圣学思想体系的优劣所在,并且明白这部读物所采用相关内容的取舍理由。

首先就格物敬天而言,西学在这方面最为进步,也做出了巨大的贡献。不但建立了解释自然的强大科学理论体系,而且建立了系统的实证方法体系,使得所给出科学理论具有无可比拟的可靠性。其唯一的不足,就是科学技术多用于改造自然,而较少提倡敬畏自然,在与自然和谐相处方面强调不够。好在后现代科学正在试图扭转这样的局面,提倡生态保护思想,我们期待能够根本改变传统科学泛化给我们的环境所造成破坏的趋势。

圣学在格物敬天方面比较提倡格物致知,跟西学强调自创论的观点一样,也提出相当完善的天道理论。主要是在形而上的角度上给出自然发生发展的一种解释理论,并且特别强调天人合一的思想,在与自然和谐相处的理念方面比较进步。存在的不足之处,当然也是非常明显的,这就是根本没有任何实证手段去证明所建天道观的合理性。因此其所给出的有关自然万物发生发展的解释理论,始终停留在形而上的思想层面。就这一点而言,则远不及科学理论的精密与可靠。在格物敬天方面,我们这部读物主要是采用西学与圣学的自创论思想与内容。

梵学虽然也有对自然的理性思考,强调梵我合一的观点。但真正构成一种影响世界的学说体系,主要是佛教所倡导的一种与自创论观点不同的万法心创论学说,在强调主观观测的依赖性方面也有可取之处。因此对我们这部读物的论述有一定贡献。

应该说,佛学心创论学说,主要思想源自于印度文化渊源的佛教教义,其核心观念认为万法唯识、心识唯空、性空缘起万法。大乘佛教般若学认为,宇宙万事万物(万法)都是因缘和合而成的,因而是没有自性,没有实体,

第九章 结 论

是空的。比如以龙树为代表的佛教中观学派,就是倡导缘起性空说。

注意,佛教教义中的"法",相当于古代汉语中的"物",意指一切物质现象,既包括物质性的外境,又包括对物质性外境的精神性的内识。因此佛教学说中的万法为空,不仅是《心经》所指"色不异空,空不异色;色即是空,空即是色",也同样指"心即是空,空即是心",因为《心经》中接着就强调"受、想、行、识,亦复如是。"(河北禅学研究所编,1997:1)其实对于佛教唯识宗而言,这个所谓的"色蕴",也是心法的一部分。因此万法为空,也就是五蕴皆空。

当然这个空是可以"性空缘起"的,就是指万法都是由原因和条件的集合而生起,缘集则生,缘散则灭。指出宇宙间万事万物的相互依存关系,也就是指任何一个现象或事物都是不能孤立存在的。这样一来,整体关联性本身即是事物显现的根本,并没有自身独立存在的实体。因此一切事物穷其根本,均是性空而已。这与量子物理学认为任何事物都不可能单个地独立于实验条件而存在的结论,是一拍相合的。

既然一切事物都是相互依存的,那么真空(虚无)与妙有(实有)的关系也同样理应是相互依存的。宗密在《禅源诸诠集都序》中就指出:"真空者,是不违有之空也。……妙有者,是不违空之有也。……何者?以末学人,根器渐钝,互执空有。故清辩等破定有之相令尽,彻至毕竟真空,方乃成彼缘起妙有;护法等破断灭偏空,意存妙有,妙有存故,方乃是彼无性真空。"(石峻,1981:435)因此佛教说一切皆空,常常也指一切皆有,无有分别,真空与妙有其实是一对相互纠缠的概念。佛教讲的真正的空,是指万法即空即有,非空非有,空有叠加的本性,称为空性。

这样一来,虚空也就可以生成万有。六祖慧能在《坛经》中就说:"虚空能含日月星辰,大地山河,一切草木,恶人善人,恶法善法,天堂地狱,尽在空中。世人性空,亦复如是。"(慧能,1999:42)当然,虚空能够"产生"万法的关键,乃在于主观心识的作用,在于主观观测的结果,所谓的"法随智现"。也就是说,万法缘起,依赖于观测之智,结果形成千差万别物象。这便是"万法唯心识"观念,一方面强调一切皆空,另一方面又认为万法是心识(性空)缘起的结果。

总之,佛教教义认为,一切事物都是虚妄不实的(诸法空相),不过是唯心造作的结果(万法唯心识)。因此如果要构造什么有关宇宙万物的缘起理论,那也只需针对主观之心,来建立能够说明我们的心识是如何产生虚妄万象的理论。于是佛教就有了高度精密的唯识学说体系,代表着一种心创论观点的宇宙万有缘起理论。

在格物敬天方面建树最少的就是神学。神学既不格物也不敬天,认为世间万事万物,都是神创造的,因此主张神创论。这种思想主要源自于希伯来文化的《圣经》教义,认为是万能的神——上帝,创造万物。

神学的这种观点对不对,这是信仰问题,我们不去加以评判。不过,有一点还是需要特别指出,现在通行的《圣经》中译本是和合本,之前引用的"创世纪"这段文字翻译得就不是很好,明显有矛盾之处。比如说一开始自然是什么都没有,居然"神的灵"能够运行在水面上。这就有问题了,那么这水是哪来的?既然一切都是神造的,难道水是先天就有的,不是神造的?原因可能是中文译者对希伯来文的字母含义没有搞清楚。

其实在古希伯来文化中,也是主张万物的原始是来自于空无(虚无)。在犹太人的祖先古迦勒底人那里,就建立了犹太神秘哲学,认为万物缘自于无物(nothing-able-to-be- anything)。这个概念由希伯来文的首字母"阿勒夫"表示,既表示虚无,也表示精神。这些犹太神秘哲学家认为,"阿勒夫"是神圣奥秘的,无法靠人的智慧所认清,其含义与现代量子物理学中的"真空"非常相似。在古希伯来文化中,字母"阿勒夫"的阐释一直处于深深的悖论之中。一方面它代表无限无形的精神,万物的根源;另一方面则又代表在时间上的投射,与物质的空间表现相对应。《圣经》的作者,多少受到这种神秘哲学思想的影响,一股脑地把所有这些集于上帝一身,于是就有了神创论的观点。所以后来《圣经》"新约·约翰福音"上说:"太初有道,道与神同在,道就是神。"(黄朱伦,2009:1621)

神创论的观点简单明了,不讲过程,也不讲机制,把一切都归于全知、全能、至善的神(上帝或真主)。至于神是如何创造万物的,则谈论得非常简单,一般是神说要有什么,立刻就有了什么,事就这样成了。神创论的观点完全属于宗教层面上的信仰,因此对我们这部读物的论述没有任何贡献。

在明心悟道方面,西学由于强调理性精神,因此这方面的成就几乎是空白。虽然有比较坚实的心理学研究成果,但主要都是作为第三人称对象来

第九章 结 论

加以研究的，根本无助于明心悟道的实践。与西学这种对主观心性相对忽视的态度截然相反，梵学则完全强调第一人称的实践原则，不但建立了内容丰富的唯识理论，而且给出了切实可行的瑜伽禅修方法。可以说，在所有文化思想体系中，梵学在"明心悟道"方面的成就是最突出的。不过由于我们在这部读物中已经有了比较多的介绍，这里就不再重复展开。

圣学在明心悟道方面的建树虽然不及梵学，但也是有历史相当悠久的理论与实践的。圣学有关明心悟道方面的论述，主要体现在心性学说中。最早，在被后世尊为圣学传授心法的《中庸》中就阐明了基本原则。后来又经孟子的发挥，以及王通中说、韩愈道性、李翱复性的倡导，并再通过吸收佛家的禅法思想，最后经陆九渊、王阳明等人的努力，终于在宋、明建立了系统的心学理论。考虑到也可以将道家及其后继者禅宗思想与实践看作是后来圣学的有机部分，因此有关明心悟道的论述也是相当丰富的。

至于神学，由于毕竟都是宗教学说，难免会强调宗教实践，因此在明心悟道方面也有体现自身特点的理论与实践。除了日常祈祷中强调冥想实践外，比较系统的思想主要体现在有关"圣灵事工"方面的论述之中。

在神学中，那种"借圣灵隐秘的运行使我们获益"是"我们领受基督之恩的方式"中的"圣灵隐秘"字样，强调的其实也就是明心悟道。不过在神学中，这所悟之"道"，不是人的自性，而是神的灵性。因此保罗说："如果神的灵住在你们心里，你们就不属肉体，乃属圣灵了。人若没有基督的灵，就不是属基督的。"（加尔文，2010:526）属基督就是成为基督一样的人，用禅宗的话讲就是成就佛道。而"神的灵住在你们心里"就是"明心悟道"，或顿悟自性，于是保罗上面话语的本义就是"道成肉身"。

注意，圣灵的显现作用总是通过人们的心灵来进行的，以心观心以至于无心悟道，就是圣灵事工。只不过，在神学中，由于摆脱不了神之主权时刻地"进入"修行者的心中，因此"圣灵事工"很难到达"心无所住"的自由境界。所以神学在明心悟道方面，对我们这部读物内容的撰写也没有任何贡献。

最后就剩下要对淑世爱人进行不同文化思想体系的分析了，看看哪些又对我们得出的宗旨有所贡献。我们发现，就"爱人"而言，几乎是处于所有文化思想体系中核心价值观的地位，如圣学的仁爱，梵学的慈悲，神学的博爱，唯独西学不甚重视。不同文化在"爱人"倡导方面的差异，可以从这些文化对和平价值的取向上窥见一二。

对于西学而言，由于过分强调理性精神，因此在西学指导下的西方社会，在和平价值取向与实践方面出了许多偏差。特别是因为过度强调物质增值以及推销自己价值观的愿望，导致为了占有市场与资源，干涉其他国家事务等而发动战争的事例层出不穷。从早期的殖民扩张，一直到最近打着人权幌子不断侵略具有战略资源的政治动荡国家，似乎从未消停过。可以说近三百年，世界上的主要战争都是由西方国家挑起的，除了两次世界大战之外，包括最近这些年来的伊拉克、阿富汗、利比亚、叙利亚战争，都有西方的影子，都是贸易买卖、殖民等因素引起的。俗话说："兴，百姓苦；亡，百姓苦。"结果总是很不人道。

在圣学中，由于仁爱精神成为核心价值观，因此在和平价值取向的追求之上反映较好，强调先王之道和为贵的理念，很少有侵略其他国家的战争发生。至于梵学与神学，由于提倡慈悲和博爱精神，无疑都是强调和平理念的，只是由于教义上的差异，其强调的程度有所不同。相比而言，因为神学多少都是一些排他性的宗教，早期为了征服异教徒，偶尔也会发动战争，如十字军东征之类，以及伊斯兰教所谓的圣战。在这方面，倒是非排他性的佛教表现最好。在佛教教义中，从来不主张争斗与战争，连其信徒也自称为"和尚"。所谓和尚，尚和也。

在淑世方面，考虑到有关意识形态观念方面复杂性，难以进行对比分析。因此我们这里主要围绕着社会治理与制度建设，对于世俗政治的干预，以及社会生活提供物质技术保障等方面来进行分析。

对于西学而言，无论是社会治理与制度建设，还是社会生活提供物质技术保障方面，都取得了引人瞩目的成就。可以明显看到，总体上西方社会政治开明，经济强大，技术先进，这些成就都是其他文化体系难以望其项背的。因此西学在淑世方面表现最优。这当然是得益于源自希腊文化的理性精神所带来的对科学与民主的发扬。

圣学体系呢？以民为本，建立理想的小康乃至大同社会，一直是圣学的政治理想。但在古代，虽然强调"民本"，但却没有"民主"，因此在社会治理与制度建设上还是很有缺陷的。至于社会生活提供物质技术保障，倒还可以，在历史上有许多朝代都有过政治升平、经济繁荣的阶段。

第九章 结 论

对于神学与梵学,由于都属于宗教文化,除了伊斯兰教之外,多数较少关心社会政治事务与经济发展。相对而言,伊斯兰教实行政教合一,对政治干预最为直接,而东正教和印度教则采取政教依附的策略,与淑世关系比较密切。天主教,特别是基督新教,主张政教分离,因此与淑世没有直接联系。最后,除了变异性的藏传佛教,佛学往往只关心个人的解脱,断绝世俗生活,因此谈不上有什么淑世方面的考虑。

经过上述粗略的比较分析,当然是非常粗略的,不难发现,各大文化思想体系,各有优劣之处。西学的优势在格物与淑世,因此在目前竞争性世界格局中占据着文化主导地位。佛学的优势在明心悟道,就个人幸福体验方面而言,占据着优势地位。神学诸项指标,相对均比较低,是因为与其所采取的谦卑态度有关,把一切荣耀都归于主了。

神学与梵学最不善之处是,都不能明了宇宙万事万物本身的发生发展之规律与法则,所倡导的心创论与神创论往往流于空乏,难以致用。结果在宣讲教义时,便常常采用引诱威胁手法,设置天堂地狱虚诞之事,因果报应虚妄之理或成仙永生虚假之言,迷惑众生。西学最不善之处则是极端的理性至上主义,导致科学沙文主义流弊,在外破坏自然与人的和谐,于内难及平和心态。其根源便是缺乏有效心法,难及中和的结果。

至于圣学,虽然格物与淑世不及西学,明心悟道又不及梵学,但就整体而言,圣学思想体系最符合我们所倡导的宗旨。圣学在"格物敬天,明心悟道,淑世爱人"三个方面发展都比较均衡。之所以这样,其实是与早期圣学总体追求目标的文化基因有关。因为在圣学纲要性经典文献《大学》一书中,就有了比较全面的体现这一总体宗旨的论述。

《大学》指出:"古之欲明明德于天下者,先治其国;欲治其国者,先齐其家;欲齐其家者,先修其身;欲修其身者,先正其心;欲正其心者,先诚其意。欲诚其意者先致其知。致知在格物。"如果把这里的"格物、致知"看作是对知天道的追求,"诚其意,正其心,修其身"看作是致中和的追求,"齐家、治国、平天下"看作是躬亲民的追求,那么合起来构成的总体追求,基本上与"格物敬天,明心悟道,淑世爱人"这个宗旨没有多少区别了。这种全方位强调"格物敬天,明心悟道,淑世爱人"宗旨,在其他文化思想体系中是不突出的。

明道显性：沟通文理讲记

综上所述，我们通过粗略的比较，基本上可以得出这样的结论，在各种全球性主要文化思想体系中，梵学主要是偏善于中和而疏于亲民，西学主要是偏善于天道而疏于中和，神学主要是偏善于亲民而疏于天道。因此这三种文化思想观念体系，皆为偏善之学，唯我中华圣学，独臻至善之境，理当彰显天下，用以造福于人类。

迎接崭新文明

人类的历史，是一部人类文明发展的历史。美国学者亨廷顿在《文明的冲突与世界秩序的重建》一书中指出："人类群体之间的关键差别是他们的价值、信仰、体制和社会结构，而不是他们的体形、头形和肤色。……因此文明是人类最高的文化归类，人类文化认同的最广范围，人类以此与其他物种相区别。"（亨廷顿，1998：26）

在人类文明发展过程中，一开始世界各个文明发源地建立了若干区域性的文明，如古巴比伦文明、古埃及文明、古希腊文明、古印度文明、古中华文明等。随着交流方式和途径的不断发展，分散的区域性文明不断相遇，通过或战争或和平方式，不同文明之间相互交流吸收，冲突分化，兼并融合，经过漫长的竞争发展，人类文明不断走向全球化。在此过程中，一些文明消失了，而另一些文明得到了强化，甚至成为不同历史阶段的主导文明。

从整体上看，经过长期的交流、分化、兼并，目前世界上大致形成三大文明集团，即泛西方文明、泛东方文明和泛伊斯兰文明，如图 9.3 所示。除了泛伊斯兰文明同源性倾向比较明显外，泛东、西方文明，均包括多源性的实体文明体系。

从未来世界文明发展格局走势来看，考虑到内在固有的特质，各主要文明的全球化潜在竞争力是有很大差别的。下面我们就全球化发展趋势的可能性角度，对各大文明主要特征和不足之处，来加以分析。

伊斯兰文明是以伊斯兰教为核心形成的文明体系。伊斯兰教起源于公元 7 世纪的阿拉伯半岛，并随即迅速传播到广大区域。目前接受伊斯兰教的地区跨越北非、伊比利亚半岛，并向东伸展到中亚、南亚次大陆和东南亚，结果许多独特的文化或次文明都存在于伊斯兰文明之中，包括阿拉伯、土耳

第九章 结 论

其、波斯和马来文化。

伊斯兰文明主要建筑在大信仰之上的众多小集团范围之内,因此其影响范围很难用国土来界定,民族国家的概念不受重视,并且迄今为止尚无核心国家存在。在当今世界格局中,伊斯兰文明的国家与西方文明国家之间经常出现对抗,成为西方文明的劲敌。主要原因在于其拥有与西方文明完全不同的文化传统,在宗教信仰、文化观念、社会结构、政治体制以及生活方式等方面,都与现代文明格格不入。

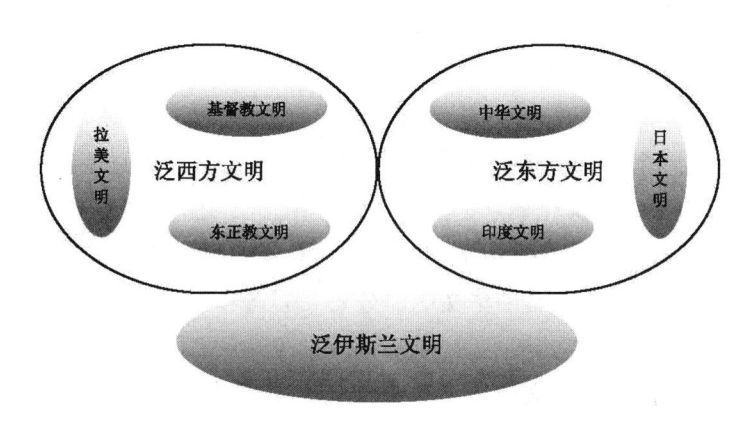

图 9.3　全球文明分布格局

目前伊斯兰文明在全球化进程中常常处于困惑之中,一方面随着人口的迅速增加,其影响地域和范围似乎在不断加强;另一方面,朝向现代文明适应性改革的内在整合相对滞后。在未来全球化进程的发展中,缺乏强有力的核心国家领导下的宗教改革,是其文明崛起的最大问题。

印度文明,自公元前 2000 年以来,印度教一直以这样或那样的形式成为南亚次大陆文化的核心。早期佛教也是印度文明的衍生文化,并影响东亚、南亚和东南亚。印度文明的核心国家是印度。

印度文明最大的不足就是其所赖以支撑的社会基础是建立在落后的种姓制度之上的,局限于印度血缘家庭,难以全球化。加上印度文化中比较优秀的文化基因已经通过佛教传播于世界,而在印度本土,佛教也已不复存在,倒是在历史上,印度文明受到伊斯兰文明的侵入,使其变成一个被两种文明肢解分裂的国度。因此在未来全球化文化格局中,印度文明不具有全球竞争力,从而不太可能成为未来世界的主导文明。其文化思想观念对未来全球主导文化所能提供的贡献,已经微乎其微了。

至于印度文明输出的佛教文化思想体系,其所不足之处主要是缺少世俗伦理和社会制度方面的设计,无法单独支撑起整个文明社会体系的运作。这跟早期佛教立教宗旨有关,主要是采取避世策略,企求达到内心的安宁,关心个人生死解脱问题。因此虽然发明出众多的修行途径,为丰富世界修行文化做出了重要的贡献,但其只能作为某种文明的补充成分,融入到其他主导文明之中,而不可能单独成为全球化文化发展的主导文化。

中华文明有着 5000 多年的漫长历史,可以将佛教传入之年为节点,划分为两个阶段,前期阶段是以儒道两家互补的思想体系为主体,后期阶段是以儒释道三家互补的思想体系为主体。因此中华文明总体上是以圣学为标志,并不局限于圣学文化体系的一种文明。中华文明的影响波及东亚以及其他华人群体聚集的地区,中华文明的核心国家就是我们中国。

日本文明可以看作是中华文明的分支,大约出现在公元 2 世纪至 4 世纪之间,后又受到西方文明的影响,形成一种独特的孤立型文明体系,没有输出型影响。对于日本文明,正如亨廷顿精辟分析的那样:"日本文化极其特殊,而且它没有包含一种可以输出到其他社会,并因此与其他社会的人民建立文化联系的潜在的普世宗教(基督教或伊斯兰教)或意识形态(自由主义或共产主义)。这些都加强了其孤独性。"(亨廷顿,1998:143-144)正因为如此,所以日本文明绝无可能成为未来全球化的主导文明。

在东方文明中,如果会出现全球化主导文明的话,最有希望成为候选者的可能只有中华文明。当然,传统中华文明的不足之处主要在于科学精神和社会体制方面,如果要在未来全球化文化建设中发挥主导作用,必须努力吸收融合世界其他主要文化的优秀文化基因,特别是西方文化和伊斯兰文化的合理内容,并有机加以融合,形成更加适应于人类未来生活方式的崭新文化形态。

我们再来分析主要的泛西方文明。首先看游离在主流西方文明之外的东正教文明。东正教文明,是从拜占庭文明延续下来并不断东移变迁的结果,主要文化核心除了东正教之外,也承继了古希腊—罗马文化。目前主要影响的地区在东欧一些国家。

第九章 结 论

俄罗斯是东正教文明的核心国家,除了其本土根源之外,主要受到包括东正教文化的拜占庭文明的强大影响,以及又受到蒙古帝国的长期统治。该文明虽然也承续了古希腊和古罗马文明的遗产,但由于上述因素的影响,使其走向与西方文明不一样的道路。

从目前状况上看,俄罗斯处在一种无可适从十分尴尬的发展处境。一方面,从地缘政治和国家利益考虑,似乎必将与西方文明处于对立状态,因此必须强调保存东正教文明的独特性。另一方面,考虑到东正教原本就是基督教的一个派别,加上与西方文明具有共同的古典文明渊源,实际上也可以将俄罗斯文明看作是西方文明的一个亚文明,并迟早会并入西方文明之中。当然,如果俄罗斯试图成为一个西方国家,那么整个东正教文明将不复存在。从这个意义上讲,东正教文明也不太可能成为全球化主导文明。

基督教文明,也称西方文明,或称西方基督教文明,可以追溯到大约公元7世纪到8世纪,是承继古希腊—罗马文化和基督教文化的混合文明。目前主要分布于西欧、北美、大洋洲和潜在的拉丁美洲地区。

西方文明,主要从以前的古希腊文明和古罗马文明中继承发展了众多优秀的文化基因,包括希腊哲学思想、理性主义精神、罗马法典和开明的基督教义等这些古典文明的遗产。西方通过文艺复兴、宗教改革、启蒙运动,以及美国宪法精神的确定,不断丰富完善这些优秀文化基因,形成以美国文明为核心的现代西方文明体系。

有些地域属于不同主要文明的交织区域。比如非洲属于本土文明、基督教文明和伊斯兰文明的交织地区,而东南亚则属于中华文明、基督教文明和伊斯兰文明的交织地区。从文明之间的影响方面看,除了西方文明对全球大多数主要文明都有深刻的影响外,印度文明先后受到佛教和伊斯兰教文化的影响,日本文明则先后受到中华文化和西方文化的深刻影响。

从现实上看,在目前的世界文明的格局中,以美国为核心国家的西方文明占据着支配性优势。西方文明的一个特殊表现优势就是社会多元化结构,这种社会多样性不是建立在血缘关系或婚姻基础之上的,而是多样化自主集团的兴起和延续。社会多元化是民主政体形成的基础,特别是民主代议制度的社会基础。因此西方文明中建立在这种多元化社会之上的民主制度,与古代中华文明中建立在血缘宗法社会之上的中央集权制度,就形成极为鲜明的反差。

不过按照亨廷顿的说法:"西方赢得世界不是通过其思想、价值或宗教的优势(其他文明中几乎没有多少人皈依它们),而是通过它运用有组织的暴力方面的优势。"(亨廷顿,1998:37)这里所谓"有组织的暴力方面的优势",主要就是运用先进科学技术装备起来的武装力量。因此就文化思想观念层面上讲,相对于东方文明而言,西方文明是存在着许多严重不足之处的。

从实际情况来看,西方文明暴露出来的严重社会问题包括文化殖民主义、理性至上主义和双重价值困境。文化殖民主义表现为强迫非西方人民接受无从适应的西方价值、体制和观念,并常常诉诸武力,或阴谋颠覆不合西方理念的政权。这一点不仅不道德,而且不得人心。

理性至上主义则过度强调理性的重要性,但人们并非只靠理性生活,理性只有在自我得到肯定之后,在追求物质利益满足时,才起到指导行动的作用。片面地强调理性至上,结果必然导致自我精神的失落,并因此产生许多社会问题。

而双重价值困境在于,一方面西方文明内部主张多元化文化为其社会制度的基础,但其在全球却要求非西方国家都接受一元化的西方文化。这样无疑必将破坏全球文化的多样性,从而可能引发主要文明之间冲突,给人类社会带来战争的危险性。这样不仅危及非西方文明,同时也危及西方文明的存在与发展。

正是由于上述原因,随着时间的推移,西方文明在不断衰落,而其他非西方文明却在不断复兴之中。正如亨廷顿所指出的那样:"西方主宰天下的时代正在终结。与此同时,西方的衰落和其他权力中心的兴起正在促进全球本土化和非西方文化的复兴进程。"(亨廷顿,1998:87)

根据我们上面对各主要文明发展趋势的分析,即鉴于印度被文明断层线所分裂(穆斯林和印度教徒),日本为一个孤独国家,拉美文明倾向于西方文明,以及俄国是一个无所适从的国家(极有可能回归到西方文明),而非洲文明尚处在混沌不明状态。因此从长远的发展趋势看,基本上可以得到这样的结论,未来世界主导文明之争,主要将在以美国为核心的西方文明(基督教文化)、以阿拉伯世界为主导的伊斯兰文明(伊斯兰教文化)和以中国为

第九章 结 论

核心的中华文明(中华文化)之间展开博弈。其他文明或吸纳,或分化,或依附,都将归属到这三大文明之中。

在全球化未来文明发展的进程中,第一阶段主要表现为有关泛文明圈内部各主要文明国家之间的冲突与融合。相对而言,短期内,泛西方文明圈内部美俄两国之间紧张关系是文明内部冲突的主要方面,而泛东方文明圈内部主要在日本、印度与中国这三个国家之间展开不可避免的冲突与融合。泛伊斯兰文明内部的冲突和融合,主要表现为核心国家的争斗之上,一旦形成盟主,将对东西两个泛文明圈形成极大的挑战。

由于泛文明圈内部存在冲突,除了国家利益之争所主导外,还存在历史上的民族隔阂,消解弥合需要较长的一段时间。但随着时间的推移以及不同文化冲突的加剧,一旦泛文明圈内部的冲突得到融合整合,那么全球化文明发展就会进入到泛文明集团之间全球化博弈第二阶段。

与泛文明圈内部主导权的争斗不同,泛文明圈之间的冲突则是由不同文化观念之争所导致的。因此在未来文明冲突和融合中,首先表现为东西两大泛文明圈之间的博弈对决。不出意外,应该是西方文明与中华文明之间的竞争与融合,然后一旦泛东、西方文明经过斗争相互融合之后,文明冲突与融合,便会在其与第三方泛伊斯兰文明之间继续展开。

在文明博弈之中,既有冲突与竞争的斗争,也有妥协与融合的所谓合作。文明的冲突与竞争不等于相互排斥,而是要在竞争与冲突之中,相互吸收和融合。只有打破各自的边界,相互引入合理文化基因,并加以融合发展,才能形成崭新的全球一体化的文明新体系。这便是全球主导文明形成的第三个阶段。

赛诺在《捆绑的世界》中指出:"文化的融合并不意味着文化认同的丧失,相反,它会变得更加个性化,富于流动性,并可以协调。哪怕不同地区持续融合各种文化认同,它们也会保持本身的认同感。"(赛诺,2006:66)

21世纪的到来,意味着全球真切地跨入了一个全新的变革时期,意识形态、社会结构和文化体系,都无不如此。而其中一个主要特点,就是全球化。在全球化的背景下,不同文化之间的冲突、分化和融合,必将成为全球化文化发展演化的大趋势。

当然,任何文明变革的动力都源自技术革命,全球化的推动力量来自新兴技术，特别是智能信息技术，合成生物技术，以及脑机融合技术等（周昌乐，2015）。正在来临的智能时代，脑科学、认知科学、智能科学技术带来的生活方式的改变，必将更为天翻地覆。智能交通、网络传播和能源输送的全球化，使得全世界的经济活动、科技活动和人际交往得到空前的解放，全球化将成为一个真确的实在。

特别是智能化网络技术提供支持的虚拟化社会关系，导致真实人际边界的消失，这就是网络全球化的结果。不同地区，不同文化，不同人种之间多元相互交织，跨越边界的相互交流，甚至心灵感应的相互沟通得以实现。这种生活方式的彻底改变，促使人们思想观念发生剧变，进而必然带动社会、政治和文化的全球化。

尽管从某种意义上讲，全球化文化正在形成，其在很大程度上是美国文化所推动的，并正在日益影响其他民族的文化发展趋向。但是文化影响总是相互的，其他文化并不会简单地被美国文化完全同一。美国文化学者伯杰在《全球化的文化动力》一书的序中指出："这些事例清楚表明，那种认为无须费心就会出现全球文化同一化的看法，是大大低估了人们在面临文化挑战时的创造力和创新能力。"（亨廷顿，2004：9）

全球化意味着全球城市和全球国家的兴起与发展，而全球城市和国家的兴起，又意味着民族文化观念的淡薄和传统国家权威的削弱。以全球城市为支点的全球网络，可以无限拓展虚拟空间，为民众提供超越国界、种族、民族和性别的虚拟生活方式。此时，丧失了全球化支配权的民族本土文化，如果不能适应全球化发展方式，那就必将遭到遗弃而面临终结。

在这其中，有一点必须明白，全球化并不等于西方化，西方文明也不可能是普世文明。全球化导致的崭新文明，如果有的话，也必将是在多元文化存在的基础上，通过融合不同优秀文化基因，经过长期演化而产生某种更适应人类未来优良生活方式的某种主导文化。这种主导文化，不会也不可能替代其他多元化的文化生态。

就像在20世纪起主导作用的西方文化，尽管可以单向支配性地影响所有其他文化，却不可能取代其他文化一样，未来的主导文化，也必定是建立在多元文化生态之上的。离开了文化多样性，任何优秀的主导文化都是不可能得以涌现的。

第九章 结 论

当然,在此全球化的进程中,未来的文明冲突和整合是不可避免的,特别是在全球化运动推动下,全球文化虽然不会走向同一性。但是在多样性文化生态背景下产生崭新的主导文化,也是不可避免的。未来的主导文化,其构成要素一定是在吸收各主要文化要素中优秀的,并且是相容的文化基因的基础上发展形成的。这是一个漫长的竞争、融合、互斥、共生的过程,也是不同文化此消彼长,不断相互博弈、渗透和消融的过程。

全球化文明的不断交流、融合和兼并,主要是文化的交流、融合和兼并。主导文化也将在此过程中,通过吸收各主要现存文化的合理基因孕育发展而来。这自然是需要不同文化长期相互碰撞、选择、融合和适应的结果。这其中,为适应全球化后现代生活方式提供的全新文化思想观念体系,必将会淘汰各种传统文化中不再适应的文化基因,从而构建起全球化文明新体系的主导文化。

法国社会心理学家勒庞在《乌合之众》一书中指出:"造成文明洗心革面的唯一重要的变化,是影响到思想、观念和信仰的变化。"(勒庞,2005:1)赛诺在《捆绑的世界》中则指出:"人类的天才总是产生于人们之间和思想之间的交流。……此外,最富创造力的思想结合是多种族和跨文化的联姻。"(赛诺,2006:5)

因此在全新的全球化思潮中,人类必定也会通过富有创造性的精神,通过各主要传统文明的优秀文化联姻,不断进化而形成全新的全球化主导文化。这跟生物进化一样,新的物种产生一定是在旧的物种基础上有突变。突变之后,旧物种不适应淘汰了,新的物种适应这个环境茁壮成长。文化也一样,第一件事情就是杂交,突变出很多新的文化基因。这些全新的文化基因与传统优秀的其他文化基因不断融合,最后形成最适应全球化生活方式的一整套文化基因组,从而形成崭新的全球主导文化。

正是在这样的时代背景下,当今人类文化思想观念开始发生新的转变,全球意识、生活意识、女性意识、对话意识、生态意识、跨文化意识、去权威意识、后现代意识等日益成为新时代的文化基因。许多旧的教条和信仰正在不断被抛弃,人们急切希望能够从生活压力难以释放的困境中,从思想混乱无所适从的困境中解放出来,重新领略到那种从容不迫的生活体验,找回失落的精神家园,以寻找支持和提供优良生活的道德力量。

勒庞指出:"没有传统,文明是不可能的;没有对这些传统的破坏,进步也是不可能的。困难——这是一个极严重的困难——在于如何在稳定与求变之间取得平衡。"(勒庞,2005:64)因此文化全球化也是一种文化多元化选择过程,全球化文化因此必定呈现一种选择优秀文化基因并加以融合的过程。

那么如何衡量一种文化基因的优劣呢?文化基因的优劣应该从这样三个角度去衡量,一是看其是否符合自然法则和科学规律,二是看其是否有利于人们赢得心身健康的幸福生活,三是看其是否适应人类社会和谐发展的要求。这三条基本要求也就构成文化环境的选择压力,凡是满足这三条要求的文化基因,就可以适应人类文化发展环境,否则因为不能适应人类文化发展环境而被淘汰。当然,所有优秀文化基因在相互融合的过程中,还要遵循一个相容性准则,不能相互相容的文化基因,不管其是否优秀,也会被排除在外。

"差异性和多样性是自然界保持稳定和可持续发展的关键,最稳定的生态系统也是最丰富多彩的系统。"(赛诺,2006:298)文化生态系统也一样,必须维护文化差异性和多样性,决不能用一种政治观念和一种文化形态摧毁全球文化的多样性生态及其滋生的民族土壤。因为"对人类来说,文化才是他们长久以来智慧的结晶。幸好人类文化在应对各种挑战时表现出的多样性解决之道,被很好地体现在语言、生活方式和生存技巧之中。……任何一种单一的文化类型,无论多么具有创造性,都不足以应对挑战,最终必然崩溃。……我们一定要让全人类都接受这一理念:……让各种文化得以繁荣,并为全球社会体系贡献各自的智慧。"(赛诺,2006:299)

是的,我们赞同文化生态学的观点,每一种文化就如一个物种一样,都具有自己的文化生态位,并有一个不断积累发展的过程。正如美国文化学者怀特所言:"文化过程也是积累过程,新的文化因素不时注入文化之河,总量上逐步扩大。文化朝着人对自然力的更大控制和人获取更大的生命保障方向运动,在这个意义上说,文化过程是进步的。"(怀特,1988:133)

美国学者亨廷顿有言:"如果人类有朝一日会发展一种世界文明,它将通过开拓和发展这些共性而逐渐形成。……各文明的人民应寻求和扩大与其他文明共有的价值观、制度和实践。"(亨廷顿,1998:370)全球传统文明的

第九章 结 论

优秀文化基因将在不断的碰撞、分化和融合作用下,在全球化环境的选择压力下,不断进行着文化生态演化,直至孕育出全新的,适应于全球化生活方式的文明新秩序、文化思想观念新体系。

总之,更适合人类幸福生活需要的文化,应该是在各种优秀文化基因的相互融合过程中应运而生。只有不断吸收其他文化的优秀基因,才能使得我们的文化思想体系更加符合人类谋取幸福生活的需要。

在全球化文化思想体系的重建过程中,一国或一民族的本土文化,只有与全球化文化发展建立联系,才能得以保存和发展。这其中,中华文明核心思想观念,作为优秀文化基因的精华,必定会在全球化文化思想观念体系的重建中发挥重要的作用,并经过适应性变异和选择,融入新的全球化主导文化的"基因组"中。

因此就中华文明未来发展而言,从长远的观点看,要想为未来人类社会优秀文化体系做出重要贡献,那么去其糟粕,存其精华,引入其他优秀文化基因,特别是西方文化的合理思想观念,来加以改造发展,是必由之路。

亨廷顿指出:"在迅速实现现代化的社会里,如果传统宗教不能适应现代化的需要,西方基督教和伊斯兰教就会有传播的潜力。"(亨廷顿,1998:54)这也是中华文明迫在眉睫,所面临的改造适应课题。中华文明如果不能有效吸收其他主要文化的优秀基因,并加以适应性,有机融合,不能自觉自我更新改造以适应全球化社会发展的需要,那么随着时间的推移,必将会被其他更有竞争性的主流文化所淘汰。

对于文化思想观念体系而言,全球化将导致不同文明体系的文化思想观念不断走向融合和统一。那些不适应全球化生活方式的陈旧思想观念将被人们所遗弃,那些局限于单一民族狭隘的思想观念,将被更加普适的思想观念所取代,比如中国古代"孝文化"所主导的思想观念必然会被"爱文化"所主导的思想观念所替代,因为"爱"不但包含"孝",也体现平等思想,为所有文明体系所倡导。

从历史上看,中华文化更具包容性,这正是文化更新发展的一大优势。在历史上,中华文明大量吸收外来佛教文化,并没有改变中华文化的基本特征,反而更加促进中华文化的繁荣发展。同样,对于西方文化合理相容内容的有选择吸收,一定也会有利于促进中华文化朝向更高阶段的繁荣发展。

明道显性：沟通文理讲记

特别是，中华文明与西方文明有一个共性，就是对自然哲学的认识都是强调自创论，一个是源自于古希腊传统，另一个是源自于先秦天道传统。而最大的差别在政治制度上，一个是源自于古希腊传统（民主思想），另一个是源自于汉代儒家传统（集权思想）。因此两大文明的冲突虽然是不可避免的，但是两者相互融合的可能更大。

比如就中华文明相对薄弱的淑世理念而言，逐步形成与西方文明相容的这样一些共性也是可能的，国家先于民族群体，社会高于个人；维持家庭作为社会基本单元，个人应当受到群体重视，个人自由和平等权利不得侵犯；社会各阶层和团体应当求同存异，重视共识而不是斗争；不同种族和宗教和谐相处；公平与正义应当得到伸张，法制应该得到普遍尊重。如此等等。

在新的时代背景下，如果能够通过吸收西方文明的科学与民主思想，方法与成就，并进一步强化在宋明理学时代开创的中华圣学体系，发挥我们这部读物所提倡的"格物"、"敬天"、"明心"、"悟道"、"淑世"、"爱人"这些基因，来不断改造发展以圣学为核心的中华文化，那么中华圣学也许就最有希望成为未来全球化时代的核心文化思想价值体系，更好地指导当代人的生活。

我们相信，只要合理地加以改造性发展，实质性地吸收其他文明，特别是西方文明中的优秀文化基因，中华文化极有可能成为未来世界的主导文化。因此对于重振中华圣学，我们责无旁贷，理应像宋代先贤张载那样，再次高举口号：

为天地立心，为生民立命，为往圣继绝学，为万世开太平！

并应用到指导未来中华文化的重建之中。

附录

答学生问

> 正确的教育是找出截然不同的生活之道,使我们的心从局限中解放。只有如此,爱才会出现。从爱出发的行动,一定能够带来真诚的人际关系。
>
> ——(印)克里希纳穆提

《明道显性》是在《跨界论道:科学走进人文》这门通识课程讲授记录的基础上撰写成书的。由于课程的目标设计所规定,开放性提问是每堂课的重要环节。因此在十多年的课程讲授过程中,无论是在课堂上,还是在课堂外,甚至毕业后,或当堂或邮件,学生都有许多提问,我也均有对应的解答。

据不完全统计,十多年来有纸条凭证的课堂问答共有1356次,通过电子邮件咨询问题的共有127次互动,加上有全程课程录音整理出来的618次口头问答。三者合计,竟然超过了2000次答问。考虑到这些答问大多与讲课内容密切关联,所以我在这里将历年讲课中的问答做了整理分类,并选择其中具有代表性的一部分,分为道理、修行、生活三个方面,加以编号公布,名之为"答学生问"。

隋朝名儒王通在《中说·问易》里说:"广仁益智,莫善于问;乘事演道,莫善于对。"(王通,1989:22)我们希望整理出来的这份"答学生问",或许有助于读者更好地理解《明道显性》这部读物中的思想内容,特别是有助于帮助读者更好地认识人生的意义,生命的价值以及养成良好的生活规范。

明道显性:沟通文理讲记

道理问答

问题 101:第三种文化与传统人文文化有什么区别?

解答:迄今为止,可以这么说,有两种人文文化。一种是传统人文文化,全球主要民族通过长期生活实践总结,各自形成的普适性价值体系之总和。还有一种就是科学人文文化,也称为第三种文化,是站在当代科学思想、方法和成就的基础上,重新审视传统人文文化,去其糟粕存其精华,并加以发展而形成的全新人文思想体系。我们跨界论道讲授的内容,就是属于科学人文文化范围,主要是针对中华圣学思想体系而展开科学人文演绎的结果。

问题 102:我们是否应该树立某种理想目标,或者把学习作为天职,并为之奉献一生?

解答:拥有理想目标,或将学习看作是天职自然是好的,这些都可以成为指引人生的一个个路标。但同时也要明白,人生没有所谓的终极目标,生活本身就是目标。因此人们不可过度迷恋任何"天职"、"理想"、"目标"本身,因为一旦人们迷恋这些"路标",就会被其所牵制,难以获得自在之境。

问题 103:老师您好,那我们应该怎么样跨界呢?

解答:现在许多学生都认为上大学就是为了学知识,但是要知道上大学不仅仅是来学知识,更重要的是要通过学知识来提高你的思想境界。那么怎样提高思想境界呢?跨界就是一种提高境界的途径。提高境界的最好方法首先是要扩大视野,站得高看得远,如果你视野受到限制,你境界就会低。跨界涉及两个以上的知识领域,融会了,你的境界一定会高。具体如何跨界呢?跨界首先一定贵在坚持,如果只是因为好奇而跨界,浅尝辄止,是不会有什么收益的,也提高不了境界。在跨界过程中,如果你半途而废,意味着你前面的努力基本上白费了。所以跨界需要聚精会神,全力以赴,才能有收获。

问题 104:我想问一下如何能挖掘自己读书的广度和深度呢?

解答:对于读书来说,广度和深度的关系,就像挖井寻找地下水一样,在挖井的过程中你想要加大深度,就要一直向下挖。但是挖到一定深度,你会挖不下去,你需要将洞口扩大广度,然后再继续向下挖,直到挖到地下水一旦找到活水,你就会融会贯通,因为地下水是相通的。读书也是这样,你先看某一领域的书,看到知识不够的时候,就要去拓宽知识面,然后继续往深度去钻研,精深钻研后又要去不断拓宽。这样不断继续去钻研拓宽,慢慢地你就会日积月累,变得既博大又精深了。

问题105:我是大一计统系学生,我那天听你加讲了读书问题。希望老师指点一下应该读哪些书,能够完善自己的知识结构?

解答:读书起码应该包括三个部分,做人修养、专业训练和业余爱好。业余爱好部分是指那些休闲时所读的一些闲杂之书,满足自己的兴趣爱好,放松自己紧张的生活,增加个人的生活乐趣。专业训练部分就是你所专攻的学业之书,除了教科书外,应该将所学专业的主要名著、奠定性著作有所浏览与研读。计统专业我是外行,因此应该读哪些名著没法具体指导你。至于做人修养方面,倒是可以多说一点。就时代而言,古今中外的一些经典名著,最好都有所浏览。就我所特别强调的,起码西方的科学读物,东方的圣学经典,都必须系统阅读。

问题106:什么是无知?

解答:所谓无知,总是以一定的文化背景和社会价值来衡量的。所以论及无知,须有所针对,并以一定的背景作为参照。离开了这些背景来谈无知是不足取的,真正的无知便是对无知的无知。正如《老子》第七十一章所言:"知不知,尚矣;不知知,病也。圣人不病,以其病病。夫唯病病,是以不病。"

问题107:老师知识那么渊博,必定饱览群书。请问老师如何记得住那么多知识的呢?

解答:读书时,应摒除杂念,专注一境,这样不但可以提高读书效果,而且可以做到过目不忘。博闻强记不是天生的,只要保持自然清净之心,人人都可以饱览群书,并因此丰富自己的知识,提高思想境界。这样,反过来就可以更好地快速理解书的旨趣。

问题108:如何才能够提高自己的学识能力?

解答:要克服三种障碍,一是克服语言障碍,提高自己的语言表达能力;二是克服逻辑障碍,提高自己的逻辑思辨能力;三是克服境界障碍,提高自己的境界领悟能力。

问题109:"学而时习之,不亦乐乎",怎么解释?

解答：中国古代的"学"，约等于"觉"，指学而有所"见"得；"习"是"践习"而不是"复习"。因此"学而时习之"有两层含义，一层是要温故知新，另外一层要去践行，知行统一，这样你才能得到真正的愉悦。

问题110：感谢你不辞辛苦在漳州校区开课，你的讲座有趣，引人思考。在听了这么多次的讲座后，我们很钦佩你的学识。你通古今，识中外，兼文理，博览群书，而且记忆清晰。不知你是如何达到这样境界的？故向你求教你的学习心得和体验，特别是阅读和记忆方面的具体方法。

解答：你好！关于我个人的学习体会，简单地讲，就是"勤奋"两个字。当然读书要讲循序渐进，读书要有所选择，但更重要的是要坚持钻研。念一首陆九渊的诗，供你参考。

　　读书切戒在慌忙，涵咏工夫兴味长。
　　未晓不妨权放过，切身须要急思量。

这样去读书，读得多了，自然就记得多。当然，如果还要提高读书境界，那么还要学会"不求甚解，观其大略"之法。陶渊明《五柳先生传》中给出的读书原则就是这种策略："好读书，不求甚解。每有会意，便欣然忘食。"

问题111：我是给你写过信的一个同学，在你的上封信上说，你的学习方法就是"不求甚解"，我不知道你具体的意思是什么？我猜是不是跟"把厚书读薄"一样的道理，是不是抓住事物的一个大纲，原理性的东西，至于细节的东西就可以不求甚解了？

解答：是的，大体上就是如你所说的这样。我们常说善于读书的人，是善于把握书中的言外之意。我们之所以认为读书重要，也就是指书中所阐述义理的重要。而要想领悟这"言外之理"，就不只是对语词进行分门别类的事情了，而是要有人生的体验。只有在细读人生大书之中，体会深刻，才能"意会"那些"言传"的不尽之理。所以明代书画家董其昌有"时文不在学，只在悟。平日须体认一番，才有妙悟"，讲的就是这个道理。但愿你能够先深入一个方面钻研，不要涉猎太广，等到对某一领域有所深入了解和体悟后，再广泛涉猎其他领域的知识。此时你会发现，所有的知识其实都有相通之处。这就是"不求甚解，观其大略"的读书之法。

问题112：实在是可描述的吗？

解答：在实在可描述这个问题上必须注意，我们建立的所有理论，包括

附录　答学生问

科学理论或哲学理论,都只是对实在的一种描述,所有这些理论并不是实在本身。因此依靠这些理论推知出来的任何结论,都是没有终极意义的。科学家或哲学家,甚至你自己,可以提出各种各样关于实在世界的描述理论,但那只是理论,不是实在本身。如果说有什么实在的本原,那也只能是你的心识,超越任何概念名相,不可思(虑)议(论)。

问题113:那么又如何衡量科学理论对实在描述的优劣呢?

解答:衡量科学理论优劣的依据有三条,即一致性、解释性和简洁性。如果有A和B两个科学理论,我们通过如下比较,就可以给出A和B两个理论哪个更好的判断。首先我们认为一致性的科学理论是基本要求,如果A理论不一致而B理论是一致的,自然会肯定B理论而否定A理论。进一步,如果A和B都是一致的,不过A能够解释的现象B都能解释,并存在某个现象B能够解释而A不能解释,我们就说B比A更好。如果A和B的解释性程度也一样,那么如果B比A更为简单明了,那么我们就说B比A更好。照此标准,迄今为止,对我们所处物质世界解释得最好的科学理论就是量子理论。

问题114:为什么对于现代科学理论的某种学说观点,总能在中国古代思想宝库中找到某种学说观点与其相似,是不是我们古代的思想家真的都很有远见,能够先于科学探索,把握自然的根本规律?

解答:要回答这个问题需从两个方面看,第一个是从表象上看有这样一种可能,就是中国古代思想家所提出的各种学说观点,无所谓高下优劣可言,但却已经占据了绝大部分的文化思想的生态位。因此不管现代科学得出的学说观点是什么,从概率上讲,总会与中国古代某种学说观点所占据的生态位相重叠。于是人们就会"误以为"早就提出这种学说观点的那位中国古代思想家"很伟大",其实不过是碰巧而已。第二个是从本质上看则有这样一种必然,由于自然法则的跨越尺度自相似原则,在人们所观察的所有尺度层面都会有根本规律的体现。因此现代科学从实证分析的角度透过事物深层次的探索获得了一些学说观点,同样也可以在古代从日用经验的角度经由生活深层次的感悟来形成相同的学说观点。因为根本之道是无所不在的,不同层面途径自然原则上都可以与其"遭遇",所谓殊途同归。从这个角度上讲,中国历代所公认的古代思想家之伟大,一点也不亚于现代西方科学家之伟大,是不是?

问题115:世界上任何两个事物间的联系都是由人赋予的,就像客观存在的美的事物,在不同人的眼中有不同的美的表现形态,而这种美的形态应该都是平等的。那么为什么社会评价体系里面又有"阳春白雪"和"下里巴人"的高下优劣之分?如果不树立一个这样的社会评价体系,后果会怎样?是否会造成"信仰虚无"?社会评价体系是如何形成的?按照"存在即合理"的观点,不同的甚至矛盾的评价体系共存,是不是一个矛盾的状态?

解答:要全面回答你的问题,恐怕要写上一部书,因此我这里只能概而言之了。首先指出你陈述中的一个不合理处,事物的存在在于关系,既然关系都是人赋予的,怎么还会说事物是客观存在的呢?比如美吧,那就是一种主观体验,根本谈不上什么客观存在性。说到社会评价体系,那只是对有是非之心的人们才起作用的东西,如果你超越了是非,它们对于你也就不起作用。要知道,社会评价体系都是人为建立起来的,并在漫长的演化过程中掺杂着太多混乱不堪的各种观念。因此自相矛盾也是必然的,没什么值得奇怪的。"存在即合理"同"有生有"一样,等于什么也没说。

问题116:有一个问题想向您请教,在《智慧的星光》一书中很多处都提到:"所有的强子都是由夸克构造的,而单独的夸克是看不见的。"这里的"看不见"该怎样理解?在这种定义下磁场或者空气是看得见的吗?夸克的看见与否与我们身边的这些事物究竟有多大不同?

解答:"而单独的夸克是看不见的"这一说法不确切,"见"字应改为"到"。这里实际意思应该是"我们看不到单独存在的夸克",也就是说,目前物理实验中还无法使夸克单独存在,它们总是绑定在一起的。书中之所以出现这样的错误,可能是译者的问题。

问题117:在《智慧的星光》这本书里面提到20世纪末物理学界的另一大谜:"我们的定理都是对称的,可是我们的世界是不对称的。"定理的对称是指可逆定理的可逆性吗?如果是这样的话,那么为什么说"我们的定理都是对称的"?

解答:"我们的定理都是对称的,可是我们的世界是不对称的"这一说法比较含糊,这里的"定理"应该指物理学中牛顿力学、量子论、相对论等定理,对称是指时间对称,即导出这些定理的方程中,要么没有时间变量,要么将

附录 答学生问

时间 t 变为 −t 不会改变方程。所以都是可以时间反演的。当然后来的热力学、非线性动力学等就不是对称的了。

问题 118：如果物质世界的本质是虚妄的,处处为空,那我们所食所饮的都是虚假的吗？

解答：这个理解是不对的,物质世界的本质不是虚妄,而是我们可见的世界是虚妄的。物质世界的本质是空性,空性不是虚妄,而是整体关联性。看来需要不断的宣传,才能纠正大家的观念。空性不是空,是说某种性质,跟这个杯子里面没有东西的空是两个概念。比如真空具有一种整体关联性,这是一个性质,与这个杯子是空的是两回事。所食所饮的不是虚假的,都是能量,因为你需要能量交换才能生存。只是我告诉你：你看到的物体不是真实的,不等于说其中没有能量。其实热、力、光、物都是能量的不同表现形式,明白这个道理了吗？但要记住,作为整个宇宙,能量又是统一的能量场,是整体关联的,可以看作是零点能,也称为空性。

问题 119：物质能否被消灭,黑洞呢？

解答：物质是可以消灭的,但能量一定要守恒。原子弹为什么能爆炸,就是消灭了某种物质以产生能量。爱因斯坦的质能转换公式就是讲：物质可以变成能量。所以物质是可以消灭的,不过能量一定要守恒。比如说宇宙大爆炸的时候有多少能量,现在也还有多少能量,只不过能量分布得不均匀。宇宙的总能量是不变的,你永远可以把它看成零,只不过有些地方多些,有些地方少些；有些是正的,有些是负的。于是乎就有变化了。我们的物质世界为什么会被观察到？就是因为能量不均匀分布的结果。过去经典力学的物质不灭观点是错的。牛顿力学的思想就是认为物质是没法消灭的,基本原子坚硬不破的,永远不会消灭的。到了量子理论,这一断言就被推翻掉了。量子理论对不对,我们无法知道,但起码比牛顿力学更合理。至于黑洞,黑洞当然也是能量的一种表现形式,黑洞的引力太大,引力是负能量,物质是正能量,所以说物质会被黑洞无比巨大的引力所吸引吞噬,结果周边的物质进入到黑洞就出不来了。不过随着时间的推移,黑洞也会消失。在霍金所写的《时间简史》中就指出过,黑洞会有能量蒸发。因此随着黑洞的慢慢蒸发,最终黑洞也就会被瓦解而消失。

问题 120：世界是整体关联的,这是因果关系吗？

261

解答：整体关联不是有因有果，记住在量子理论中因果律是失效的。很多初学佛教的人喜欢讲因果论，但是因果论在佛教中是方便法门，不是究竟法门。之所以初学佛教的人会相信因果，因为他们根本就不了解佛教更为究竟的道理就是自因性。所谓自因性，就是指事物固有的整体关联性，所以整体关联绝不是因果关系。

问题121：大爆炸之前的宇宙是怎么样的？

解答：这个问题不合理，不该问。要知道，不是所有的问题都是合理的，像这个问题就是不合理的。为什么不合理，因为我们只能说宇宙缘起以后的事情，不能说宇宙缘起以前的事，是问题本身不合理。对于宇宙，我们的假设就是从缘起的起点开始的，我们的时间箭头也是从宇宙起点开始的。因此宇宙没有以前，对于不存在的事情，是不可以设问的，所以这样的问题没有意义。

问题122：你怎么看平行宇宙的说法？

解答：平行宇宙是量子理论多宇宙观的一个推论。因为量子理论强调不确定性，宇宙作为量子态也可以有各种叠加态，所以就会推出一种多宇宙观点。注意，这只是一个理论假设，并没有像大爆炸理论那样得到证实。平行宇宙纯粹是理论上的猜想，是根据量子理论推出来的。我们必须清楚，科学理论永远只是一种假设，其不是实在本身。因此当出现一个科学理论的时候，往往就伴随一些副产品性的衍生结论。比如说，当人们将自然数系统扩大到整数系统时，就会产生负数；当将整数系统扩大为实数体系的时候，就会出现无理数；当将实数系统扩大到复数系统的时候，又会出现虚数。如此等等。一样的，科学理论，比如用量子理论去解释万事万物的时候，就会伴随产生许多不尽合理的衍生结论，平行宇宙就是这样一种衍生理论之一。所以一定要清楚，不管什么科学理论，都不能代表真理，而只是对实在的一种描述。

问题123：如果后天基因是不变的，那为什么近视眼会遗传？

解答：不是近视眼会遗传，这句话是不符合科学结论的。正确的应该说，更容易得近视眼的这个族群患近视眼的几率更高。大自然孕育人类基因的时候，没有想到现代人类会天天看读。也就是说，我们的眼睛不是为看读而进化的，现在却生活在经常需要看读的环境里，眼睛就不能很好地适应。但不同的个体不适应的程度不同,因此有些个体的基因更不适应。要点是,习得性基因是不可能的,但对抗近视眼的适应性程度,不同个体遗传的基因是不同的,这个是具有家族性的。

问题 124:生物学上如何划分物种?

解答:物种的划分有各种各样的标准,最大的标准就是,如果两种动物之间杂交的后代不能繁殖后代,那么这两种动物就属于不同的物种。比如说,驴和马生出来的骡子不能继续繁衍后代,那么驴和马就是两个物种。不同肤色的人种都属于人类,因为他们之间可以繁衍后代,后代还可以繁衍后代。

问题 125:我们应该如何更好地保护生态?

解答:只有深刻了解了生态系统跨层次的相干性,人们才会有意识地去保护生态系统,不是去刻意干扰性地保护,而是顺其自然地加以保护。应该清楚,生态保护,最终受益的还是我们人类自己。因此不要总说提倡生态平衡是去拯救地球,而是要说是我们人类的自我拯救,是通过敬畏自然,遵循自然法则来拯救我们人类!因为人类就是地球生态系统中的成员,因此保护生态,人人都有责任。遗憾的是,随着全球范围工业化的迅速发展,我们周遭的环境破坏也越来越严重,我们现在所处的全球生态系统,已经十分脆弱,濒临崩溃的边缘。比如我们头顶的蓝天,雾霾越来越严重,由于二氧化碳超饱和的排放,蓝天之上的臭氧层空洞也越来越大。如果我们听之任之,那么不远的将来,我们必定会吞下我们自己酿下的苦果!拯救生态环境的最好方法,就是让我们回归自然。既然维持生态系统的根本法则就是自组织,人类社会要生活长远幸福健康,那就要遵循这个根本法则。道法自然,无为而无不为。无为不是不为,而是顺应自然法则而为,所以才能够无不为。

问题 126:《圣经》记载,上帝创造了生命万物,而且各种生物各从其类,生物分类学鼻祖就是读了《圣经》而受到启发的。

解答:研读《圣经》千万不要只看字面意思,很多地方,都应该隐喻性地解读,这样才能够更好地体现神性。因为如果从字面上理解,那么一本《圣经》的字数是有限的,而上帝是无限的。因此《圣经》就不可能代表上帝的全部,是吧。比如《圣经》上说诺亚方舟上有多少种生物,那只是一种寓言,不可当真认为其中精确地给出了物种的个数。因此受《圣经》启发去研究生物分类学是可能的，但如果严格遵循《圣经》的描述去构造生物分类学理论，那肯定是行不通的。《圣经》里有很多寓言，都应当如此看。比如上帝浮在水面上说光来吧，光就来了。如果用科学的逻辑思维来推演的话，不是自相矛盾吗？既然一切都是上帝造的，那上帝造物时所浮之水是哪里来的？《圣经》里没说。所以不要用科学的、生物的角度去读《圣经》。

问题 127：保护生态就是要保护生态多样性吗？

解答：是的，生态系统的多样性是其最根本的属性，我们必须要维持生态系统的多样性。如果等到地球只剩下人类自己孤家寡人的时候，那么就会出现不可逆转的局面，人类也必将遭到灭顶之灾。要明白，失去其他生命的陪伴，人类也将失去最终的立足之地。当然，维护多样性，不仅是生物物种的多样性，也是生存环境的多样性，即所谓生态小环境的多样性。只要有了生态环境的多样性，就会导致生物的多样性。我们必须学会要动态地维持生态小环境的多样性。有了生物多样性，我们就不用担心这个社会偶然的环境破坏，因为生态系统有自我矫正功能。要避免人为的干预，不管是善意的纠正，还是恶意的破坏，都要加以规避。即使发现存在生态环境的问题，也千万不要去人为直接干扰，干扰反而会使生态变得更糟糕。所以要尊重生态系统的自我调节功能，只需要维持生态多样性，维持整个生态系统的整体关联性，这才是不杀生的真正含义所在。

问题 128：为什么人们总喜欢将我们的心灵划分为知、情、意三个方面？

解答：对人类心灵的认识，总是按三分法来分析的，认知、情感和意志。我怀疑这完全是文化的结果，而不是大脑生物结构的反映。于是就有了科学、艺术和宗教的划分，有了真、善、美的划分，有了理性、感性和悟性的划分，如此等等，都是文化上的，而不是生物上的。也许当我们真正了解了作为一个整体的大脑神经生物学机制的时候，回过头来重新审视心灵在认知、意志和情感方面的表述作用时，就会消除这种偏见。

问题 129：有时候会觉得现实中的一切场景都在梦中出现过，难道人梦中真的有预知的能力？

解答：没有这种能力，梦不可能预知任何事情。出现你所说的这种情况，多半是所梦内容和现实生活有巧合罢了，这是有可能的。原因很简单，

附录 答学生问

我们往往关注神奇巧合的梦,而忽视普通正常的梦。比如你一生中也许做过一千个梦,没梦对的自然就不会引起你的关注,而只有一个梦对了,你就感到不可思议,予以特别的关注。但从概率上讲,只有千分之一的"正确性",根本就不能说明什么问题。

问题 130:什么是意识?什么是无意识?两者的关系是什么?

解答:为了了解这个问题,我们用冰山做比喻吧。冰山有一个特点,露出海平面永远只占冰山的八分之一,八分之七都在海平面下面。对应到神经活动而言,水面下的八分之七都是无意识的神经活动,而水面上是有意识的心理活动。那么意识活动本身就是这个海平面,随着海水的波动而起伏变化。有意识的心理活动有一个特点,一定有意向对象,或称显现出来的意识内容,就是看得见的冰山峰尖。无意识的神经活动则不显现意识内容,就是看不见的冰山底座。但要记住,如果没有冰山底座的支撑,也就不会有冰山峰尖的显露,因此无意识的神经活动,构成了有意识的心理活动的基础。更何况,在生活中,我们许多选择和行为反应,往往都是受无意识神经活动的支配。

问题 131:讨论意识问题,往往众说纷纭,难以获得相对统一的认识,这是为什么?

解答:为了弄明白其中的原因,应该读一读北宋大文豪苏东坡在庐山西林壁的题诗,其诗曰:

　　横看成岭侧成峰,远近高低各不同。

　　不识庐山真面目,只缘身在此山中。

是的,对于意识问题也是"只缘身在意识中",所以才会"不识意识真面目"。也许正因为我们拥有这样的意识能力,又试图用我们的意识活动来考察意识活动的本性,才导致如此复杂万分的研究现状。

问题 132:为什么要区分感受意识与觉知意识,其中有什么本质区别吗?

解答:从意向性的角度看,做这种区分是合理的,比如身体感受(感受意识)意向性程度低,而五官感知与思维认知(觉知意识)意向性程度高,这是一个事实。其实我们的心智活动存在着无意向性的活动(又分为无意向性活动和准意向性活动)、有意向性活动以及去意向性活动。其中身体感受、情感体验等属于准意向性活动,其意向性程度较低,而感知、认知等活动意向性程度高。至于体悟精神本性的心法,则是一种去意向性活动。

问题 133:脑智活动与意识的关系是什么?为什么意识简化论认为全部意识都是神经系统涌现的产物?

解答:脑智活动指的是伴随着功能意识的心理活动部分。那种认为意识是神经系统因果突现结果的观点,实际上指的就是这一部分的心理活动。为了方便起见,我们称之为心理活动的脑智部分。从这个角度上讲,当然可以说脑智活动的存在,可以用微观层面的神经认知机制的因果作用来说明,而意识简化主义学说的全部基点也便在于此。神经系统中较高级整体脑智过程,可以用最低层次神经集群互相作用来解释。此时,对于具体脑智部分的认知功能,我们只需说明能够实现这种功能的神经机制就可以了。

问题 134:情感体验也是一种体验意识吗?为什么我们会有那么丰富的情感体验呢?

解答:是的,情感体验就是一种体验意识,比如快乐就是一种体验,没有意向对象的。我们讲过,意识活动有两部分,一部分叫体验意识,另一部分叫觉知意识。觉知活动跟我们认知活动有关,但其中总是伴随着一种体验意识。情感也一样,分为情感内容和情感体验两个方面。情感内容是指具体的情感表现,而情感体验是对各种情感表现的意识体验。对于情感而言,喜怒哀乐,都是有具体表现的,而对应的体验则涉及精神本性。所以我们不仅有丰富多彩的情感表现,也有其伴随的意识体验,即情感体验。

问题 135:研究意识的角度为什么离不开第一人称途径?

解答:因为从根本上讲,意识本性上是主观性的,需要"冷暖自知"的自我观照才能有所体悟,这就是所谓第一人称的途径。遗憾的是,目前西方的意识科学研究主要是以第三人称的角度来探索意识现象与规律,这与第一人称角度开展自我观照来获得内在洞见这种活动有很大区别。第三人称观点的研究,包括神经科学实验、哲学考察和心理理论构建。但我们当真开始对这些研究进行批判审视的话,我们会发现,我们又陷入了第一人称的观点。因此对于任何好的意识研究,问题是如何在两者之间找到一个合理的平衡点,这是意识科学建立的一个基础!恰恰就这一点而言,由于片面受到西方科学研究实证方法的影响,目前的意识科学研究主要是第三人称的角度开展,而严重缺乏第一人称角度探索的参与。这显然是不利于实现对意识本性揭示的目标。

问题136:无意向性和去意向性不是太能理解,请您再解释一下。

解答:无意向性就是没有意向对象的心理活动,去意向性就是去除意向对象的心理活动。比如通过正念心法,就可以去除所有意念活动而达到去意向性的目的。所谓正念,就是不要有意去控制你所有的心理活动,让意识自由流淌。如果你的方法正确,一段时间之后,心里的所有念头就会自然消失。要清楚,所谓念头就是意向对象,当把这些念头都去掉,这个过程就叫去意向性,并达到无意向性状态。

问题137:意识自明是什么意思?

解答:一方面,意识自明是一个现象,比如说我们做一件事情都知道自己在做什么,这就是意识自明。另一方面,意识本性靠理性是非分别是把握不住的,唯有悟性自发涌现才能显明,所以强调自明。庄子在《齐物论》里说"莫若以明",子思在《中庸》说要"自明诚",禅宗强调自证自悟来"明心见性",都是这个意思。为什么都强调这个"自明"呢?道理很简单,人们所作所为的一切都离不开意识,而意识现象本身就是自明。人们通过自我意识,逐渐明白自己的本性,就叫意识自明。

问题138:怎么理解佛教中的末那识和阿赖耶识?

解答:这属于佛教唯识论里面的范畴。在唯识论中,将有意识的心理活动按照层次共分为八种,称为八识。第一层次是眼、耳、鼻、舌和身五识,属于感知活动。第二层次就是第六识的意识,是统摄前五识的。第三层次就是末那识和阿赖耶识,分别称为第七识和第八识,又是统摄前六识的,特别是第八识,也称种子识,是包括前七识在内的万法根源。其中第七识具有两个功能,一个是对自我的认识(我执),第二个是悟识(破执)。所谓悟识,就是去掉所有意向性活动那个能力,悟识的结果就是达到第八识的纯粹意识状态。那么具有悟识能力的第七识又是哪里来的呢?当然是第八识生出来的。因此第七末那识和第八阿赖耶识是互根的,相互依赖。佛教的唯识论强调一切唯心识,把一切万法归于识,那一定要归到一个落脚点,这个落脚点叫种子识,也就是第八识。而所谓修行佛法,就是要体悟达到这终极的第八识,所谓如如之境。那么怎样才能到达第八识?自然要通过某种能力,这个能力就是第七识。所以要理解唯识论,最难懂的就是第七识和第八识的互根关系。如果把这个搞明白了,唯识论就不难理解了。

问题139:"颜色颠倒"思想实验如何能够证明体验意识的非物理性呢?

解答:"颜色颠倒"说明的是对"颜色"的内心体验与物理事实没有必然的因果性联系,因为内心体验意识的非物理性,可以通过如下完整严格的论证来导出,(1)形而上学的同一律必然成立;(2)不可能为假的命题,那么其一定是必然为真;(3)可以想象内心体验,能够具有与物理大脑状态不同的关联;(4)一件事情是可以想象的,这件事情就是可能的;(5)由于内心体验与物理大脑状态具有不同关联是可能的,内心体验不可能与大脑状态同一;(6)从而内心体验是非物理的。

问题140:个体精神真的存在吗,有什么依据吗?

解答:不要忘了,从量子学说的角度看,我们的身体是由不断出没的粒子构成的,而每一时刻,构成身体所有粒子都与狄拉克负能量海具有固有的纠缠性。它们不是别的,就是精神,只是随着物身复杂性的不同,这样的精神也有不同的表现形式罢了。于是就有了各种描述灵神表现的词语,如精神(spirit)、灵魂(soul)、心灵(mind),等等,都是从不同的角度对精神活动的某种刻画。

问题141:人活着和死了的时候,表现出不同的精神形态。那之前和之后的精神有什么差异?有什么东西可以衡量的吗?

解答:既然有不同的精神表现形态,当然就会有本质差别了。这个差别就是,人活着的时候有意识活动,死了就没有意识活动了。在这里,意识活动就是衡量的标准!精神是一个整体体现,对于活着的人,其表现形态就是整体性的意识活动。

问题142:什么是灵魂不朽的心理基础?

解答:人们对于灵魂消失的认同与肉体死亡的认同完全不是一回事,这就会衍生出人死后灵魂不朽的想法。即便是接受过科学教育的现代人,当一个人死亡后,虽然都会毫无疑问地认同精神伴随着肉体同时消失的事实,但却经常还会认为死亡的人会带着遗憾、未了的心愿而去了。似乎死亡的人同生前一样还会有思考,会生气,有意识,因此需要经常告慰死者于九泉,祭奠亡灵。这就构成死后灵魂不朽的心理基础。

附录　答学生问

问题143：为什么传说中的鬼描写得比较可怕,是否也是文化催眠的结果?

解答：是的。中国有句话,画鬼容易画犬难,因为谁都不知道鬼,谁也没有看过,所以你随便画好了。画完之后,说这是鬼,大家就信了。狗不一样,大家天天都看,你画得不像马上就知道了。正因为这样,再加上鬼是我们害怕的对象,当然你要画得它青面獠牙,很恐怖的样子,起码像文化传说中鬼的样子。另外,不但鬼要画得很难看,就连抓鬼的人也要画得很难看,比如说钟馗,他的形象绝对是大鬼。为什么呢?既然鬼那么恐怖,"魔高一尺,道高一丈",那一定要找个更恐怖的人才能镇住邪鬼。

问题144：如何解释灵魂附体、遭遇鬼魂等灵异现象?

解答：世上没有鬼,也没有这些所谓的灵异现象。如果有人说有并亲眼所见,那也是这些人心中有"鬼"。应该说,只有在长期鬼神文化的催眠之下,才会幻化出这些鬼神之事。这倒不是这些人有什么不诚实之处,而是有这样的文化催眠在心里作怪的结果：一遇到风吹草动,就会疑神疑鬼。你听说过都市社群中有"闹鬼"的事情吗?哪个地方鬼文化"发达",哪个地方就经常"闹鬼",这已经很能说明问题了,是吧!

问题145：怎么证明灵魂不存在,讲课似乎只能反驳那些灵魂存在的证明。所以还是说你相信灵魂不存在?

解答：这是一个信念问题,如果你相信灵魂存在,我不和你辩论,这是你的信仰。可是如果你说死后灵魂存在是一个事实,那你要把这个事实证明出来。如果证明不出来,那顶多算信仰了。现在那些证明灵魂存在的实验,我们都把它们反驳掉了,站不住脚了。当然他们还是可以说相信灵魂存在,我尊重任何人的信仰。但如果认为是事实,那必须给出证明,但目前并没有站得住脚的任何证明。

问题146：老师,那如何解释双胞胎之间的心灵感应?

解答：这种现象确实有,可以用量子力学来解释,就是非局域性纠缠态的宏观表现。我们发现,这种心灵感应现象往往发生在有密切血缘关系两人之间,比如母女之间,或双胞胎之间。原因可能就是两者之间的基因是高度一致,发育形成的大脑组织结构也是高度一致。这样,从自组织角度来看,哪怕概率很低,如果正好两者之间的神经活动达到同步振荡,就可以产生这种现象,起码从理论上讲是有这种可能的。我们知道,量子固有纠缠性不仅存在于微观层面,同样也存在于宏观量子行为之中,就是所谓的量子霍尔效应。所以如果用宏观量子行为来解释,也许就可以科学解读这种宏观思维活动的心灵感应现象。当然,要产生宏观霍尔效应是有前提的,就是其所构成的微观元素群体要达到一定程度的同步性。对于心灵感应而言,如果两者之间的神经元集群没有同步性振荡,那么也不可能达到两个大脑之间的纠缠性,从而产生关联性心灵反应。实际上在两个不同大脑之间要达成同步振荡其实是很难的,因为这需要两个大脑所有神经集群达到同步,其中前提条件首先是两者的神经生物结构要保持高度一致。所以心灵感应的发生概率非常低,而且发生的例子往往都是有密切血缘关系的,也许其原因就在于此。

问题 147:禅宗通过其元逻辑是怎样铲除心物二元论的,也就是主客二元对立的,并且禅宗的元逻辑是怎样具备实证意义的?

解答:禅宗并没有什么元逻辑,用元逻辑一词也仅仅是论述禅宗思想的一种方便手段,关键在于跳出概念分别。因此如果执著此处的元逻辑,必然与"跳出概念分别"背道而驰。

问题 148:知道 A 与非 A 成立,怎么推出任意 X 成立的?

解答:如果存在悖论,意味着 A 与非 A 均为真。现在因为非 A 为真,当然"非 A 或 X"也为真,其中 X 为任意命题,而"非 A 或 X"等价于"A 蕴涵 X"。现在因为 A 也为真,所以可以推出 X 为真。结果不就推出任意 X 成立了吗!

问题 149:什么叫推诿问题?

解答:比如说有人问:"生命是怎么起源的?"回答是:"地球生命源自于外星生命。"这样的回答策略就叫推诿问题的策略。因为这样的回答仅仅是找了一个替代对象,并没有真正回答所要解决的这个原问题。因为此时人们会追问,外来星系上的生命哪来的?于是原先的那个问题依然存在!

问题 150:什么叫伪问题?

解答:世界上确实存在很多伪问题,比如说"宇宙之外是什么",就是个伪问题,因为宇宙就是全部,没有之外。再比如说"宇宙空间为什么偏偏是三维的",也是一个伪问题。表面上这个问题好像是个真问题,为什么是伪问题,因为宇宙总是要有个维数的吧!如果宇宙是四维的话,又可问"宇宙空间为什么偏偏是四维的",如果是五维的话,当然照样还可以继续问下去,不管宇宙是几维,都可以问这个问题,因此这是一个伪问题。凡是对不存在事物的询问,或者是没有实质意义的追问,都是伪问题。

问题151:先有蛋还是先有鸡?

解答:从生物进化论的角度上看,应该是先有蛋,再有鸡。因为进化论的观点坚持认为,生物从低级向高级的形式进化,蛋是单细胞生命,鸡是多细胞生命,当然是先有蛋后有鸡。从语言学的角度看,应该是先有鸡,再有蛋,不然怎么会有"鸡蛋"一词,而没有"蛋鸡"一词呢!最后从哲学概念分析的角度看,蛋孵鸡,鸡生蛋,却是一个悖论。只不过要记住,大多数的鸡是不会生蛋的,比如雏鸡与公鸡都不下蛋,所以说鸡生蛋也只是一种概称性推理。

问题152:您今晚提到这样的理论,即本系统无法通过本系统证明自身的正确性。这也就是说,世界上没有一个理论是完全正确的。那么我们如何来明辨是非呢?如何坚持一些原则呢?我们又如何能保证我们所坚持的原则是正确的呢?

解答:世上本无是非,好恶缘于人心,这是从根本之道上讲的。如果在小范围内讲,比如一阶谓词逻辑系统适用的范围,那还是有真假分别。至于生活中的原则问题,属于信念的范围,谈不上正确不正确。其实所谓明辨是非,争论到最后,往往就归结到某种信念之上了。因为信念是不用讲道理的,也就无所谓合理不合理。所以你完全可以持有各种各样的信念,这没有人能够反驳你,但你不能把某种信念当成普适的真理。其实在这世界上并不存在什么真理,存在的只有各种各样的信念,以及为维护各种信念之间的争论。依我之见,那些能够有助于你健康幸福生活的信念,就是好的信念。这也是你应该坚持的原则,坚定有助于你健康幸福生活的信念。

问题153:一切知识都是不成立的吗?

解答:怀疑一切知识,显然这是不合理的。因为如果一切知识都是不成立的,那么起码"一切知识都是不成立的"这个知识是成立的。因此就有了一个知识是成立的,这就推翻了一切知识都是不成立的结论。所以怀疑论是站不住的。问题出在哪?问题出在名相(概念)执著,人生是生命的历程,

271

不是靠概念名相的推演所能刻画，而是要靠亲历亲为的人生体验。如果总是向外寻求答案，那么人们往往就会感到人生迷茫。因此不要总是询问这些毫无意义的问题，而是应该向内寻找自我本性，并促成其自然显发，这样才会有充实的内在幸福感。所谓精神内守，善莫大焉。

问题154：世界可认识吗？理性认识和感性认识哪个更深刻，哪个更本质？

解答：首先我认为人们所涉及的世界上一切都是可认识的，只不过认识世界可以有多种途径。也就是说，你不能靠你的理性能力去把握所有，但是你还可以靠你的感性能力去体悟世界。至于哪种途径或能力更深刻或更本质，则依赖于你所要认识的是什么层次的事物？如果认识的是一般具体事物，那么有些事物规律感性认识更深刻，有些理性认识更深刻。比如你要认识两个数字之间的关系，理性认识更好，而如果你要认识女朋友脾气好不好，那感性认识更有效。如果认识的是所谓终极真理，那一定是只可意会不可描述，超越一切认识途径所能把握的界限。要知道，根本性的终极真理不是靠认识，而是要靠体悟才能去把握。

问题155：老师说到各种各样的理论，没有真理可言。我是学经管类的，学习的各种理论比自然科学更不严格。主观性感觉更强，理论多基于假设，一旦假设不成立，理论必然不成立，所以我们自己不明白该怎么理解相信这些理论？

解答：在学习过程中，你可以借助这些理论作为阶梯，等自己成熟以后，自己建立比它更好的理论。不仅是经济学理论，科学理论也是不断更新，我们称其为可证伪性。美国的一位科学哲学家波普尔提出这个观点，他认为科学的最大特点就是可证伪性。如果说有一个理论是不可证伪的，那它不是科学理论，是宗教理论。比如说上帝是万能的，谁也不能推翻它。宗教理论与科学理论不一样，科学理论强调一致性，一致了就必定不完备，而宗教强调完备性（全能全知，完美完善），但完备了就必定不一致。如果一个理论的描述能力足够强大，那么一定不可能同时满足一致完备性。因此作为学生要学习和深入了解现有的理论有哪些，优势在什么地方，劣势又在什么地方，搞清楚以后你再提出自己的理论。当然你提出的理论未必是正确的，不要紧，长江后浪推前浪，只要有助于学科的发展，有助于人类更好地认识自然和社会,就是更好的理论。

问题156:如何加强批判性思维能力?具体可操作。

解答:加强批判性思维的第一个原则是怀疑!就是说要有怀疑精神。不管是谁,不管他的学术水平多高,是什么地位,他所陈述的,或一个理论,或一个断言,你首先要发问,他对吗?打上个问号,这是第一步。当然你光怀疑没有意义,你每次都画一个问号,如果不加分析、研究和甄别,那是无用的。因此第二步你自己要去研究。既然你怀疑,你不要盲目怀疑,自己来研究分析,然后加以判断到底是不是这么回事。如果错了,就扬弃。当然如果是对的,就接受。这就是批判性精神。总之,批判性思维第一要怀疑,第二要求证,然后你才能具备这种批判性思维。

问题157:您说过未来是不可预测的,那些历史上的预言大师或现实中的算命先生能预知未来之事,你对此有什么看法?

解答:从概率上讲,任何预言均有可能"成功",也有可能"失败"。如果某人经常算命,其中预言了 n 个事件的结果,其中有 m 个碰巧"预言成功"了。如果 m 远小于 n,我们不能就此认为这位算命人具有预见能力,是吧!事实上,我们之所以发现许多"预言"或"算命"出奇地"正确",并不是这些"预言家"或"算命人"具有什么预测能力,而是因为如下三个机制在起作用。第一个机制就是所谓的"预言具有自行实现性",就是说一个"预言"本身会具有"心理暗示"作用,影响被"预言者"的心理行为,结果导致"预言"的"实现"。第二个机制是"巴纳姆效应",预言成真往往是因为预言家给出的是一种普适性预言,当被预言者主观加以理解时,结果往往非常吻合,于是就觉得预言非常神奇。比如像生活中碰到的星座说辞之类,就属于此类情况。那么在现实生活中,我们又为什么总能听到各种神奇的预言成真的事例呢?这就涉及第三个机制在起作用,就是"预言成败信息传播的不对称性",通常人们更热衷于传播那些"猜中"的预言,而对失败的预言一笑了之。结果在人际交往中往往只有那些"猜中"的预言广为传播,使人产生一种错觉,有这么多的正面例子,充分说明事件是可未卜先知的。事实上,对于具有 n 种可能结果的预言,成功的概率只有 1/n。这就我要所给出的解答。对于"神迹"、"见证"、"显灵"之类的解释也一样,完全可以通过上述的信息传播的不对称性,普适预言的巴纳姆效应,自行实现的预言来解释,当然有时也有预言家玩弄言辞的技巧能力在作怪。

问题158：算命风水可信吗？

解答：算命，那要看如何算，如果说是定性分析，又是高人，要做到正确预言也不难，但往往都是一些无用的废话（普适预言）。如果是定量分析，那肯定是不可信的，风水也一样。如果他用一些比较科学的方法，比如说这里湿度比较大，你换一个地方可能对你比较好一点，他一定要把这个说成风水，那也没关系，是名词问题。有些石头里面是有放射性元素，住在里面的人老是会得癌症死掉，以前不知道放射性，总结出一套经验原则，也往往有效。其实风水这个东西，最早出自于汉代，郭璞《葬书》是第一本风水书，关于选坟墓的。汉代风行厚葬，人死了要选一个好坟墓，所以要看山的走势，地下水的水文等，这样可以防止棺椁的腐烂，是有一定道理的。不知道后来怎么了，阳宅也开始看风水，甚至跟家族的兴衰命运关联起来，渐渐越发迷信起来了。所以我建议大家，如果你相信这些封建迷信，还不如相信现代科学。比如说要相信研究环境对人影响的科学结论，这要比相信风水更加靠谱些。

问题159：老师如何看待《推背图》这本书？

解答：这是明清时期出现的一部书，实际上是写历史。之所以"预言性的事实"陈述往往"很准"，主要运用了如下三方面的技巧，一是有些写的是过去已知的事实，二是所用语言较为模糊，三是讲述一些普适性的规律。我们知道，因为历史是有规律的，可以给出普适性的结论。只要是定性描述（概然性论述，比如说"有人"）而不是定量描述（精确性论述，比如说"张三"），有些共性的规律性论述当然就会推断得非常准确。定性描述的依据是什么？当然是经验。经验告诉人们，王朝总是会兴亡更替的，人也都会生老病死的，每个朝代或时代都会有厉害人，有混蛋，有好人。当然也都会发生一些规律性重要事件，如此等等。只要能够把历史读透了，总结一下，再把语言写得模糊一点，加上读者的揣测卜度一番，就准了。

问题160：如何看待《周易》的预测功能？

解答：从大的方面讲，《周易》关于天地万物的整体论思想是合理的，但这仅仅适用于事物的定性分析之上，并不能给出事物发生发展的任何定量预测。现在非线性科学已经相当成熟，其主导思想也是强调不同事物之间

附录 答学生问

的相互作用,强调事物的整体关联性,况且又比朴素的《周易》思想更加精密可靠,其定性分析的手段也更具有可操作性。在此情况下,如果你能够掌握非线性科学的数学工具(比如动力学系统的相空间分析),也就没有必要再死抱着陈旧的《周易》"预测功能"不放了。至于定量长期预测,不管是《周易》,还是科学,那都是不可能的。因此我们应该学习《周易》中的天道思想,而不是津津乐道其占卜之术。

问题161:老师,你如何看待有神论和无神论宗教?

解答:宗教的发展是从泛神论开始的,然后进化到多神论,再进化到一神论,最后必然是无神论,一种更高层级上对泛神论的回归。基督教处于一神论阶段,佛教则处于无神论阶段。目前西方的非实在论基督教也正在向无神论阶段发展。原始部落往往持万物有灵论的信仰,可以称为泛神论信仰。早期文明大多持多神论信仰,比如埃及文明、希腊文明、印度文明、中国民间信仰等均崇尚多神信仰;中期文明在多神信仰的基础上,产生了单一神的信仰,典型代表是犹太教以及后来衍生出来的基督教、东正教、伊斯兰教等。随着理性文明的不断发展,无神论信仰开始占据成熟文明的舞台,早期的有儒学体系、佛学体系,后来更为彻底的是禅宗、科学(西学)、非实在论神学等。

问题162:信仰是什么?中国人缺少信仰吗?

解答:信仰是人们精神层面上一种内在持久的信念。信仰的关键并不在于信仰的对象,而是坚定信念的纯粹状态,也就是说那种充满信心的心态。因此不同的信仰是不可以比较的,人人都有选择信仰的自由。信仰的关键是看通过信仰是否因此给人们带来更加幸福的生活。有利于幸福生活达成的信仰,人们就有理由去坚守,否则就应该加以遗弃。至于在目前的中国,由于物质至上主义的泛滥,在精神层面确实普遍存在着信仰缺失的状况,应该引起人们高度重视。因为这种状况对于建设和谐社会,是极为不利的。

问题163:是不是说,善与恶也没有一个确切的分界?同时分辨善恶,是不是就在"强是非"呢?

解答:是的。善恶分别往往掺杂着太多的人为因素,跟每一个社会所形成的价值体系有着千丝万缕的联系,加上有一个主观理解上的差异,因此不可能有什么确切分界。其实从根本上讲，真正的至善是超越善恶分别之上的，不思善不思恶，那才是一种至善的本真状态。永明延寿在《宗镜录》序中说："善恶虽异，其宗则同。返鉴其心，则知灵明湛寂，广大融通，无为无住，无修无证，无尘可染，无垢可磨，为一切诸法之宗矣。"此可谓至论。因此只有"返鉴其心"，显现那"灵明湛寂"之本性，便是至善。

问题164：古希腊哲学与中国先秦哲学有什么不同？

解答：我们厦大的学生都很厉害，一提就是大问题。在这门课程中，谈到哲学观点，我很少去讲古希腊的哲学。其实古希腊对于实在的讨论，也有各种各样的哲学观点，比如有原子论，认为一切都是由基本的原子组成；有要素论，认为万物都是由风、火、水和地四大元素构成。甚至还有数论的观点，认为构成一切的都是数。当然作为古希腊哲学的主流，柏拉图强调理念才是万有的本原。总之，各种观点都有，应该说跟我们春秋战国时候可有一比，包括观点的丰富性也类似。但是不一样的地方，或最大的差别，在于古希腊哲学家主要是面向自然，而先秦诸子百家主要是面向人心。先秦诸子即使也讲万物的构成要素，倾向也不一样，要么强调气而不讲原子之类实体，要么讲数而往往讲像《易经》那样强调象数。其根本出发点，最终不是为探索自然规律，而是要为人世服务。古希腊虽然也强调理念，却是针对自然的form，跟先秦诸子强调的心性完全不一样。心性是内在的本质，而理念（form）是自然的本原。大致来说，这些就是古希腊哲学与中国先秦哲学的倾向性差别。

问题165：同样强调爱智精神，在文化思维方式方面，中西方有什么异同？

解答：西方文化的主智是强调理性思维方式，而中国文化的主智是强调悟性思维方式。西方文化思想，从古希腊开始就是爱智，最大的特点是理性主义，甚至理性至上。后来经过文艺复兴、启蒙运动的不断深化，结果科学繁荣。中国文化思想不一样，自古以来就是面向人的内心世界，一开始就非常讲究悟道，经过禅宗创立、心学集成的不断发展，结果心法发达。为什么西方人一直悟不到道呢？原因很简单，西方一直强调理性。东方不强调理性，东方很强调悟性。当人们强调理性的时候，一定是要建立在概念分别之上，而道是要超越概念分别的。西方真正超越概念分别一直到哥德尔才认识清楚。哥德尔 1931 年发表那个定理以后，西方人才恍然大悟，原来理性是有局限性的。而这一点，中国古代早就知道了，读一读庄子的《齐物论》，就非常清楚了。在日常生活中也一样，西方人是非常讲道理的，无论什么事情，都能够写上一部巨著，跟你系统地讲一番原理。而我们中国人常常不讲道理，喜欢一言以蔽之，或者直接就说"自己去悟吧"！"悟"就是自己去找自己的内在本性，找到了就悟了，不用讲道理，因为根本之道是不可讲道理的。这就是东西方思维方式的主要差异，但是这种差异到了近现代才开始有融合机会。西方通过理性的极致认识到理性的局限性，现在开始回归到东方的思维方式，如量子论、混沌学和元数学等学科中所体现出来的思想。东方也一样，东方通过悟性也了解到，光靠悟性还是不够，先要"格物致知"，然后才是"诚意正心"。如果格物格不好，也是不行的。所以到我们这个时代，由于科学的高度发达，尤其是后现代科学的高度发达，终于可以把东西方两种文化的不同思维方式融合到一起去了。这便是第三种文化的发展趋势。

问题 166：应该保持文化的多样性吗？

解答：你说得太对了，我们要维持文化的多样性，我们要反对文化一统。所以说美国到处宣扬所谓的文化普世价值，不但不应该，也毫无意义。即使退一步讲，美国所谓的普世文化比较适应目前人类社会发展，也不等于说，任何时代都能适应。因为人类生活的环境是会变化的，有朝一日文化环境变了，发现美国文化不再适合于变化后的环境，而其他文化都已消失了，那岂不进入文化困境？因此跟生物多样性一样，为了生态系统中所有生物的共同演化发展，就需要生物的多样性。人类文明也一样，健康发展同样需要文化多样性。其实人类发展史不就是这样吗？不同的时期的发展有不同的文化观念，所以说不要搞什么文化一统，也不要讲什么普世价值。世界民族是多样的，生活在社会中的人们也是形形色色的，因此文化也要多样性。没有了多样性，无论是一个社会，一个国家，乃至整个世界，都会走向灭亡。

修行问答

问题 201：为什么眼下社会总是乱象环生？我们应该如何解救呢？

解答：社会乱象，归根到底是人们心灵深处的精神出了问题，心态浮躁，良知泯灭,道德沦丧!所以我们必须运智兴悲,修心性克物欲,以振奋精神!南宋思想家陆九渊在《象山语录》(卷下)中指出:"人精神在外,至死也劳攘,须收拾作主宰。收得精神在内时,当恻隐即恻隐,当羞恶即羞恶,谁欺得你?谁瞒得你?见得端的后,常涵养,是甚次第!"(陆九渊,2000:81)所强调的"收得精神在内时",正是解救的途径。就眼下而言,我们需要找回久已失落的精神。

问题 202:可否讲一下心法和心理学的关系?

解答:我们有一讲,专门讲心理学中的意识与五蕴八识之间关系。应该说,五蕴八识是属于心法范畴的理论体系,自然跟心理学有关,并且是比西方的心理学、脑科学还要全面的一种理论。如果从修行的角度上看,心法属于悟道层面的方法,而心理学是技术层面的学问。比如心理学也有心理咨询之类的服务,但往往都是较低层次的精神辅导。但心法则是从根本上解决人生困惑的途径。如果不能解决人生根本困惑,仅仅通过心理咨询,也只能对人们心理问题做些临时性的疏导,从根子上也解决不了精神愉悦的问题。所以,你可以把心理学作为知识运用的支撑工具,而你的指导策略一定要达到最高的心法境界。这样你才能够真正地解决人生之困惑,成就幸福生活。

问题 203:刚说到的负面情绪,有些会不会是遗传?好乐会不会转换成一种科学精神,比如格物致知。愤怒和忧虑会不会转化成悲悯之心?

解答:从生物上讲,哺乳动物的情绪是有一些共性的。研究哺乳动物的一些科学家,发现恐惧也罢,愤怒也罢,忧虑也罢,这些情绪所有的哺乳动物都有,这是在生存环境中进化的必然结果。比如在自然界,这些哺乳动物之所以会愤怒,是为了调动自己全身血液循环应急,准备战斗。其他情绪也一样,都是生存所需要而进化而来的。人也是哺乳动物,当然人的基因里也有规定可以产生这些情绪。但现在人类的生存环境改变了,现在与其他哺乳动物不一样的就是人不再需要去恐惧、愤怒和忧虑,我们已经超越了一般的动物界,所以就要把这些不良的情绪通过修行去消除掉。应该说,大多数人一开始都有这些负面情绪,其表现是有潜在基因起作用的结果。可是人之所以为人,是因为人具有强大的自决意识能力,可以超越自己的生物本能。比如基因的自然本能是要让人尽可能多地生孩子,可是我们人类有自决意

附录　答学生问

识能力,就可以超越基因的繁衍规定,不生或少生孩子。对于负面情绪也一样,我们可以反过来调整自己的心态,消除不良的负面情绪。所以我们才说要修行,将不自觉的行为变成自觉行为,一个人是可以做到自觉保持良好心态的。其实我们很多能力的获得都是从不自觉然后通过训练变成自觉的,比如骑自行车,刚开始学的时候是很艰难的,难以自觉驾驭。但一旦学会,就能够轻松自如驾驭了,而不必有意去想如何控制,一跨上车你就自然会骑。此时,骑车已经变成自觉的行为。心态的修行也一样,因此不良的负面情绪,通过修行是可以改变,这就是正心。至于好奇之心,只要不是过度沉迷为好乐而不能自拔,自然有利于格物致知。但悲悯之心不可能从愤怒和忧虑转化而来,而是在消除了恐惧、愤怒和忧虑之后,自然而然显现出来的本性。

问题 204:正心的时候要去四种不良之心,比如去除忧虑之心。但是适当的压力、忧患对成长有好处。再如恐惧也是如此,比如人对自然要有敬畏之心。以及沉迷也是如此,自得其乐才能有收获。

解答:你所提的问题,首先涉及一个度的问题,即使是良好的情绪,也有过犹不及的问题,况且是不良情绪,这是第一。第二,你提问时用的词汇很不精确,比如恐惧和敬畏不是一回事,恐惧是害怕心理,而敬畏却不是害怕,是完全不同的概念。忧患和忧虑也不同,现代汉语的忧患是政治词汇,对民族的将来、发展做到"预则立",未雨绸缪,与忧虑也不是一回事。所以问题所涉及的是不同的概念,根本不能混为一谈。第三,我经常提倡"积极进取,随遇而安"。人们如果经常恐惧与忧虑,就不能积极进取,经常愤怒与沉迷也不能随遇而安,所以这些负面情绪都是有违幸福生活原则。更为重要的是,对于良好心性的达成,不在辨析词义,而是要在生活中用心去体悟。

问题 205:宗教对我们生活有什么帮助?

解答:宗教就生活而言,主要是提供一种信仰,属于精神层面的作用。一般而言,人在生活中是需要某种坚定的信念的,这样会有助于坚定生活信心。有些人不需要宗教信仰照样可以拥有坚定的生活信心,对于这些人宗教也就起不了作用了。

问题 206:我爸爸中年后信净土宗,特别相信因果观,经常向我传教,我该怎么办呢?是相信科学,还是让他自娱自乐?

解答：信教也蛮好的，我并不反对信教，但我反对迷信。当然，这有一个过程，因为在生活遇到困境的时候，人们往往需要一些宗教权威的他力帮助。可是一定要清楚，外在的权威只是一根手杖，一种途径，千万不要把权威信仰当作目的，否则就会变成迷信。如果家里有人信教，你可以鼓励他，但要告诉他，信教本身不是目的，信教最终的目的是为了幸福生活。如果你生活不幸福，信再多的教也是无效的。而要得到幸福，最终要靠自力。至于佛教的因果、轮回，则不要相信，这些顶多是一些佛教的说教手段。所以要信教的话，也要正信，不要相信那些歪门邪道。那么如何识别歪门邪道呢？这里有几个基本原则。一种信仰，好与不好，首先要看这一信仰的内容说教是否符合自然规律，符合的就是好的，否则就是不好的。第二就是看这一信仰对心身健康有没有帮助，有帮助的就是好，否则一定是不好的。第三则是要看这一信仰是否有利于社会和谐发展，有利于的就是好的，否则就是不好的。总之，好的信仰会有助于人们获得幸福生活的。

问题 207：老师课上有讲到佛道，或者说空性，要自己明心见性。基督教谈到一神论，就是上帝无处不在，并且什么东西都是上帝赐给的，包括拯救人们的灵魂，这和老师讲的道或者空性有异曲同工之妙，请老师谈谈对此有什么看法。

解答：是的。从第一义角度上讲，确实是一回事。所以《圣经》上说："太初有道，道就是上帝。"其实世上许多宗教教义讲的第一义，都是一样的，差别不在第一义，差别在第二义。什么是第二义呢？就是怎么达到这个道，不同的宗教就不一样了。比如基督教认为你要让上帝在你心中，只能靠圣灵事工，其体现的是上帝的权威，让上帝能拯救你，而你必须要不断地忏悔自己。不断地忏悔自己，因为你生来是有罪的，卑微的，要靠上帝来拯救你，你只有通过因信称义，一切信神靠神。但是佛教的教义与此相反，你要达到这个境界很简单，你本来就是佛，只不过在生活中被蒙蔽住了，只要把那些引蔽习染的蒙蔽之物重新去除干净，就可以恢复其本来面目了，你就可以得到拯救了。你看佛教与基督教拯救人心的途径是不一样。那么哪个途径更好呢？这自然是因人而异，有些人喜欢被人管，依附某个东西；有些人喜欢靠自己的自信心，自立自为。通常根器较高的人靠自己就可以了，根器较浅一点的人，也许自己没法拯救自己，要靠神。可是有一点要注意，到最后一瞬

间,只能都靠自己。你不能天天做坏事等上帝来拯救自我吧,所以最终还是要有自己的努力。

问题 208:禅宗在修行理念方面与基督教主要有什么差别?

解答:依我之见,禅宗与基督教在所谓"修行"理念上的差别主要体现在如下三个要点上。第一点是关于人性的认识,禅宗接受释家佛性论的观念,认为人人皆有佛性,本性是好的。而基督教则相反,强调原罪论,认为人生来就是有罪,本性是恶的。第二点是关于修行途径的认识,禅宗强调只有依靠自力才能够顿悟佛性,成就禅道。但基督教却认为只有依靠他力,借助于神的力量才能够获得拯救。第三点就是关于修行成就获得可能性的认识,禅宗认为人人皆可成佛。而基督教强调预成论,不是所有的人都会得到拯救,那些能够得到拯救的人,是神事先早已安排好了。至于第一义方面,除了名相上的差别外,没有太大的出入,如果你喜欢,完全可以将基督教的"神(圣灵)"喻指为"佛(心性)",或者反过来将禅道所喻指的"心性",看作是"圣灵"。反正都是指宇宙精神,叫什么名称并不重要。

问题 209:在达成正果的途径上,新教的"因信称义"与禅宗的"明心见性"有什么不同?

解答:不同的就在于新教有一外在的神主宰一切,而禅宗没有这外在的权威,一切都归于内在的自性,强调自信、自立、自为以得到自在之性的显现。因此加尔文强调否定自我,谦卑认罪,依靠他力,而禅宗强调肯定自性,自信自成,依靠自力。禅宗认为信心没有对象,就是自性(或者说就是信心本身),而基督教认为信心的对象是基督,外在的一种权威。前者强调自力觉悟,后者显然是强调他力觉悟。前者认为自己就是基督,拥有本来具足的自性;后者则认为自己是有罪的卑微者,没有能力自救,只有信靠无所不能的基督的圣灵事工,才能称义成圣,使圣灵住在自己的心里。可是信心是建立在智慧之上,所谓格物致知,然后才能诚意正心,有信心。可惜基督教就格物致知而言,最为薄弱,难以摆脱愚昧的盲信盲从的境遇。其实就成圣而言,除去愚昧之心最为重要,关键就是要拥有对万物发生发展根本规律的了解。掌握其根本法则,即所谓知天道,并了然于心,会通于心。何为知识?知,即认知;识,即悟识。因此知识就是认知并且悟识宇宙万物的根本法则。天道了然于心,然后方可识取本心,或称顿悟自性,超越一切概念分别。总之,新教是通过否定自我,从而达到宗教性的被觉悟,其基点是建立在对上帝无保留的敬拜和服从之上,几乎达到了盲信顺从的地步。而禅宗则相反,其通过的却是完全的肯定自性来达到信心的自觉自悟,不盲信顺从任何权威,只依靠自己的智慧,自己体悟自性,达成如如之境。

问题210:如何理解佛经?人真的能够往生西方极乐世界吗?

解答:作为佛教教义,内容是极为庞杂的,形成的不同教派或宗派,往往也信奉不同的佛经,甚至还有判教问题的争论。你提出的这个问题基本上属于净土宗中比较民间的信仰部分。依我的看法,应该当作隐喻性来理解这些所谓"往生"之类内容的说教,或者也可以读读《敦煌坛经》中慧能对此问题的解答。

问题211:"万法唯心"中的"法"是什么意思?

解答:佛教理论中的"法"是最复杂的,它基本上有两个指向,一个相当于我们中国先秦古汉语中的"物",比如说庄子《齐物论》中的这个"物",就相当于佛教唯识论中的"法"。注意,这个"物",在中国先秦不单指看得见的物质或物体,而是指一切万物,包括看不见,摸不着的现象和规律,都叫"物"。甚至"道"也可称"物",如《老子》说的"道之为物"之类。佛教中的"法"也一样,相当于现象学中的现象,"万法"就是一切现象。在佛教中"法"的另一个含义,是指根本之法,佛法之"法"。当然也是万法的一种,不过佛法之"法"是根本性,有时为了区分,就特别加以突显。

问题212:如何看待佛教中的六道轮回?

解答:通常六道(又名六趣、六凡)是众生轮回之道途,六道可分为三善道和三恶道。三善道为天、人、阿修罗,三恶道为畜生、饿鬼、地狱。如果按照《心经》上的说法,无苦集灭道的话,哪还有什么六道轮回?所谓的轮回,更多的是指"乱念纷飞"那种"以念制念"的恶性循环。一切都是心念作怪。关于六道轮回也一样,你可以将它看作是六种心境的象征,依次流转。因此只有跳出"轮回"获得洞见才能显现空性,将精神整体关联性作用充分呈现!为此,人们必须摆脱概念分别之心,否则必然导致整体纠缠态的坍缩,结果不是物欲上瘾,就是诉诸以理念来维护专注,必然适得其反,难逃轮回魔咒。同样,但能超越六道轮回,方能得解脱,而超越的根本,在乎一心。心中无善恶念想,便是真善。

问题 213:佛教中何为三世因果?

解答:三世当然可以指前世、现世、来世,佛教的"三世因果"指的是前世造因,今世受果;今世造因,来世受果。如果从万法唯心,那么三世因果也就成为前念、现念、后念,念念相续的三念因果了。如果能够一念不生,就可以超越因果,得烦恼解脱。因此不必执著于因果,但一心向善,就是究竟佛理了。

问题 214:不懂佛教的人喜欢说因果,什么叫自因性?

解答:佛教的根本法则是一切皆空,既然一切皆空,怎么会有因果呢?有因果就一定会有因果相承,不可穷尽,何以悟空?所以说真正懂佛教的人不会说因果,如果讲了,也是为了恐吓利诱一些浅根器者不断精进的方便手段。千万不要把这个手段当作目标,恐吓利诱启发完了之后,一旦自觉修行的觉悟有所提高,就要把这根拐杖扔掉。有些人本来是为了解脱,结果就死在因果上而永无解脱了期了。什么叫自因性?因果互根,因即是果,果就是因。比如"自因性为什么存在?因为它存在",这便是自因性。

问题 215:悟道与"出世"和"入世"有什么关系吗?一个人开悟了,有好的心态,能够在真正意义上 enjoy every day,是不是就已经超越了"出世"和"入世"的分别?

解答:"出世"是为了摆脱是非概念分别,但又会落入新的"出世"执著,于是就需再"入世"了。这里小心言语道断,非想非非想,以心观心,直至东西不辨,南北不分之状态。如果真的能够在真正意义上 enjoy every day,那就得大自在了,所谓悟道不过如此。因此你说悟道与"出世"和"入世"有没有关系?

问题 216:为什么有人要苦修,比如大迦叶,甚至还有很多人一生都在苦修,难道只是为了他自己解脱吗,只是为了他自己一生的自在吗?还是为了来生?

解答:入道多途,不可执著。况且佛教教派林立,各有所宗,倘若你是修禅为务,无须顾及种种经教;倘若你是研习经教,也须抱定一宗,然后兼收其他。在没有悟道之前,千万不可多宗经义,混杂研习(如律宗自律苦修,净土念佛轮回,法相深究唯识,天台止观双修,三论性空缘起,密宗秘咒灌顶等),那样会不得要领的。至于修行的终极,自然要证悟如如自在之境的,并且还

283

要做到自利利他。至于来生,那是虚妄不实的说教,不要理会就是了。

问题 217:那人死了就什么也没有了吗?因为也没有轮回,没有神,没有佛。比如一个什么也不信的人还做好多的坏事,那么这个人会不会轮回于六道中?到底有没有轮回?

解答:看来你已经深陷轮回之中而难以自拔了。宗教靠宣讲死后灵魂不朽,或下地狱,或上天堂,或六道轮回,来要挟活着的人皈依宗教。人们如果真的相信这些鬼话,焉能得自在?你说的那种人是不存在的,什么也不信,怎么会做坏事呢?因为能做坏事的人一定相信他的所作所为是无咎的(比如不会感到内疚,相信做坏事不会被惩罚),这难道不是一种信念吗?你应该明白"无住所生之心"一定是无意向对象的慈悲之心,这便是真善。因为怕遭轮回报复,或上帝惩罚而在生前努力行善,就是伪善(动机不纯的善)。善欲人知(或神知,或佛知),不是真善。只有自信、自立与自为的善才是真善,因为其中没有任何杂念。放弃你的那些杂念,回到正念上,不然就与佛道越走越远了。万法唯心识,所谓轮回是指在观念中轮回。不见性则有,见性则无。迷时有,悟时无。

问题 218:我是想请教您几个关于参禅的疑问,如果说禅宗强调一切事物概无分别,那么为何还有正念与妄念,积极与消极的区别(例如您经常强调要摒除心中的妄念)?禅宗也强调心无所住,可是有些情况下我觉得自己很难做到。例如得知亲人病重,就很难控制住悲伤的情绪。是否说如果真正做到无所住,就再也不会产生这些似乎很自然地涌现出来的负面情绪?那人岂不是会变得很冷酷(也就是说喜怒哀乐都不再存在了)?还是说我对无所住的理解有偏差呢?

解答:所谓"无住之心",就是自在之心,就是顺其自然而为之心。如果有了悲伤,那就自发的悲伤,但不可去刻意地悲伤,更无须去思考是否有悲伤的妄念,因为这种思考本身就是一种刻意而为的"妄念"。试图区分正念与妄念,本身就是一种分别之心。不必去思考这些问题,好好自然而然地生活,所谓日用是道。

问题 219:禅道的要义到底是什么?

解答:禅道的要义:(1)自在,一切烦恼不侵心,通过知天道得大智慧,达到心无挂碍,无念、无相、无住,成就如如之境。(2)信心,是真达不疑之道的

附录　答学生问

自信心,才是自成禅道的不二法门,自信、自立、自为的自力途径。(3)行善,诸恶莫作,诸善奉行,慈悲为怀,仁爱济世。宽容、从容、包容,所谓海纳百川,有容乃大,修成禅道。

问题 220:佛祖有大智慧吧,众生是平等的,没有什么本质上的区别,虽然我是那个问你"鹅是怎么从瓶子里出来的",教过还不怎么懂的那个女孩子,哈哈!不过老师你还是要夸我聪明才行。还有个问题想问问你,是老师上课讲到过的,大概意思说"路都是对的,只要不左右为难地选择不休",是那样的意思吗?如果那样的话,南辕北辙也是有效的是不是?禅说"苦海无涯,回头是岸",那还回头干什么呢?呵呵,禅是一个有趣的东西,老师你也是个很了不起的人。

解答:那句话是"至道无难,唯嫌拣择",是禅宗三祖僧璨《信心铭》中起首的一句话。从某种角度上讲,确实"南辕北辙"也是有效的,但有效的不在这四个字的字面意义上,而是在去除所有意义后所余下的东西上,是什么?回头是岸也一样,如果你执著于回头,那就是苦海。于是我又要说"不回头是岸"。"说禅"有时就是一种纠缠,有如泥潭,越是挣扎分辨,陷得就越深。但一旦明白,就会"禅来缠去"。确实你属于聪明女子那一类,能够问出"鹅"如何出得这样的问题,说明已经有所感悟。说到底,禅是一种精神,是一种积极向上的生活态度。

问题 221:在佛教修道上男女应该是没有分别的吧!

解答:您的回答是正确的,一切众生平等,哪有什么男女之别?有分别便不是上乘佛法。只是由于社会文化的原因,在古代,启发女子开悟可能要更加困难些,因此才有药师经中这类象征性说法,不必执著于文字。

问题 222:打坐不是在浪费时间吗?开悟了是不是就成为无情之人了?了却是非生死,是不是就会消极处世了?

解答:你是一位善于独立思考的学生,不过你来信中的观点却不够全面。试解答你的疑惑如下:

(一)坐禅岂是"坐"能够了得的,如无禅心发现,枯坐实属无益半点禅觉。

(二)如果你真能觉悟众生平等,你会更爱你的家人(如果你连家人也不爱,又岂能爱其他人,所谓"齐家、治国、平天下")。

285

(三)你只有置"是非、生死"于度外,你才更能够积极进取(因为你不再有患得患失之心态)。

当然,你没有达到觉悟的境界,可能很难理解上述道理。你所看到的那些"坐禅"之类的东西,只是一些皮毛。所谓"禅理奥妙,非关文字"。

不过在没有真正的导师指导你的情况下,请千万不要去学习禅,研究禅,议论禅,不然不得要领,容易误解。

问题223:关于五戒怎么办,我是还没有受五戒的,只是领了一张证(是在北京八大处领的,三皈、五戒的证有了,没受仪式)。下个月,我要去上海的玉佛寺受个三皈依仪式(这里不能一次受两个仪式只能先受三皈仪式)。五戒要不要守?有时同学来了又要喝酒,我想问您一下应该怎么对待五戒?

解答:无论是具足戒,还是五戒,能自觉受戒固然很好,但关键还在于心戒,心中落拓自在(所谓"从心所欲,而不逾矩"),胜过一切戒律。皈依也一样,心中有皈依胜似仪式上的皈依。

问题224:关于"信、解、行、证"中信的问题,我的问题是人们天天拜的菩萨是不是真的存在,有没有鬼(人死后是否有灵魂)?这个信不信的问题主要是在于后天修行,还是自己先天的缘分和修行的原因?信佛的人是不应该问这个问题,但我没有开一点悟啊!所以在这个问题上想亲耳听到您指点,我觉得这个问题最重要。

解答:关于"信",重要的不是内容,而是"信心"状态本身。因此心中有"菩萨",菩萨就存在;心中有"鬼",自然鬼也就存。不过无论是什么,心中有意向的对象,不管是"佛"、"菩萨",还是"鬼",都只会与觉悟背道而去,难得明心见性。至于"人死后是否有灵魂?"回答就一个字:无。慧能讲:"无念为宗,无相为体,无住为本。"《金刚经》讲:"应无所住而生其心。"心中有"佛",就是有所住,焉能成佛?

问题225:本以为会得到有的答案,这下不懂了,那就是说没有灵魂,没有鬼,没有菩萨,没有佛。也不知道明心见性是什么样的,又不知道是为什么要明心见性?希望指点迷津,为何要明心见性,为何要成佛?

解答:为了一切烦恼不侵心,得当下自在,enjoy life。因此如果现在你就自由自在,不为任何名相(不管是"佛"还是"鬼",甚至是"成佛"本身,都是名相)所羁绊,那就明心见性了。是啊,说起来容易,做起来难!这需要身体力行。我相信,会有一天,你会不再执著那些有无的追问,不再需要外在权威的支持,更不会被轮回转世所迷惑,自信自立自为,超越名相轮回,得自在。

问题 226:"菩提本无树,明镜亦非台。本来无一物,何处惹尘埃!"这是什么意思?

解答:这没什么意思,"本来无一物,何处惹尘埃",这不已经告诉你了:本来无一字,何处有意思。佛教中的开悟指不开悟,天天去追开悟就更不开悟了。"菩提本无树,明镜亦非台",圣人之心如镜,追求心如镜子一样的境界,可是镜子也是不存在的,哪有开悟不开悟。本来什么都没有,何处去开悟?佛家说了,无法可说,本来无一法。

问题 227:打坐时要反观自性,反观的内容是什么?

解答:没内容,有内容就不是反观。达到自性,自性就是空性,就是佛性。你要去反观,就是靠你的意识重新体悟宇宙的空性。

问题 228:人如何去有效控制自己的意念?

解答:如果你仅仅要去控制自己的意念,很简单,你就练习专注一境的打坐。中国古代有很多专注打坐的方法,比如观字法,数息法,观鼻法,等等。如果你要做到更好的控制,就去学艮背行庭之法。

问题 229:开小差,如何控制自己不开小差?

解答:开小差就是意识游移,也叫白日梦。西方有人专门研究这种现象,这个蛮正常。据抽样调查研究表明,50%的女生都有这种现象,就是专注度不够。你可以练专注的打坐,慢慢提高自己的专注度、注意力。

问题 230:周老师,那里有两个杯子,这个杯子是他的,另一个杯子是我的,这是一种分别吗?

解答:是一种分别。因为这个所谓是你的还是他的,是你站在你个人的角度去看这个问题。实际上,它们都属于这个宇宙。打破分别之心,你要的是"藏诸用"。什么叫"藏诸用"? 就是你不要刻意去做什么事情。比如说你渴了,你就拿你的杯子喝一口就完事了,你非要区分这是我的,这是你的,这叫分别之心。但是你该干什么就干什么,这就不叫分别之心。也就是我们《大学》里面说的,你要做到的是诚意,不自欺也。举例来说,如好好色,如恶恶臭。臭的就是臭的,好的就是好的,如此而已。这就叫作"藏诸用"。如果你闻到臭的,非要说这个很香,那就有问题了。那就是刻意,那就是没有"藏诸用"。

问题231:打坐有哪些方法?

解答:首先可以学专注之法。从古代传过来的方法,观想鼻端比较可行,数息法也还常用。当然神秀提出的观字法也是属于这一类的,观墙上挂着的"佛"字,跟观想鼻端是一个原理。等到专注做到了,就可以练习正念法。等做到正念了,你可以练习坐忘法,达到物我两忘。你要学习打坐的话,还是要一步步来,不能一蹴而就。打坐的关键不在形式,姿势自己感到放松自然就行,更多的应该在于内心的恬静安详。

问题232:禅修、瑜伽打坐方式有区别吗?禅修非要打坐吗?

解答:瑜伽作为系统修行途径,源自印度的婆罗门教,分为行动瑜伽、虔爱瑜伽和智慧瑜伽三种。发展到后来,就有了印度教的静虑瑜伽和佛教的静虑禅修了。因为同源,打坐方式都采用莲花坐或半莲花坐姿势,强调专注一境,静虑息心,是达到入定境界的一种途径。当然,对于禅修,不仅仅是静虑打坐一种途径,还可以有各种各样的其他途径,所谓入道多途。至于达成觉悟之法,也是因人而异的,应该因材施教。有些人可能适合打坐,有些适合参公案,有些适合行脚,有些人可能需要棒喝一下,不能说只有打坐才是禅修。

问题233:怎样修行才可以悟道?

解答:这个问题很多人都问过,当然最终悟道是有多种原因综合的结果。首先要看根器,相当于我们所讲的素质。所谓素质,不是指积累的知识多少,当然积累知识是好的,但是不要被知识所蒙蔽,因为有时知识多了反而会害人的,成为悟道的智障。其次达到这种悟道状态,还要有禅宗文化的熏陶,必须先要去读读一些禅宗典籍,了解禅宗思想。这是前期准备。第三,要去依归已经悟道师傅,如慧能所说"须求大善知识示道见性",言传身教。否则如果没有悟道之师引领的话,会走歪路。当然,真正的"大善知识"往往是韬光养晦,不轻易收徒的,因此非心诚志坚者难求"大善知识"。最后,就是自己坚持不懈的修行,要依止师傅,勤而行之,学不至于悟道不已。

问题234:什么是物我两忘,是消极避世的态度吗?人死的时候是物我两忘吗?

附录 答学生问

解答：什么是物我两忘，就是无念、无相、无住。这也正是《坛经》中所讲的禅法宗旨。无念是内心不乱，无相是外不着相，这样无念无相，进而达到无住生心。什么意思？忘我指的是无念，把我忘掉，就是无念；忘物指的是无相，把物忘掉，就是无相。念是心中生出的杂念，这就是小我，把小我去掉你就无念。但小我去掉不等于你就无心了，你的大我显现出来了，显现自性。"相"就是西方哲学里的意向对象，也就是说思维活动都有一个外在对象，这个对象就是意向对象。那么无相就是把外面所有影响你意念的相都去掉，当然也不是要死寂无心，而是让你达到无住的状态。《金刚经》云："应无所住而生其心。"心不能死，不能滞，而要是通达无碍的，不能执着于任何名相上面，不能停在任何念头上面，这就是物我两忘。用庄子的话，不叫无住，叫无待，逍遥无待，就是要达到无待之境界，达到撄宁之状态。注意，对于日常生活，无住生心，不是说要消极避世，而是要积极进取，并能做到随遇而安。人死时不是物我两忘，因为物我两忘是无住生心，人死后没有意识活动了，是死心而不是生心！

问题 235：禅宗的那些公案、机锋，可以认为是他们一种独特的语言，包括他们的肢体语言。

解答：对，那都是为了震断禅修者心路的手段。首先这里没有一套固定的规程，如果有套固定的规程，那就是理性思维。为了超越理性思维，不受任何规程束缚，禅师们是靠灵犀相通的体悟来交流的。就好比说，你吃过梨，知道梨的味道；我也吃过梨，知道梨的味道。我们讨论到梨子的味道，尽管用各种各样的语言来说，用不同的动作来说，我们都知道，哦、对！梨子的滋味就是这样的，因为我们都明白梨子的滋味。如果一个人不明白，不知道梨子的滋味，那么另一个无论怎么给他比划，也是无法让他体验到梨子的滋味。禅师们的体悟交流，也同此理。

问题 236：如何看待古代的一些做法，为了追求精神的愉悦，刻意去逃避一些繁琐的俗事。我的朋友就有不用手机的，给我感觉有些与世隔绝。但是他们没有达到一种"大隐隐于市"的境界。

解答：是的，这种人不彻底。他们想做到逍遥自在，但却是通过回避、逃避的方式，那是不彻底。还有严格地讲，世界上没有真正的隐士，因为你知道他隐居了，那他就不是隐士，对吧？所以第一，你是不会知道真正的隐士的,因为真正的隐士你压根儿就不知道;第二,这些隐士的做法是"小隐隐于山",而真正隐士的出世是为了更好地入世,是"大隐隐于市"。圣道心法的目的是让你在生活中能够幸福地生活,而不是让你逃避,逃避是解决不了问题的。人生的烦恼在人们的心里,外在的回避是逃脱不了的。所以说真正的觉悟不是指逃避的觉悟,而是要以出世的心做入世的事。"大隐隐于市",就是这个意思。你要回到生活中,在生活中达到孔子"七十从心所欲,而不逾矩"这样的境界,这才是圣道心法所要达到的境界。任运自在,跟老百姓一样生活,却没有老百姓那些烦恼。

问题237:是不是要先经历一翻修心养性的历练,出世以后再入世?

解答:是的,这是对的。在这个过程中,起先你做不到任运自在,可以先躲起来修身养性,修得差不多的时候,你再出来试试看。如果可以任运自在了,那就是修成了。如果还不行,那再想想别的办法。要记住,真正的修是三位一体的。第一个是智慧,我们必须要有慧解;第二个要靠苦行,"苦其心志,曾益其所不能";第三个要证悟,在生活中证悟。往往需要三个部分综合来考虑,你才能够真正地彻悟。然后就可以入世任运自在,满心喜悦地入世生活了。

问题238:心法跟武侠小说里面的武功心法有什么关联?如果庄周的书看不懂,会不会也走火入魔?心法和心灵鸡汤又有什么区别?应该看什么样的书来学习?

解答:我第一堂课就说了,韩愈说:"古之学者必有师,师者,所以传道授业解惑也。"所以你要拜师,这样你才能够不迷失方向。因为你还不明白这些东西的时候,你自己瞎摸,然后走火入魔,这是很常见的。所以学习要有师父领进门,然后才是修行靠自己。至于心灵鸡汤,只是讲一些干巴巴的人生道理,并不能提高你的智慧境界,而对于生活,最重要的不是记住众多道理,而是要洞察具体运用道理的情境。看书也一样,要以提高思想境界为宗旨,并帮助丰富自己的学识,完善自己的人格,提高自己的修养。为此,应该多读圣学经典的书籍,如《大学》、《易经》、《中庸》、《孟子》和《论语》;科普读物,如量子学说、混沌理论、生命科学、心脑科学以及数理逻辑等;心法指南,如《庄子·内篇》、《六祖坛经》、《景德传灯录》、《传习录》之类。

问题239:发呆和禅定状态的区别。

附录 答学生问

解答：发呆属于散乱意识状态，禅定不一样，属于定中意识状态。从目前已有的脑电实验结果来看，禅定状态先出现α波，入定后α波突然阻断消失。但散乱意识状态却没有什么规律性的波形。当然，不同的禅悟阶段，呈现的脑电波形是不一样的。专注一境主要是γ波，正念主要是θ波，如果顿悟了才是产生α然后被阻断。可是这样研究成果都是境外科学家研究得出的，我们境内却没人研究。禅宗是中国人创建的，境内中国人不去开展科学研究，我觉得是很不应该，所以我目前正在开展这方面的研究工作。

问题 240：禅定的时候，如果有人对坐禅者说话，他知道所说之话的意思吗？

解答：禅定有多种多样，有些小乘禅法，入定时间很长，在完全进入到禅定状态时，你在旁边对他说话，完全不会起到唤醒作用。至于禅宗禅法的禅定，只是说达到一种如如之境状态，这个时候你不管说什么他都能明白。但有一条，不要相信无法实证的神迹，那些都是蛊惑人心的噱头。

问题 241：佛教中的闭关你怎么看，弘一法师闭关的时候可以断食很多天，他是如何做到的，你有没有这样的体验？

解答："闭关"其实源自于《周易》的复卦"象曰"："先王以至日闭关，商旅不行，后不省方。"后来运用到中国佛教的修行之中，成为一种修行途径。当初弘一法师的闭关主要因为要恢复南山律，发了一个宏愿，于是把自己关起来几年，专心致志整理南山律的典籍。断食则是民间的一种方术，也称辟谷，佛教中也有断食一说。闭关与断食没有直接关联，特别是长期闭关可不能断食，否则会饿死的。弘一法师出家前就非常相信断食，并经常践行断食之法。从科学角度上讲，适当时日的断食，会使大脑处于更加清醒的状态，甚至出现缺氧状态而体验到所谓"美妙感受"。但持久断食肯定是不行的，俗话说"人是铁，饭是钢"，超过三周不进食，生命就难以为继。佛教闭关中饮食确实比较少，通常会过午不食，基本上吃的都是半流质的东西，不过它一定会保证一天中需要的能量。因此闭关期间，每天都有人定时给送餐饮，以及其他生活必需。闭关真正考验的并非是什么饥饿考验，而是孤独感的挑战，能够战胜孤独感是修行的挑战之一。像这种战胜孤独感这样的闭关，我经历过多次。在确保安全的前提下，你们也可以试试，是能够锻炼自己的意志力的。当然千万不要损伤自己的身体，要理性进行闭关，看看自己能不能战胜孤独感。人们最难战胜的,一是自尊心,二是卑微心,第三个就是孤独心。什么时候把这三个"心"都战胜的话,那你离终极觉悟就不远了。

问题242：一定要有悟性才能参禅吗？

解答：参禅悟道有两种途径,所谓理入行入。理入或许需要一点悟性,不过也是可以勤能补拙的。但行入一定贵在坚持,要苦其心智,持之以恒。参禅悟道首先要发誓愿,下决心。没有下决心,往往坚持不下去的。因此大德宗师收徒传法时,常常故意设置门槛,试探求法决心。比如禅宗二祖慧可,断臂立雪以示决心,才最终打动达摩。如果决心很小,遇到一些困难就缩回去,那是开不了悟的。所以相较于持之以恒的决心,悟性天赋,并不重要。

问题243：什么叫明心？

解答：就是把心洗干净。由于日常生活中不断引蔽习染,结果人们的心被污染了,本善之心就被蒙蔽了,就需要把污染的心性重新洗洗干净,让祂重放光明。这个过程就叫明心。就跟我们衣服穿久脏了要洗干净是一样道理,生活中人们也会渐渐养成不良的思维习惯,接受错误的价值观念,形成不善的意图欲念,都要把它们从内心去除掉,重新恢复清澈的心地本性。明心的"明"有两个意思,一个是使之干净,一个是成就光明。因此"明心"就是《大学》里面倡导的"明明德"。

问题244：请问,应该先明心见性然后付之于行,还是在所行之中去了悟心性呢？

解答：不贵所学,贵其见识；不贵所识,贵其能行。信行要紧,只有在行动中才能真正见性,没有行动的见性是文字游戏,不足取。

问题245：最终放下得失之心,是由放下每件事的得失之心累计起来的,如何把放下一件事和麻木不仁区分开来？

解答：放下得失之心不是放下一件事,事情要照样做,《孟子·公孙丑上》说"必有事焉而勿正,心勿忘,勿助长也"。只是不要计较事情的成败、得失和利害。比如明天决定要做一件事情,就全力以赴把这件事做好。这件事不管成功还是失败你都不要介意,这就叫放下得失是非之心。所以我之前常说要"积极进取,随遇而安",就是这个意思。生活中做每件事都要全力以赴做好它,生活的乐趣就在做事这个过程之中,但千万不要在乎它的结

附录 答学生问

果。一件事情的结果好坏如果已经在那了,再在乎也无法改变结果,只会徒增烦恼,没有任何意义。君子坦荡,事情成了就成,败了就败,不必耿耿于怀。所以孔子说,即使你达不到中道,也要狂狷。狂则进取,狷则有所不为。积极进取,有所为有所不为。所以放下得失之心不是麻木不仁,而是为了更好地积极进取。

问题246:您说过,《西游记》讲的是一位禅修者的心路历程,如何理解?

解答:在《西游记》里,佛陀是空性,唐僧是肉身,孙猴是心灵,白马是意志,八戒是戒律有缺,沙僧是勤修福德。那些妖魔鬼怪都是不正之心,需要降伏,而那些神仙菩萨则是修行的助力加持,理应充分利用。当然,要让修行者顿悟空性,更需要依靠自成心法,将心身两者合一(悟空),才能觉悟成佛。孙猴法名"悟空",是其目标,每当师徒心身分离,便生祸端,只有师徒同心同德(肉身与心灵同显纠缠态,是为空性),最终方能成就佛果。对此,《西游记》作者吴承恩是颇有深意的。

问题247:"我"为什么是"我"?我到底是谁?

解答:从逻辑上对"我"的任何追问,一定会落入悖论之中而不能自拔。因此这"我"也是只能直觉体悟而不可概念分别的,所谓"本来面目"之指的。

问题248:那精神也是不可限定的吗,其显现是依赖于注意的程度吗?

解答:是的,精神是无度之物,是不可限定的。按照我们的界定,个体精神实际上都是宇宙精神的投射。精神本性人人具足,只是由于难以破除我执,许多人难以显现出来,所谓"百姓日用而不知"!精神显现需要的是体验能力,或叫秘密认知能力,而不是注意能力。所以恰恰相反,精神显现依赖的不是注意程度,而是去注意的程度。注意属于意向性心理能力,秘密认知属于去意向性能力,两者恰好是背道而驰的。在眼下社会中,由于物欲过度泛滥,我们大多数人思虑多而体验少,自我关注能力很强,而"藏诸用"的秘密认知能力却很弱。因此尽管人人具足精神,但是精神显现的"显诸仁"却难以成为常态。

问题249:秘密认知能力获得之后,是否会再消逝?秘密认知能力有没有高低之分?

解答:秘密认知能力不是一种能力,只是为了说明问题才起了个名字叫秘密认知能力。就是说,能够消解一切认知能力的能力,就是秘密认知能

293

力,所以无所谓消逝不消逝的问题。秘密认知能力有没有高低之分?同样道理,这个问题也是不存在的。对于涉及达成终极境界的途径问题,确实有很多东西难理解。实际上对于秘密认知能力的"有得没得",这不是讲道理的事情,而是个人自己体悟的事情。就体悟而言,自信心就显得很重要,没有自信心,要去获得自在之境,那是不可能的。

问题 250:请问一个没有开悟的人,生活不太如意,只是主观上不会生气,觉得生气不应该。时间很长之后,这个人不太会生气了。这样好不好?

解答:主观上不生气不等于真的不生气。生气这个问题,首先不生气比生气好,其次生了气发出来比不发出来好。如果你生气了,你故意不发出,更糟糕,对你的身体和心灵的伤害都更大。时间久了,你会慢慢适应了,觉得不太会生气了,其实是消极逃避,不可取。如果一个人能够发自内心的不生气,这很好,求之不得。如果仅仅觉得不该生气,那未必是个好事情。所以有气还是要发出了的。

问题 251:我总是摆脱不了有意无意与别人对比的心态,暗藏在心中渴望成功,出人头地的思想,而我认为这是十几年教育与习惯的惯性。这显然是对有一颗宁静的心是不好的,我想克服这种习惯。能帮帮我吗?

解答:心中有不平,才好争胜;心中有不足,才会自负。不平与不足,是无大志(所谓鸿鹄之志),大志不是张扬,而是宁静,所谓"宁静致远"。要有平常心,要有恒久心,要有大个性,不必计较一时之得失,虚怀若谷是大家风范。说说容易,身体力行实属不易。关键是要摆脱"小我"(与人争胜之心是"小我"的一种表现,避世消极也是一种"小我"的表现,等等),积极进取,胸怀"大我"之境(仁者爱人是一种"大我"之心,视天下之任为己任是"大我"之心,敬畏生命道德是"大我"之心,等等),人皆我心,我即人心。能包容天地而博爱,何患区区成败之得失。

问题 252:老师,弘一法师去世时留下的"悲欣交集",你说他还有执着,那么我想知道的是,你是否也有执着?也许我不该这样问,因为你毕竟是受过正传的。

解答:弘一法师留下的是"悲欣交集"四个字,这也是他一生苦苦追求的写照。禅宗强调"直心是道场",从这个意义上讲,弘一法师临终是得到精神解脱的。至于我,属于求解学问的读书人,如果说有什么向往的,那就是心灵的自在境界(一切烦恼不侵心,为自在)。我的讲禅,属于禅外讲禅,旨在传播一种知识与思想。有时讲讲正传之类的话,也不是为了标榜自己,而是为了使听众产生坚定之心,因为禅的精神是摒弃一切束缚的,因此绝不会标榜宗派。对于生活,我当然是自足快乐的。幸福生活是一种生活态度的反映,因此如果感到悲哀,那一定不是外在影响的结果,而是人们内心躁动不安的反映。当然,人处在躁动不安,充满诱惑的大千世界里,难免不受影响。于是对于形成良好的生活态度,就会感到觉悟易而保任难。这便是修养功夫。

问题253:明心见性就是成佛吧,我的问题是明心见性后的人有特异功能吗?对特异功能的人,怎么解释?

解答:参禅需要的是大智慧,千万不可陷入愚昧之状态,迷信那些所谓的"神通"或"特异功能"。不知道你指的特异功能包括哪些?大多数人用手吃饭,如果有一个人用脚吃饭,算不算特异功能?我经常给学生表演"特异功能",学生看了也非常惊叹。但当我把真相或原理告诉他们后,他们再也不会感到吃惊了。如果有那么一些事件发生了,超出某些人的理解能力,甚至超出整个人类目前的理解范围,就说是特异功能吗?或者低俗的佛教教徒所谓的"神通"?或者基督教徒所谓的"神迹见证"?满心装的都是这些东西,还能指望达成"一切皆空"的境界吗?这么明显违背佛教主旨的事情,你也会相信吗?难怪你心中总有执著,不能解脱,是因为你总希望寻找外在的"奇迹"来填补内在的虚弱。这就是不自信的一种反映。你应该向佛陀学习:天上天下,唯我独尊。只有有了这般信心,方才能够见性成佛。一个人如果被虚妄不实的物质现象所迷惑,还情有可原。但如果是被骗人把戏所作弄,那实在是太愚昧了。

问题254:什么是涅槃?

解答:佛教中的涅槃有两种含义,一种是死掉,比如一位高僧圆寂了。还有一种是顿悟,也叫涅槃。有时候,古代有些和尚一生的希望就是涅槃,他死了以后就追赠他涅槃。实际上真正的涅槃是指超脱。从这个意义上说,它确实是对自我意识的超越。自我意识是一种我执,超越我执,或者叫破除我执,达到无住生心,也就达到所谓的涅槃。

问题255:佛教有没有讲灵魂,佛陀他证悟到什么?

解答：佛教，起码从佛陀那里是不讲灵魂的，灵魂及其轮回的思想，多半都是源自古印度婆罗门教的观念。佛陀证悟到的是空，一切皆空。当然对这个空的理解，你们肯定和佛陀不一样。佛陀把自己在菩提树下七天证悟出来的空，那个如如之境，及其证悟的方法传布开来，希望更多的人能够和他一样觉悟。但要注意，佛陀只是告诉大众成道的道理和途径而已，你千万不要死在这些道理与途径之上。因为不管多么好的道理与途径，如果你死执这些教条，那你永远不能证悟。因此你必须把这些说教统统当作辅道的拐杖。凭借一些比较有效的途径，通过明白一些道理，来辅助你去亲证那个如来之境，才是正道。

问题 256：在你的观念里，什么是"自由"？

解答：孔子说的"从心所欲，而不逾矩"，是一种"自由"。真正的自由更多强调的是内心自在的一种境界，而不是对身体束缚的放纵。禅宗倡导的"明心见性，任运自在"是自由的最高境界。

问题 257：禅宗的所谓顿悟状态真的存在吗？

解答：禅宗的顿悟就是一种意识变更跃迁，只不过这种意识变更的结果就是获得完美的心理品质，那种纯粹慈悲的持续状态，再也没有各种负面情感影响顿悟者的超然心态。真正的顿悟之后（并持续保任），不再会有愤怒、忧愁、恐惧、嫉妒、悲伤、好乐、厌恶等负面情感，有的只有一颗仁爱之心。

问题 258：什么是佛？寺庙供奉佛像意义何在？

解答：什么都不是，就是佛。至于寺庙供奉的佛像，只是为接引迷众设置的路标，千万不可执著膜拜，否则难能明心见性，永无了悟之期。

问题 259：得到宇宙精神，是不是外在性的？

解答：宇宙精神无处不在，不存在任何外在，精神内守便是。《坛经》说得很清楚了，要自成佛道，要向内求。宇宙空性就是投射到你内在的精神，人人具足，是人人都有那个自性。如果在你反观的时候看到外在的意象，那肯定是你着相了。

问题 260：周老师，我平时也常看文化方面的书，也常听这方面提高境界的讲座，对很多道理也很明白。但是在很多场合又不能很好地做到，比如知道生气不好，有时还会不由自主地发火。怎么办？

解答：是这样的，王阳明说知行合一，什么意思呢？知道是一回事，做到

是另外一回事。王阳明甚至这样说，如果你做不到你说知道，那是假知道，能做到的，这才是真的知道。所谓知之道，就是我们要传道的那个道。你要了解那个道，要落实那个道，身体力行这个道，所以关键在于身体力行，而不是嘴上谈谈。比如说，从来不生气，这就叫修为，或者说修养功夫。这是要慢慢来，当然有些人悟性比较高，会一夜之间突然顿悟，脱胎换骨，从此以后所有的行为规范都好了。这种人很少，大多数人都是渐修，慢慢修为自己，改正自己不良行为，不良的心态。此时，最重要的就是贵在坚持，不断去观过知仁，迁善改过。

问题261：我们平时所说的意念是纯粹意识状态吗？

解答：意念不是纯粹意识状态，因为意念就是意向对象。而纯粹意识状态就是没有意向对象的心理状态，所谓无住生心。

问题262：开悟就是没有意念的状态？

解答：正确地讲是"无住意念"的状态，有了意念执著就叫着相。慧能说要无住生心，《金刚经》则说要"应无所住而生其心"。你不能滞于意向对象，但要有意识活动，这就是纯粹意识状态。达到这样的纯粹意识状态，确实是件很难的事情，如果容易，不是人人都开悟了吗？但是也要看机缘，只要坚持不懈，说不定哪天就洞底脱落，突然顿悟了。达到纯粹意识状态有两种，一种通过打坐入定，这是古代人常用的方法。还有一种靠智慧理入，或是生活中突发事件，让你产生瞬间纯粹意识状态。

问题263：那这个瞬间状态还可以持续吗？意义何在？

解答：只要体验过，就会心生自信，终身随时受益。比如说吃苹果，一旦吃过了，就明白个中味道了，虽不会滋味永驻，但也能终身不忘。这就是为什么说一旦开悟了，就可以终身受益了。不过这里的"持续"一词，不太确切，不是说时时刻刻都是保持这种状态，而是说体悟到的这种状态后可以随时呈现出来，没有障碍，可以任运自在。如果没有体悟过这种纯粹意识状态，就如一直隔着一层没有捅破的纸，总是不知道那种究竟的终极体验。当然，这里涉及体验意识是要亲力亲为，没有他人能够代替你，要靠自己去努力。只有真正达成物我两忘，才能够成就这种终极体验状态。

问题264：老师，能够问一个私密问题，可能会冒犯你。这个问题就是你开悟了吗？如果是，那么你是怎么开悟的呢？

297

解答：没关系，我可以给你讲讲我的体验经历。那天，我从灵隐寺后山回来后，简单吃过晚饭，先是继续哥德尔定理的研读，然后稍事休息，就又拿起那部《楞伽经》读了起来，并开始深究起书中难以理解的种种名相。到半夜，我合上经书，静静地坐在床沿边。经过很长时间，我的心思依然深深陷入刚才阅读所引起的那些名相、观念和意象。渐渐地，我的内心趋于平和，并不知不觉进入了一种静虑状态，几乎成了一种被动的享受，没有任何主动的妄念，似乎是让名相、观念和意象自动流过我的心里。忽然间，并没有任何预兆，我发现自己的内心完全被空寂所充满；紧接着，我感到一种喜悦，一种无法形容的快乐，同时伴随着一种智慧的觉醒，其情形根本无法用言语来描述。我亲眼见到，四周空无一物，唯有火红的光环，环绕自己。旋即，我在内心意识到永恒，那种当下充满着慈悲的感觉。我看见，一切事物都是不朽的，都是整体关联在一起，我与天地合二为一。这个状态持续了一段时间，然后消逝。随后我也便安然入睡。第二天醒来，昨晚的景象依然历历在目，我明白，我体悟到禅定状态了。

问题265：如果做到物我两忘，每天都很快乐，这样不会很单调吗？

解答：所谓任运自在，就是于一切事上都自在，没有烦恼而已，怎么会单调呢！比如有两个人都做同样的事情，现有两个状态供选择，一种是做每一件事情都很开心很自在，另一种是做每一件事情都不快乐很烦恼，你选择哪一种？（学生回答：第一种）这不就好了，你自己就回答了你的问题了，是吧！

问题266：看一些佛学的书说"悟道"就可以"明明了了"，那么"明明了了"是否是指"全知全能"呢？从而达到像您一样博大精深呢？

解答：所谓"知道"是明白"根本之道"，所谓"悟道"是体悟这根本之道并内化入心而见性。"悟道"后不必会"全知"（无所不知），但可以获得"终知"（所谓孔子所言："知之为知之，不知为不知，是知也"），这就是"明明了了"。

生活问答

问题301：人生决定论的观点正确吗？

解答：决定论的观点是建立在概念分析之上的，一切都是决定了的。问题是"是谁决定的呢?"答曰:"是大自然(及其法则)。"再问:"何以知道是大自然呢?"答曰:"科学实证。"再问:"是谁在科学实证呢?"答曰:"人。"于是你马上就会发现一个悖论:"是人的研究认为人的命运是决定论的。"注意,这里出现了两次"人",于是结论便是,决定论的观点是一种"自说自话"式,显然没有什么坚实的根基。问题出在哪里?问题出在依然是在向外寻求答案。其实美好的生活在于自性的显现,如能真达不疑之境,便没有任何心外主宰,一切取决自决之信心。自信、自立、自为,人生的意义就在于此。

问题 302:人生的意义到底是什么?

解答:用禅机回答这个问题就是"人生没有什么特别需要追问的意义",这就是人生的意义。如果不明白,那就再退后一步,用世俗回答这个问题,人生的意义在于人类交际互动的关系之中,就像语句的意义在于其构成语词的相互关系之中一样。孤立的人生是没有意义的,人生的意义在于整个人类的整体关联性之中。"仁者爱人",学会关爱他人,奉献你的爱,你会体验到更多的人生意义。

问题 303:生活的准则能否用简单的话来概括?

解答:简单地说,生活的准则就是"敬天、明心、爱人"。敬天,格物致知,万有同源;众生平等,天人合一。明心,无住生心,任运自在;积极进取,随遇而安。爱人,珍爱生命,忠恕入世;推进民主,尊重民意。

问题 304:敬天、明心、爱人,"敬天、明心"都明白,如何"爱人"?

解答:爱人的第一原则就是要充分尊重他人的意愿,无论在什么情况,出于什么善意,都必须以尊重他人意愿为前提。爱人是淑世的必要条件,因为爱人的第一原则就是尊重他人的意愿,而社会民主就是尊重多数人的意愿。我们知道,关系到民众的事务应该由民众自己决定,这就是社会民主的原则。这一点必须区分给予的民生与自觉地民主之间是有着本质区别的。强调民生不过是一种施予,权力在施予者手中。但强调民主则不同,权力在民众自己手中,民众自己决定自身的民生。从这一角度来看,人们必须具有真确的"平等、民主"觉醒,才能够真切去"爱人"。

问题 305:人终归于一死,那我们短暂的一生是为了什么?

解答:不为什么!若为什么,那就没有意义了。因为如果一定要说人生有什么"目标"的话,那么我们每一个人的目标都是一样,那就是走向死亡。

因此必须清楚,人生是一个过程,重要的是在此过程中能够拥有丰富的人生体验,过得充实愉悦,就是幸福人生。我再次强调,所谓幸福的人生,便是在群体互动过程中更多地赋予仁爱的体验。

问题 306:我被一些问题弄得烦躁不安,并且知道自己不可能找到答案,就想在书中寻找。有时候越是思索,越是被一种虚无感包围。我害怕了,不如就此下去吧,走一步算一步。可以说是随波逐流,也不妨说是顺其自然。那么周老师,您的看法如何呢?

解答:人生要有平和的心境,这是真正幸福的基础。人生还需要足够的生活保障,这是平和心境的基本条件,尽管不是必要条件。工作,特别不是自己兴趣所在的工作,只是赢取这种生活保障的一种手段。但灵魂还需要精神的安宁,即禅宗二祖所谓的"安心"。诸事不疑惑,是安心的前提,破解疑惑是通达平和心境的必由之路,所谓"大疑大悟,小疑小悟,不疑不悟"。当然,时间是平抚心境的最好良药。戒急戒躁,以平常之心对待一切事,全力作好每一件哪怕微不足道的事,安宁便在其中。须知,事情本身并无贵贱,只是人的取向有是非,重要的是要克服是非之心,心存善念。

问题 307:人心什么情况思定?什么情况思变?

解答:普通人是变则思定,定则思变。什么是定?内心不乱是定。什么是变?以不乱之心应对万象之机是变。若无定思变,则常随波逐流,难成大事;若死定不变,则难以随机应变,纵有定心也是枉然,其定是假定。所以定与变相辅相成,定变回互,方能长久。

问题 308:人心是这样,那么民心呢?

解答:社会与个人不同,社会的最高追求是理性,个人最高追求是悟性。因此对于社会民心而言,主要表现为:穷则思变,富则思定,所谓"荣者自安安,辱者定碌碌"。使民安安,可得民心。

问题 309:可能是由于自己真的很缺乏思想和能力,总否定自己,无法自信起来,感觉永远都是一个配角。希望老师能给我一些建议。

解答:人与人之间没有好坏高下之别,只是社会的一些偏见才会给不同个性的人贴上不同的标签。因此正确的生活态度就是不要理会这些标签式的评价或暗示。静下心来,好好想想自己所钟爱的事情(真正想做的事),然后按照自己所钟爱的去生活(包括学习或工作),扬长避短,在生活中充分展

现自己的所长。做所谓的"配角"也没有关系,只要能够展现自己的才能,并在其中获得快乐,那就是主角。其实在我们的社会生活中,谁都是配角,也都是主角,关键就在于你自己的生活态度。生活态度端正,配角就是主角;生活态度出了偏差,那么即使是主角,其实也是配角。在生活中,是否是配角或主角,完全是由自己的心态决定的。不必计较他人的评价,做好自己喜欢做的每一件事情,并从中得到生活的乐趣,那么你就永远是生活的主角了。祝愿你心情能够愉快起来,更祝愿你能够找到自己所钟爱的事情。

问题310:我是一名大三的学生,对生活有点疑问,总是渴望被关注,被认同,却又怕受伤,太在乎别人的看法,已经失去自信了。希望您能抽出时间为我答疑解惑。

解答:一个人缺乏自我肯定,依赖于社会肯定,结果往往就是你目前这样的境遇。自我肯定是建立在自信心之上的,要学会放弃外在依赖之心,慢慢从社会肯定转变到自我肯定。必须从根本上认识作为一个人本身的价值,远远胜过一切赞誉之辞和羡慕的眼光,那是人内心深处的精神本性。因此你应该努力找回失落的精神家园,找回生活的智慧,找回人们本性中的仁爱之心。具体的办法就是放弃自私的小我(个人的得失,个人的荣誉,个人的喜恶),把心思用到关爱社会,关心集体,关照他人的行动之中,你就能够找到那份属于自己的自信心。当然,说起来容易,做起来难。慢慢学着改变一下自己的心态,我相信,你总有一天会对生活充满信心的。

问题311:你提倡"随遇而安",那么我们青年人难道就不要有追求的目标了吗?

解答:完整地说,我提倡的是"积极进取,随遇而安",用英文解释就是:Do the best what you want to do, don't care about the results, and always enjoy your life in any situation. 因此与保持人生追求的目标并不矛盾,只是我这里更加强调要端正人生的"生活态度"而已。

问题312:如果每个人的世界都是他们自己所感受到的世界,那么可以凭自己的意志改变这个世界吗?

解答:当然,既然是自己感受到的世界,自然可以通过自身的努力,改变你所感受的方式与结果,形成不同世界的感受。这其中,关键是你的生活态度与看待世界的方式。

问题 313：对事物没有分别之心,有时是不是会意味着是非不分,黑白不明?

解答：事物本无是非,是因为我们先有了是非之心,才有了是非之事,而不是相反。因此是非都是人为权衡的结果,没有分别之心,自然就也就没有是非之事,又何以谈得上是非不分,黑白不明呢?

问题 314：老师,您怎么看待死刑问题?因您了解较广泛的多学科知识,想听您有关死刑废止的个人看法。

解答：只要社会舆论环境得到有效改善,应该提倡废止死刑。在我看来,以暴易暴,终非善策,理想的社会应该倡导仁爱与宽容精神。传统所谓"杀人偿命"的重典罚罪,适用于乱世,并不适用于和平盛世环境。作为愈来愈尊重人权,珍爱生命的现代文明社会,对于死刑这样极刑,应该逐步予以废除。

问题 315：您说生活是没有目的的,可是追求幸福难道不是生活目的吗?人需要信仰,可是什么才是我们的真正的信仰呢?

解答：如果你心里总是有一个"追求幸福的目的"在,你又怎么能够体验幸福呢?同样,信仰也如此。因此若有任何信仰的存见,你就无法达到自在之境,又如何谈得上真正的幸福生活呢?

问题 316：如果我问"放下"与"爱"的矛盾性,您也许回答"放下小爱,就是大爱"。可是如果心中没有对众生的博爱,又怎能达到大爱的境界?难道大爱不是爱的最高境界,心中空空才是?

解答：心中不空,如何装得下众生?大爱就是至善的境界,就是空性。这一点,我在讲课中已经作了比较全面地论述了。

问题 317：除了给人精神寄托,现在和尚存在还有什么意义?他们参禅能得到什么?

解答：从大的方面讲,和尚群体的存在对众生起到的是一种榜样的作用。至于参禅的结果,自然是一无所得的。但要明白,一无所得乃是真得。

问题 318：既然您说人生重要的是 enjoy life,但我们现在不断强迫自己学习一些自己不感兴趣的学科,以获得未来相对稳定的生活。这种"苦尽甘来"的生活方式,是否和您观点相悖?

解答：如果像你说的这样"苦尽",那肯定不会"甘来"。孔子说过:"好之者不如乐之者。"何况你是"痛苦"学之。学习都要强调一个"乐"(enjoy),何况生活!

问题319:我们是不是同时生活在双重的世界?一个是心智运作的、应对现实的世界,需要我们分别、判断、取舍,要考虑过去和未来;另一个是体验的世界,不需要概念,不要考虑过去和未来,给我们带来丰富的体验。问题是,我们需要应对现实世界,又需要体验快乐,留在体验的世界。请问如何在两重世界里自由穿梭呢?

解答:只是迷惘与明悟的不同。迷惘则两重世界,明悟则一重世界,关键在于你的悟识能力。

问题320:生活中,能够悟道的人毕竟是少数,而现实生活中总有那么多的诱惑,那么如何处理这种理想与现实的矛盾?

解答:个人修养是一个长期过程,中国的传统文化中有着丰富的理论与实践积淀,希望诸位能够从博大精深的中国传统文化中汲取营养,成为境界高超,心地和善,济世爱民的谦谦君子,生活幸福自在。

问题321:请问如何具体用音乐来消除生活中的烦恼?老师为何独钟情于古琴音乐?

解答:音乐可以洗涤心灵。如果你们有了生活上的烦恼,不妨先听听伤感的音乐,可以帮助缓解情绪。然后再听听古琴之类的音乐,可以使人平静。最后再听听轻快愉悦的音乐,可以使人充满美好的生活期待。我之所以喜欢古琴音乐,是因为古琴音乐是一种充满智慧的音乐,就像禅宗是一种充满智慧的方便法门一样。

问题322:根据放血疗法,是不是可以推出献血真的有益健康?

解答:放血疗法是古代的用法,其实拔火罐也是一样。人在生病时,身体的某个部位能量集聚过多,就要把多余能量部分消耗掉,以恢复平衡。献血在一定数量的范围内是无害的,但过度献血则是有害的,不可取。人有造血机制,只要保证身体的供血没有问题就可以。因此不必因为适度献血而担心身体健康这个事情。

问题323:一直保有童真,是不是能够保持美好的气质?

解答:什么叫童真?是身体上的还是心理上的?如果是指心理特征的话,那保持童真一定是很好的事,有助体现美好的气质。很多人是未老先衰,主要也是因为心理先变得老气横秋了。所以不管是为了气质还是健康,希望大家都能保持赤子之心,保持一颗年轻的童真之心。

问题324:人为什么会间歇性情绪低落,有什么方法可调节吗?

解答:这个问题是比较重要的。间歇性的情绪是可以调节的,看一些积极向上的书,多和人交流,学会一些调节心态的手段,比如像中国古代的心法。更重要的是价值观要树立正确,不为一些小的利益等困扰,你的情绪会慢慢越来越好。因此要做到情绪好,就要为社会多奉献自己的爱,多做好事。

问题325:如何摆脱别人的眼光去生活?

解答:走自己的路,让别人说去吧。很简单就是不要在意别人,你做任何事,不要在意别人怎么评价,自己感觉幸福充实就可以了。别人评价好坏,和你有什么关系?这要建立一种自信心。你不能活在别人的评价上,因为所有人的评价都是不可靠的,最可靠的是你自己的评价,你自己的肯定。

问题326:有时候站在一些事情外面思考,就会觉得有些事情无意义,因为事情都有必然性,但真正面对选择时又患得患失,怎么办?

解答:你所谓的站在外面看事情,其实还是站在里面,是站在外面去想里面的事,你试图这么做,但实际上还是想着里面的事。不管是站在里面还是外面,思考的都是里面的东西。正因为这样,你假装站在外面,因此你就有矛盾了。如果你干脆放弃内外,你就不会有矛盾和患得患失了。所以要做到宋代理学家程颢所说的"无将迎,无内外",这样你就不会患得患失了。

问题327:有人向你借钱,但是你知道此人不会还,很不讲信用,你会怎么做?

解答:如果我当时判断他需要钱,我就送给他,就算行个善吧。如果我当下能判断他是在骗我,那就不给他。借钱给别人的目的是让人更好地生活,如果情况就是这样的,你就借得值得了。你提这个问题,是想得太多了。生活不在于多想,而在于多行。

问题328:你是否觉得人越来越功利,而缺乏对理想的追求?

解答:这个比较难说,因为我没有做过统计。而且什么叫功利,这个东西也比较难界说,但是我相信大多说年轻人还是在坚持自己的理想。前段时间到了碧山空间,就发现一群年轻人自己花钱租一个地方来做一些有益社会的事情，这也是一种理想。整个社会越来越功利，主要是在改革开放以后，一开始把物质享受看得太重要了。但这是一个暂时现象，随着物质的不断丰裕，人会慢慢开始追求精神果实的。所以说随着时间的推移，一切都会好起来的。一定会这样，孔子曾说过："庶之，富之，然后教之。"重要的是，当人们富庶之后，我们必须用优秀文化价值观念去教育影响社会大众。

问题329：荣誉感是不是一种虚荣心的表现，虚荣心到底是好还是坏？

解答：荣誉感和虚荣心是不一样的，虚荣心是一种负面心态，而荣誉感是一种自信心的表现。如果你把荣誉感当作是虚荣的表现，那你就错解了荣誉感。必须明白，真正荣誉感的基础是拥有一份坦荡的心态。面对荣誉，只有做到心怀坦荡的时候，这份荣誉感才能转换成一种自信的表现。虚荣心缺乏的正是这份坦荡情怀，往往被计较得失之私欲所左右。你如果有虚荣心，对很多事物会误判，看不清人生的方向，也会被小人利用。比如说有些女孩有虚荣心，别有用心的男孩子就会利用她的虚荣心讨好她，然后她就慢慢上当受骗了。所以荣誉感和虚荣心是不一样的，我们都应该克服自己的虚荣心。

问题330：你怎么看待名誉称号？如何看待不择手段追求奖学金？只为追求工时数的增加而去做志愿者，并不真心想真心帮助他人。

解答：第一个问题，名誉称号当然是美好的，值得拥有。人们积极向上追求一些荣誉是好事情，但是不要把这个名誉称号看得太重，如果只是为了名誉称号而努力，那就不值得了。不择手段追求奖学金就更不可取了。正确的态度应该是随遇而安，努力学习，不计较成败得失。如果作为努力学习的副产品，你获得了奖学金，那就欣然受之。如果发现更需要的同学没有获得奖学金，你也可以把奖学金让给他人。为追求工时数去当志愿者，这是对志愿者的亵渎。志愿者当然应该是发自内心的志愿，如若不然，就是对这份神圣活动的亵渎。建议大家发自内心地去当志愿者。

问题331：你失眠过吗？有什么好的方法能治？

解答：我睡得很好，年轻的时候有过失眠的经历。失眠可以通过练习静虑来治疗，比如临睡前半小时，开展专注性静虑，坚持数月，必能见效。如果还想保健身体，建议早上醒来做三件事，第一，正念静虑15分钟，站在一个比较安静的环境什么也不要想，就站着。第二，就是咽津，早上起来把舌头往上颚顶牢，满口会流出很多唾液，然后你把它咽下去，重复三次。第三，就是叩齿，重复扣十次。早上做这三件事，总共花不到 30 分钟，只要坚持，对身体绝对有好处，不但可以对治失眠，而且可以养生保健。

问题 332：一心多用有吗？比如兴趣广泛。

解答：有意识的活动不可能做到一心多用。无意识的活动可以，比如通过长期训练，熟能生巧，做到左手画圆，右手画方，属于无意识自动过程。兴趣广泛不是一心多用，不是同时做多个兴趣之事，而是不同的时间做不同的事。如果要达到比较高超的境界，最好是能够专心学习一种爱好兴趣。

问题 333：我为什么总有许多问题，却又想不明白？

解答：世上原本是不存在什么问题，问得多了就成问题。问题是人心思维的结果，是一种虚幻的概念游戏。因此出路就在于摆脱一切名相，世界本无事，庸人自扰之而已。因此生活要多做实事，少行思虑。谋事犹豫不决，行事缺乏果断，往往是不自信的反映。人生是一个过程，当下幸福缘于自信心。

问题 334：什么叫作战胜自尊心？

解答：大多数人都有自尊心，尤其是有些国人特别喜欢看清末时期中国拳王把俄罗斯拳王打败的电影，心里觉得很解气。这种所谓的"民族自尊心"，不过是弱者的一种意淫罢了。一个人的自尊心越强，说明他越是弱小。强者是不需要自尊心的，你去看米开朗基罗创作的一个雕像，拿一个拳头揍一个人的时候，在半空中突然停下，眼睛注视着远方。他这幅雕像是有寓意的：一个强者是不会欺负别人的，只有弱者才会一天到晚地说自己的自尊心被人伤害了。请问，如果你压根就没有自尊心，谁还能伤害你？所以只有克服自尊心，你才能建立起自信心。

问题 335：如何从沉迷中自拔，比如说对某种东西或情感中自拔。

解答：关键在于你的决心，你可以有意在一段时间不去做这种事情。人要养成一个习惯，大概需要半个月，克服一个习惯大概需要一个月，所以只要坚持一个月就可以克服了。如果做不到，可以让他人监督。一开始一定要强制性，后来就会淡忘了。

问题 336：你说善是超越是非的，那我如果想达到善的话，是不是要先从是非观念来做才能达到善？

附录　答学生问

解答：不是从观念,也不是从是非中选择,而是从行动。行动也不是从是非观出发,比如你回寝室发现同学好像经济比较困难,你经济比较好,你拿钱给他就行了。不要去想什么是非问题,比如拿钱会不会犯错之类的,这是不需要想的。孟子说人性本善,所谓恻隐之心人皆有之,按照人的天性去做,一定是善的。所以不需要想什么是非对错,重要的是体现仁爱的行动。

问题337:对于性格特别内向的人,要让他打开心扉,安心地与人交流学习是一个挑战。他们有来自大脑的不舒服和不安全感,如何帮助一个性格特别内向的人打开心扉,与人交流?如何帮助他们找到适合于他们与世界交流的方式?

解答：就两个字,自信。让他建立自信心,就解决问题了。具体怎么建立自信心,多做些奉献爱的行动,自然而然就会建立起良好的社会关系,从而得到社会的肯定。继之就会拥有自我存在感、充实感,最后慢慢就建立起自我肯定,这就是自信心。

问题338:兴趣是最好的老师,但是在现在面临许多选择的社会,怎么才能够找到自己真正感兴趣并愿意付出时间和精力钻研的东西?在大学时期可以如何做?

解答:使用"选择"这两个字就意味着你违背了你的兴趣。兴趣不是选择来的,选择来的不是兴趣。因为选择一定有价值评判标准,一定有利益驱动,比如很多大学生选专业说哪个更好就业,我就选哪个。利益驱动,这不是兴趣。什么是兴趣,比如说你到食堂去吃饭,一看到红烧肉,止不住就要去买,想都不想,不去考虑这个贵不贵,这便是兴趣所在。所以兴趣不是能选择得了的,你们面对这么多诱惑选择的世界,你不理会那些诱惑,走自己的路,这就是兴趣。要做到这点很难,很难摆脱周围人的目光和议论,以及这个社会对你的影响,此时你就需要自信心。当然培养自信心也有个过程,你需要慢慢修为,慢慢培养。第一步要得到社会肯定,你的为人以及所作所为得到了社会的认可,这对于培养自信心是很重要的。不过一直停留在社会肯定的依附之下是不可能有自信心的,因此接着你要超越这些社会的肯定,变成自我肯定,这是第二步。然后你最终还要把这自我肯定从心中抹去,只有到了这个份上,真正的自信心就来了。当然,自信心的养成过程是漫长的,也是非常艰难的,但只有拥有这份真切的自信,你才能够从容遵循自己兴趣之道。

问题 339：人的恐惧是否来源于对未知的恐惧？

解答：恐惧部分是来源于未知，部分是因为不可控制或不可预料导致无安全感引起的，恐惧是比较正常的人类情绪。还有一些是人为制造的，我们叫作文化的催眠。比如说你小时候有人跟你讲鬼故事，你长大后一来到黑房间，你就会想起鬼故事，会害怕，这就叫文化催眠。这两种都会导致人恐惧。很遗憾，中国的民间文化很多是不好的文化催眠，哄小孩，鬼来啦，不要哭。长大后就被催眠了。其实世界上没什么可怕的，人最怕的是自己吓唬自己。只要自己坚强自信，就没有什么可怕的。

问题 340：我们在学校经常被教育要求进行职业规划，这就都需要对自己要有比较清晰的认识，这不就与拯救精神失落相矛盾了吗？

解答：人生不是靠规划出来的，如果你的一生靠规划的话，那肯定是没有什么希望的。人生是非线性的，不可能有什么精确的预见，比如在十年前，你会知道今天听我讲课吗？你再怎么规划，也不会规划到这样精确的细节。但我今天讲课的内容很有可能会对你产生很大的影响，于是彻底改变你原先的规划，那你之前的规划有意义吗？而所谓的职业规划，更是无稽之谈。什么叫职业规划，人关键是要培养基本素质，有了优良的基本素质，无论从事什么职业都能胜任。《傅雷家书》说得好：呆的人无往而不呆。意思是说，愚笨的人做什么都是愚笨的。反之，聪明的人做什么都会是聪明的。所以关键不在你的规划，而是把自己的基本素质培养好。大学本科教育不单单是专业技能的培训，而是更加强调素质、能力与境界等综合素质的全面提升。这其中的原因，便在于此。

问题 341：宽松式的管理对大学生有什么弊端，又有什么好处？

解答：按道理，大学生应该是宽松一点比较好，可是中国的大学生普遍有一个问题，就是在小学、中学的时候，整个教育过程有些偏颇，往往人格不是很健全。现在国内的教育有一个奇怪现象，幼儿园教育小学化，小学教育初中化，初中教育高中化，高中教育大学化。到了大学，反倒是幼儿园化了，老师像保姆，什么都管。本来，都是大学生了，应该有自理能力，都能自己管好自己的。所以我觉得宽松式管理对大学生是比较好的。学习千万不要还需要别人督促你，要学会自觉学习。如果连这点自觉都做不到，还像是一个

附录 答学生问

大学生吗？所以希望大家不但要学会自我管理，而且要有自己的思想见解，有自己的价值评判，有自己的个性张扬，如此等等。我们中国大学生比较缺乏个性，往往跟风随流比较普遍，强调所谓的"个性"，也都是些小个性。希望诸位能慢慢培养出自己的大个性来。

问题342：为富不仁，是吗？

解答：不能用财富来绝对区分仁与不仁。富人也有仁慈的，穷人也有不仁慈的。如果一定要找一个比较规律性的断言，大多数人往往是缺什么就求什么。比如说穷人比较缺钱，所以他往往看重钱，因为他首先要解决物质丰富的问题。等到他富起来以后，他好像缺修养，缺学识，于是富人常常花钱去参加各种高级培训班，甚至附庸风雅，结交名流雅士，学些琴棋书画，并以此为荣，这倒是有可能。总之，仁不仁，跟贫富没有绝对的关系，只是人生不同的阶段，由于思想境界不同，社会地位不同，或经济能力不同，往往就会有不同的需求倾向和行为表现。

问题343：老师，请问你对佛家所说的无欲无求怎么看？听你刚讲到理智、欲望的时候，你是觉得欲望是人必要的吗？你有欲望吗？如果有欲望，人会更幸福还是会更沮丧？

解答：当然，欲望是人必要的，我当然也有欲望。自发的欲望是必然现象，是需要的，可是你不要刻意地去追求欲望。以前提到过，圣人之心如镜，圣人之所以伟大，不是说他没有欲望，而是他的心态像镜子一样，当有欲望能实现固然好，如果不能实现也不烦恼，这就叫圣人。我想只要是人都会有欲望，因为我们大脑就是这个结构，包括有边缘系统、脑干系统，就会产生欲望。比如说肚子饿想吃饭，你不能说你不吃吧？两三周不吃，生命就会终结。所以肚子饿了就要去吃饭。当然，如果遇到某种情况，没饭吃，那也不要抱怨，因为抱怨于事无补。所以要泰然处之，这就是圣人的心。所以"无欲无求"应该这样看，一方面要积极进取，另一方面要随遇而安。

问题344：你在课上讲不应该以成败论英雄，而是应当要尊重每一份的奉献，而无论价值大小。但我认为奉献还是有差异，比如物质奉献是否应该有大小之分？

解答：奉献有没有大小，关键在于你的心态。奉献大小不在于用外在的标准衡量，而在于那份心。只要全心全意为社会做奉献，都值得尊重。一个

明道显性:沟通文理讲记

乞丐和一个富翁去捐助地震灾区,乞丐兜里就一块钱,他全拿出来捐了。而这个富翁比如说有一百亿,他只捐出来一万。你说哪个更值得你尊重?所以说不能以绝对值来衡量一个人奉献的价值。要看他的发心,如果他的发心全是出于善良,哪怕奉献再少,也是伟大的。反之,如果是出于个人炫耀,或是营销策略,那么奉献再大,也是渺小的。所以说不能用世俗的大小来衡量,也不可能有一个标准来衡量。

问题 345:如何克服对死亡的恐惧?

解答:这个问题提得好。孔子曰:"不知生,焉知死。"生活中你根本就不必恐惧死亡,因为人们的意识必定先于死亡而终止,因此人们不可能觉知到自己的死亡,既然这样,何惧之有?自古以来,生死确实是人生的大问题,人们往往在心底深处,难以摆脱对死亡的恐惧,反而成为幸福生活的心理障碍。所以要想真正地幸福生活,就必须要做到超越生死。而要超越生死很简单,或者说克服对死亡的恐惧,办法就是热爱生活。其实在"生活"两字的解读中就有这个问题的答案,"生",古代甲骨文是个象形字,描绘的是一颗根系发达,树干坚挺,枝叶繁盛的整棵树,象征生命的生生不息,茁壮成长;"活",是一个会意字,舌头加点水,人在奄奄一息之时,在舌头上滴点水,就能活过来,表示生命力的顽强。现在很多人为什么会怕死?就是缺少生生不息的精神。因此只要你充分展现你的生命力,自然就不会有对死亡的恐惧,完全可以赢得属于自己的幸福生活。正如我讲课中一再强调的,幸福的生活有两条准则,一是积极进取,二是随遇而安。

问题 346:如何理解"人在做,天在看"?是圣学还是佛学里面的概念?

解答:佛学不讲天,讲心,即心即佛。因此佛学里顶多说佛在看,不会说天在看。中国古代历来是非常重视天,天是高高在上的,先民们确实非常敬畏天。后来天的概念在中华传统文化思想体系里也就成为最基本的概念,而把天道看作是自然根本法则,构成圣学体系的立足点,敬天也成为圣学中主要理念之一。

问题 347:是不是我们应该总是标新立异?

解答:标新立异是需要的,但所标之新,所立之异,必须是有据有益的。有益是指对于推动社会进步,对于人类幸福生活有所裨益。有据是指要符合自然法则,有充分的立论依据。一个人提出某种观点并不重要,重要的是

附录　答学生问

如何确切地验证某种观点是真正自然法则的反映。因为任何一种观点其实很早就有人提出(生态位原理的必然),但往往都长期得不到验证,确切的验证!

问题348:如何解决教育问题,我们能做些什么?

解答:这个问题提得好。希望在座听完我讲座的人,毕业后都到边远山区当老师去,真正投身到我们的教育事业中。教育问题的解决徒说无益,需要实干,这才是解决教育问题的关键。为此,首先你们的教育理念要先进,把我们最好的教育理念带上。然后要耐得住寂寞,坚守教育的第一线,默默奉献自己的才华。要想真切解决好中国的教育问题,最好的办法就是踏实地实干而不是空乏地议论。当然,对于个人而言,确实会牺牲我们这一代人,但如果因此而改变我们的教育现状,甚至换来理想的教育,这个牺牲是值得的。

问题349:很多大学生还意识不到至乐的重要性,就是因为他们还在追求您刚才提到的俗乐。但是从本能追求俗乐到自觉去追求这种至乐,这中间的过程究竟是怎样完成的,或者有什么办法可以促进这种转变?

解答:这种转变往往是在生活的历练中升华的结果。说得通俗一点,比如在人生的经历中碰到一个大坑摔下去了,然后会恍然大悟,发现自己原来错了。在生活中遭遇了真正的困境之后,人们往往就能够实现这样的转变。除了生活历练之外,还可以有意地通过各种心法,修行手段,来不断培养塑造自己,以期顿悟心性,实现这样的转变。当然还有一种潜移默化途径,就是坚持不懈地去读圣贤之书,慢慢地骨子里面都是圣人的思想了。说不定哪一天你也能明白过来。

问题350:为什么人会做噩梦?

解答:梦这个东西,我们中国古代说日有所思,夜有所梦。是因为你白天做了坏事,心里不安了,或者你想了一些不该想的东西。反正"非礼勿视,非礼勿听",你做了或想了这些事情,或者遇到一些恐怖的事情,或者说你睡觉的姿势不是太对,比如压住了心脏,心脏有压迫感,传到大脑中去,大脑中就有某些区域激活,激活就会引发某些噩梦出来。这个很正常,是很自然的,差不多每个人都会经历过。

问题351:老师你对自杀怎么看?

解答：自杀是不道德的，也是不值得的，没有意义。为什么要自杀，人不应该自杀，这违反天性。当然，自杀肯定是有原因的，绝望、失望，在他当时的境界下觉得活下去没有意义。但是时代、社会、生活都是在变的，说不定过了一年以后就精神振奋了，不想自杀了。因此自杀是没出息的表现。但凡是自行了结生命的，都不符合大自然法则。

问题 352：见到不公平的事也不应该生气吗？不要抗争吗？

解答：见到不公平的事，生气是没用的，半点也无助于解决问题。如果靠生气就能解决问题，那太好了，以后我们不管遇到什么问题，就坐在家里生气就好了，人生还会有什么难解之事吗？记住，能解决问题的是靠智慧和能力，要学会运用智慧和能力去心平气和地把事情处理好。见到不公平的事，如果你要主持公道，可以去行动抗争，但是不要生气，要动用你的智慧，妥善地解决问题。

问题 353：活着是做一个以静为本的仁者，还是以动为本的智者呢？

解答：好像我们以前说过，《太极图说》里说要"一动一静，互为其根"。生活也一样，不能光静，也不能光动，要动中有静，静中有动，所谓仁智双运，这才是正确的幸福生活的途径。

问题 354：如果发生难过痛苦的事，比如你心爱的小狗死了，你还怎么保持快乐幸福的心态？

解答：这主要是情感上的问题，人狗之间处久了，就会有感情，哀悼悲切也是难免的。但不可过于悲伤，要能够自觉地从悲哀中及时解放出来，才是正道。从道理上讲，只要是生命，都会有终结的那一天，只要不是天灾人祸，其实无须为之悲伤。大多数人认为死是不好的，生是好的。可是大家有没有想过，没有死，哪里有生？如果小狗是正常死亡，那未尝不是一件好事情。因为我们说过生态系统是整体关联的，有生必有死，代代传承，是自然法则。

问题 355：今天看到一则新闻说，红十字会三年以来接受死后愿意捐献器官的只有 600 多例。很多人就是害怕死后不能保存完整，可能也是因为灵魂方面的阴影，所以不敢去签署这种捐献协议。

解答：我觉得捐献遗体是造福人类的事情，要做到灵魂不朽，不过就是立德、立言、立功三不朽的事。把自己遗体捐献出去，救了很多人，这不就是立德了吗？我觉得这是一个好事情。我死以后，如果医生觉得我的器官有用拿去用,救助其他人,这样起码我捐出去的器官还能在受捐者体内多活许多年,而这些器官里每个细胞都有我的基因在里面,多好啊!这才叫真正的不朽。退一步讲,即使你相信人死后有灵魂,你也不要担心因为尸体不全而影响灵魂,因为灵魂和肉体是分离的,肉体腐败了不影响灵魂,所以也可以捐。我觉得捐赠遗体是没有问题,我们大学生要有这个意识,多做宣传才是。

问题 356:现在很多老师都讲,没有物质基础,就无法保持自己的精神自由和精神发展,对此你有什么看法?

解答:我赞成这种看法,是要有一定的物质基础,追求幸福的生活,物质丰富,身体健康,精神愉悦,三者缺一不可。我从来不反对有物质保证,我自己也是要吃饭,需要有物质上的基本保障。但问题不在这里,问题是你的着眼点在什么地方,就是你的着眼点是在物质上,还是在幸福上,如果你的着眼点是幸福,那么你会协调好三者的关系。如果你的着眼点就是物质,你一定会精神失落,因为你着眼点错了。把着眼点放在幸福上不是说不要物质,而是把物质放在恰当的地位,统合在一起。更重要的是要随遇而安,如果在困苦的情况下,你得不到物质保障,也不要为此焦虑。因为焦虑是无效的,焦虑了物质也不会来。要坦荡处之,这是正确态度,对世间万事万物都要积极进取,争取不到也不要懊恼失望。要记住,"君子坦荡荡,小人常戚戚"。

问题 357:幸福要有物质的保障,那我们在追求幸福的过程中是不是要先追求物质呢?

解答:是这样的,物质保障、身体健康和精神愉悦是相辅相成的,没有先后的问题。关键是什么叫物质保障?是满足基本的生活需求,还是贪得无厌,总要有一个限制吧!如果你的价值体系出问题的话,即使给你一个亿,你都觉得还不丰富。这是一个价值观问题,跟金钱的绝对多少没关系,所以你要改变的是你的人生态度。一天给你一个馒头,你也可以生活得很好。如果你是个善良的人,钱物多了可以救济他人,钱物多了是好事。如果你是个守财奴,钱物再多也是没有意义的。因为钱物在于流通,在于使用,如果你有很多财产却藏着不用,那是一点意义都没有的。

问题 358:我们应该以幸福为主要目的,现在有一些人他们真的感觉在追求幸福,在家生活得很好,由父母供养他们,在家拿着平板电脑在玩,这样的话也算是达到幸福的人生吗？

解答：这种所谓的幸福叫伪幸福。因为别忘了，这是有依赖性，是靠父母的。如果有朝一日父母去世了呢？发生灾难了呢？他还会幸福吗？所以不是有人养你，无所事事就是幸福，幸福在于你奋斗的历程，人生过得充实愉快才叫幸福。你的阅历越丰富，越有广度深度就越具有真正的幸福感。我相信他一天到晚看那些东西，也会有乐极生悲，或无聊的时候。幸福是一种自我内在的体验，外人的评判是没有意义的，比如你要追求的就是好吃懒做的生活，发现这样的人你就觉得他很幸福，那是你看出来的，他是不是幸福只有他自己知道。如果不及时更正生活价值导向的话，总有一天会掉落深渊的。所以你所说的这样的幸福，不足取，也不可取。

问题 359：老师，说到恻隐之心，那我想问如果恻隐之心伤害到别人怎么办？他可能会觉得受到侮辱，是你在同情他。

解答：能够让人感到伤害的，就不是恻隐之心吧。你可知道，"善欲人知，不是真善"。出现这种情况，可能是在某些地方施事者表现出某种优越感。要明白，真正的做好事是白白的给予，如果你咄咄逼人，居高临下的话，你已经不善了。明白吗？所以真正的恻隐之心是一种至善，发自内心的，要以人们最容易接受的方式去帮助人。很多人做好事，还要人家写感谢信，这都是伪善。真善不求回报，就是白白的奉献。要做到这点也比较难，我们长期在是非分别的社会中生活，很多观念影响着大家，一下要把这些观念都去掉还是比较困难的。所以要慢慢来，先从身边的事情做起。

问题 360：有人说陷入逆境，陷入磨难会降低幸福感，但会增加人生的意义，请问你怎么看待幸福人生和有意义的人生？

解答：这两个是不矛盾的。如果你的生活态度是正确的，在逆境中照样会有幸福感，而且越是砥砺，越是磨难，幸福感越强。不知你们有没有吃过苦，我下过乡，不到17岁就回到我父母亲的老家山东，因为我父亲是打江山打到苏州的，所以响应号召上山下乡，就回到我父母亲的老家当知识青年。应该说，我人生最幸福的感受就是那两年，很开心，尽管条件非常艰苦。有磨难是一种幸福的体验，也是有意义的。人生的意义和幸福感是一致的，不会有矛盾的。

问题 361：按自然法则充分展现生命力，那这些源于我们后天教育形成

附录 答学生问

的自身修养怎么就是自然法则呢？

解答：如果后天教育的自身修养是不符合自然法则的，那是要不得的。我们认为教育中好的东西一定是符合自然法则的，我们才把它保存下来。比如孟子的性善论，强调的就是天道所赋予人性，是本善的。而自我修养，无非就是恢复这本善之性，不是天道所赋予的又是什么？人之初，性本善，就是为人之初，就具有整体关联性的。后来引蔽习染，有了不符合自然法则的习气，就要将其舍去。确实，不是说所有的后天教育都是有效的，目前国内中小学教育，我看大多数是不符合脑科学所揭示的自然法则的，所以教育的结果更多是失败的。比如太偏于应试性智力教育，而忽视健全人格的教育，违背了中庸之道。教育的本性首先在于做人：做本善之人，如果连人都做不好，灌输的知识再多又有什么用？如果培养出的都是道德品质有问题的，自私自利的所谓"人才"，那么他们的"才"越高，对社会的危害只会越大。钱理群说北大清华培养的是一群精致的利己主义者，他这是在讽刺我们的教育。其实本来我们大学的校训都是很好的，比如清华的校训是："自强不息，厚德载物"；厦大的校训是："自强不息，止于至善"，等等，都是强调天道法则和人格塑造的。遗憾的是，现今大家都忘记了这些祖训。

问题362：按以下六点而为，破执忘我，自信有容，超越理性，多做好事，学会舍得，心存善念，是否都是积极无为的生活准则？

解答：看来不但你有自己的思考，而且记性也很好，记得基本上差不多。应该说，所有这些准则都是强调人类的整体关联性。也就是说，我们的人类是一个整体，我们彼此之间是相互关联的，人们做任何事情都应该有益于我们人类整体的和谐发展。当然这个整体也会回报每一个个体，因此你在为整体付出，实际上也在为自己服务。所以遵循这些基本准则，从根本上讲就是自利利他的。

问题363：请问守财奴的吝啬行为与率性而为的率性行为有什么区别？若答天命为性，那何为天命？

解答：其实中国古代的天命就是指天道赋予，不过是从人的角度去看的，在天为道，在人为性。我们经常说命运，那都是天道之作用。"命"直接强调道之用（表现为性），"运"则强调性之用。因此天命之谓性，无非告诉你对于人来说天道就是体现在你的本性之中。这样，率性和吝啬就不一样了。

吝啬的守财奴有一个虚妄的小我在那，违背了天道的整体性。其实任何财产都不可永远被占有，即使守财奴守了一辈子，死了以后，那些财产最后还是会回归到社会中。所有的钱物只有在流通领域才会发挥作用，银行里存的钱物再多，如果不花，只是一个数字而已。率性之人则不同，他们所做的一切，都是符合社会整体性要求的，因此即使有了财产，也会在社会中发挥作用，或投资增值，或回报社会。总之，是要放到流通领域去发挥更大作用的。这就是两者之间的最大区别。

问题364：你刚才提无为的时候，提到了社会道德规范，可是社会道德规范有自相矛盾的地方，比如有的说要以德报怨，但是有的说不能纵容坏人作恶。那么你在实际中如何处理这种矛盾呢？

解答：火眼金睛，你看到了问题的实质。对，一定是自相矛盾的。我们说过了，如果不自相矛盾一定不是善的，至善的东西一定是超越逻辑的，王阳明说过："不善不恶是至善。"哥德尔定理也表明，要么追求一致性，要么追求完备性，如果追求完备性，追求至善，那么一定要容忍矛盾。就有这个问题，怎么办呢？很简单，孔子说以德报怨，不如以直报怨。如果按照禅宗的说法，所谓"直"，就是第一念，是本心，是自性，所以强调"直心是道场"。按照你的本善之性去做，不要有是非概念分别，不需要加以选择，这样就超越矛盾了。现在你不再纠结了吧！

问题365：在生活中保持幸福的秘诀是什么？

解答：一个"容"就够了。就是待人要宽容，做事要从容，接物要包容，所谓海纳百川，有容乃大。中国古代"容"字的意思，是非常有讲究的。《道德经》里把"容"看成是道，道就是"容"。《荀子》里有句话则说"心容必自见"，这里"容"又代表了意识的自明性。所以你若真的要做到"容"，也就明道显性了，自然生活也就保持幸福了。

问题366：你说人活着就是为了奉献，奉献可以给人带来快乐，可是我感觉体验各种新鲜事物也可以让人很快乐。那么可以说人活着是为了感知世间的万事万物吗？奉献难道不是一种体验吗？

解答：对，奉献也是一种体验，可是一种不一样的体验。你可以去体验各种各样不同的经历，当然这个没有错，这也是丰富人生所需要的生活。可是人是社会性的人，我们以前说过了，万事万物是整体关联在一起的。我们

附录 答学生问

人类也是整体关联在一起的,你作为个体的存在,是存在全部社会关系之中的,而一切社会关系的基础,就是爱。因此你要赢得真正的幸福,那你一定要融入社会中去,通过奉献自己爱的行为,才会有真切的存在感,而一切快乐或幸福感受,无不基于这样的存在感。反之,一旦断灭一切社会关系,你就会失去存在感,孤独和空虚就会接踵而来,其他所谓的万事万物的感知也就无从谈起。况且为人类做出贡献,这里的人类也包括你自己。不要以为奉献是给别人的,奉献更多是回报给你自己的,这叫自利利他。因此你不仅要学会爱人,还要懂得自爱。要知道,一个不懂得爱自己的人是不可能爱别人的。反之亦然,一个不知道爱他人的人,也是根本不会懂得爱自己的。有一部佛经叫《自爱经》,讲的就是这番道理,只有真正能够爱别人的人才能够真正做到自爱。所以说奉献才是人生的意义所在。

参考文献

[德]F. 阿尔茨特,I. 比尔梅林:《动物有意识吗》,马怀琪、陈琦译,北京:北京理工大学出版社,2004年。

[德]A. 爱因斯坦:《爱因斯坦文集》,许良英等译,北京:商务印书馆,1976年。

[英]J. 巴罗:《不论:科学的极限与极限的科学》,李新洲译,上海:上海科学技术出版社,2000年。

[英]J. 巴罗:《宇宙的起源》,卞毓麟译,上海:上海科学技术出版社,1995年。

[法]H. 柏格森:《时间与自由意志》,吴士栋译,北京:商务印书馆,1958年。

[锡兰]L. 贝克:《东方哲学的故事》,傅永吉译,南京:江苏人民出版社,1998年。

[美]P. 贝纳塞拉夫、H. 普特南:《数学哲学》,朱水林等译,北京:商务印书馆,2003年。

[英]M. 贝内特、[澳]P. 哈克:《神经科学的哲学基础》,张立等译,杭州:浙江大学出版社,2008年。

[丹麦]N. 玻尔:《尼耳斯·玻尔哲学文选》,戈革译,北京:商务印书馆,1999年。

[美]D. 玻姆:《论创造力》,洪定国译,上海:上海科学技术出版社,2001年。

[美]D. 玻姆:《量子理论》,侯德彭译,北京:商务印书馆,1982年。

[美]P. 布劳:《社会生活中的交换与权力》,李国武译,北京:华夏出版社,1988年。

[美]J. 布里格斯、[英]F. 皮特:《混沌七鉴:来自易学的永恒智慧》,陈忠等译,上海:上海科技教育出版社,2001年。

[美]J. 布罗克曼:《第三种文化:洞察世界的新途径》,吕芳译,海口:海南出版社,2003年。

[法]D. 布洛衣:《物理学与微观物理学》,朱津栋译,北京:商务印书馆,1992年。

[清]曹雪芹:《红楼梦》,北京:人民文学出版社,1982年。

[英]A. 查尔默斯:《科学究竟是什么》,邱仁宗译,石家庄:河北科学技术出版社,

2002年。

陈珺主编:《心灵简史:探寻人的奥秘与人生的意义》,北京:线装书局,2003年。

[清]程大中:《四书逸笺》,北京:中华书局,1985年。

[宋]程颢、程颐:《二程遗书》,上海:上海古籍出版社,2000年。

[南宋]大慧杲等:《禅门狮子心:禅林宝训》,北京:民族出版社,2000年。

[英]P. 戴维斯、J. 布朗:《原子中的幽灵》,易心洁译,长沙:湖南科学技术出版社,1992年。

[英]P. 戴维斯、J. 布朗:《超弦:一种包罗万象的理论》,廖力、章人杰译,北京:中国对外翻译出版公司,1994年。

[澳]P. 戴维斯:《宇宙的最后三分钟》,傅承启译,上海:上海科学技术出版社,1995年。

[美]D. 丹尼特:《心灵种种:对意识的探索》,罗军译,上海:上海科学技术出版社,1998年。

[美]D. 丹尼特:《意识的解释》,苏德超等译,北京:北京理工大学出版社,2008年。

[英]W. 丹皮尔:《科学史:及其与哲学和宗教的关系》,李珩译,北京:商务印书馆,1995年。

[美]J. 丹西:《当代认识论导论》,周文彰、何包钢译,北京:中国人民大学出版社,1990年。

[英]R. 道金斯:《自私的基因》,卢允中等译,长春:吉林人民出版社,1998年。

[宋]道元:《景德传灯录》,妙音、文雄点校,成都:成都古籍书店,2000年。

董光璧:《当代新道家》,北京:华夏出版社,1991年。

[晋]杜预注,[唐]孔颖达疏:《春秋左传正义》,北京:北京大学出版社,1999年。

[晋]杜预等注:《春秋三传》,上海:上海古籍出版社,1987年。

[美]G. 艾德尔曼:《意识的宇宙:物质如何转变为精神》,顾凡及译,上海:上海科学技术出版社,2004年。

[澳]J. 埃克尔斯:《脑的进化:自我意识的创生》,潘泓译,上海:上海科技教育出版社,2007年。

冯友兰:《新世训:生活方法新论》,北京:北京大学出版社,1996年。

傅雷:《傅译傅记五种》,北京:生活·读书·新知三联书店,1983年。

[美]M. 盖尔曼:《夸克与美洲豹:简单性和复杂性的奇遇》,杨建邺等译,长沙:湖南科学技术出版社,1997年。

高新民、储昭华主编:《心灵哲学》,北京:商务印书馆,2002年。

[美]J. 格莱克:《混沌:开创新科学》,张淑誉译,上海:上海译文出版社,1990年。

[英]J.格里宾:《大爆炸探秘:量子物理与宇宙学》,卢炬甫译,上海:上海科技教育出版社,2000年。

[英]J.格里宾:《寻找薛定谔的猫:量子物理和真实性》,张广才等译,海口:海南出版社,2001年。

[美]D.格里芬:《后现代科学:科学魅力的再现》,马季方译,北京:中央编译出版社,1995年。

[美]B.格林:《宇宙的琴弦》,李冰译,长沙:湖南科学技术出版社,2002年。

[英]S.格林菲尔德:《大脑的故事》,黄瑛译,上海:上海科学普及出版社,2004年。

郭朋:《坛经校释》,北京:中华书局,1983年。

[清]郭庆藩撰:《庄子集释》,北京:中华书局,1981年。

[德]M.海德格尔:《诗·语言·思》,彭富春译,北京:文化艺术出版社,1991年。

[唐]韩愈:《韩昌黎文集校注》,马其昶校注,上海:上海古籍出版社,1986年。

河北禅学研究所编:《禅宗七经》,北京:宗教文化出版社,1997年。

[魏]何晏注,[宋]邢昺疏:《论语注疏》,北京:北京大学出版社,1999年。

[美]S.亨廷顿、P.伯杰:《全球化的文化动力:当今世界的文化多样性》,康敬贻等译,北京:新华出版社,2004年。

[美]S.亨廷顿:《文明的冲突与世界秩序的重建》,周琪等译,北京:新华出版社,1998年。

[英]T.黑、P.沃尔特斯:《新量子世界》,雷奕安译,长沙:湖南科学技术出版社,2005年。

洪修平:《禅宗思想的形成与发展》,南京:江苏古籍出版社,2000年。

[美]J.霍根:《科学的终结》,孙雍君等译,呼和浩特:远方出版社,1997年。

[英]S.霍金:《时间简史:从大爆炸到黑洞》,许明贤、吴忠超译,长沙:湖南科学技术出版社,1994年。

[美]D.侯世达:《哥德尔、艾舍尔、巴赫:集异璧之大成》,郭维德等译,北京:商务印书馆,1997年。

黄朱伦等:《研读版圣经》,香港:环球圣经公会有限公司,2009年。

[唐]慧能:《敦煌坛经合校简注》,李申合校、方广锠简注,太原:山西古籍出版社,1999年。

[美]L.怀特:《文化科学:人和文明的研究》,曹锦清等译,杭州:浙江人民出版社,1988年。

[英]I.吉尼斯:《心灵学:现代西方超心理学》,沈阳:辽宁人民出版社,1988年。

季羡林:《佛教十五题》,北京:中华书局,2007年。

[英]J.加尔文:《基督教要义》,钱曜诚译,北京:生活·读书·新知三联书店,2010年。

[美]M.加来道雄:《心灵的未来:理解、增强和控制心灵的科学探索》,伍义生等译,重庆:重庆出版社,2015年。

净慧:《禅宗名著选编》,北京:书目文献出版社,1994年。

[南唐]静、筠禅僧:《祖堂集》,张华点校,郑州:中州古籍出版社,2001年。

[明]瞿汝稷:《指月录》,[清]聂先:《续指月录》,西安:西北大学出版社,2004年。

[法]J.居友:《无义务无制裁的道德概论》,余涌译,北京:中国社会科学出版社,1994年。

[美]F.卡普拉:《物理学之"道"》,朱润生译,北京:北京出版社,1999年。

[美]W.卡尔文:《大脑如何思维》,杨雄里、梁培基译,上海:上海科学技术出版社,2007年。

[美]S.考夫曼:《宇宙为家》,李绍明、徐彬译,长沙:湖南科学技术出版社,2003年。

[丹麦]M.克尔凯郭尔:《基督徒的激情》,鲁路译,沈阳:辽宁人民出版社,1994年。

[美]F.克拉默:《混沌与秩序:生物系统的复杂结构》,柯志阳、吴彤译,上海:上海科技教育出版社,2000年。

[美]M.克莱因:《数学:确定性的丧失》,李宏魁译,长沙:湖南科学技术出版社,1997年。

[英]F.克里克:《惊人的假说:灵魂的科学探索》,汪云九等译,长沙:湖南科学技术出版社,1998年。

[印度]J.克里希那穆提:《爱的觉醒》,胡因梦等译,深圳:深圳振业集团出版社,2006年。

[美]S.克林:《元数学导论》(上,下),莫绍揆译,北京:科学出版社,1984,1985年。

[波兰]L.柯拉柯夫斯基:《宗教:如果没有上帝》,杨德友译,北京:生活·读书·新知三联书店,1997年。

[英]P.柯文尼、L.海菲尔德:《时间之箭》,江涛、向守平译,长沙:湖南科学技术出版社,1994年。

[英]J.科廷汉:《生活有意义吗》,王楠译,桂林:广西师范大学出版社,2007年。

[汉]孔安国传、[唐]孔颖达疏:《尚书正义》,北京:北京大学出版社,1999年。

[英]D.库比特:《上帝之后》,王志成等译,北京:宗教文化出版社,2002年。

[英]D.库比特:《生活 生活:一种正在来临的生活宗教》,王志成、朱彩虹译,北京:宗教文化出版社,2004年。

[美]N.库萨:《论隐秘的上帝》,李秋零译,北京:生活·读书·新知三联书店,

1996年。

[美]L.库兹韦尔:《灵魂机器的时代:当计算机超过人类智能时》,沈志彦、祁阿红、王晓东译,上海:上海译文出版社,2002年。

[美]E.拉兹洛:《微漪之塘》,钱兆华译,北京:社会科学文献出版社,2001年。

[法]G.勒庞:《乌合之众:大众心理研究》,冯克利译,北京:中央编译出版社,2005年。

[英]B.里德雷:《时间、空间和万物》,李泳译,长沙:湖南科学技术出版社,2002年。

[宋]黎靖德:《朱子语类》,王星贤点校,北京:中华书局,1986年。

[美]M.里斯:《六个数:塑造宇宙的深层力》,石云里译,上海:上海科学技术出版社,2001年。

[唐]李翱、[唐]欧阳詹:《李文公集 欧阳行周文集》,上海:上海古籍出版社,1993年。

[清]刘宝楠:《论语正义》,北京:中华书局,1990年。

刘文典:《淮南鸿烈集解》,北京:中华书局,1989年。

[宋]陆九渊:《陆九渊集》,钟哲点校,北京:中华书局,1980年。

[宋]陆九渊、[明]王守仁:《象山语录·阳明传习录》,上海:上海古籍出版社,2000年。

[美]E.洛伦兹:《混沌的本质》,刘式达等译,北京:气象出版社,1997年。

[美]H.罗索夫斯基:《美国校园文化:学生·教授·管理》,谢宗仙等译,济南:山东人民出版社,1996年。

[法]J.卢米涅:《黑洞》,卢炬甫译,长沙:湖南科学技术出版社,1997年。

[美]L.马古利斯:《生物共生的行星:进化的新景观》,易凡译,上海:上海科学技术出版社,1999年。

[美]E.迈尔:《进化是什么》,田洺译,上海:上海科学技术出版社,2003年。

[德]K.迈因策尔:《复杂性中的思维》,曾国屏译,北京:中央编译出版社,1999年。

[美]B.曼德布罗特:《大自然的分形几何学》,陈守吉、凌复华译,上海:上海远东出版社,1998年。

[汉]毛亨传、[汉]郑玄注、[唐]孔颖达疏:《毛诗正义》,北京:北京大学出版社,1999年。

[俄]I.诺维科夫:《时间之河》,吴王杰、陆雪莹、闵锐译,上海:上海科学技术出版社,2001年。

[英]L.牛顿:《探求万物之理:混沌、夸克与拉普拉斯妖》,李香莲译,上海:上海科技教育出版社,2000年。

[瑞士]H.奥特:《不可言说的言说》,林克、赵勇译,北京:生活·读书·新知三联书

店,1994年。

潘桂明、吴忠伟:《中国天台宗通史》,南京:江苏古籍出版社,2001年。

[印度]R.潘尼卡:《看不见的和谐》,王志成、思竹译,北京:宗教文化出版社,2005年。

[美]K.波普尔:《科学知识进化论》,纪树立编译,北京:生活·读书·新知三联书店,1987年。

[宋]普济:《五灯会元》,苏渊雷点校,北京:中华书局,1984年。

钱穆:《灵魂与心》,南宁:广西师范大学出版社,2004年。

[英]G.萨顿:《科学史和新人文主义》,陈恒六等译,北京:华夏出版社,1989年。

[美]K.萨根:《魔鬼出没的世界:科学,照亮黑暗的蜡烛》,李大光译,长春:吉林人民出版社,1998年。

[梁]僧祐:《出三藏记集》,苏晋仁、萧链子点校,北京:中华书局,1995年。

[梁]僧祐:《弘明集》,上海:上海古籍出版社,1991年。

[美]J.塞尔:《心灵的再发现》,王巍译,北京:中国人民大学出版社,2005年。

[宋]邵雍:《伊川击壤集》,北京:学林出版社,2003年。

[美]S.赛诺:《捆绑的世界:生活在全球化时代》,江立华等译,广州:广东人民出版社,2006年。

[德]A.叔本华:《生存空虚说》,陈晓南译,北京:作家出版社,1987年。

石峻:《中国佛教思想资料选编》,北京:中华书局,1981年。

[英]A.史密斯:《心智的进化》,孙岳译,北京:中国对外翻译出版公司,2000年。

[英]A.史密斯:《生命起源的七条线索》,段吉勇译,北京:中国对外翻译出版公司,1995年。

[美]L.斯莫林:《通向量子引力的三条途径》,李新洲等译,上海:上海科学技术出版社,2003年。

[英]C.斯诺:《两种文化》,纪树立译,北京:生活·读书·新知三联书店,1994年。

[美]F.斯特伦:《人与神:宗教生活的理解》,金泽、何其敏译,上海:上海人民出版社,1991年。

[美]L.斯塔夫里阿诺斯:《全球通史》,吴象婴、梁赤民译,上海:上海社会科学院出版社,1999年。

[英]E.斯图尔特:《混沌之数学》,潘涛译,上海:上海远东出版社,1995年。

[美]K.索思:《黑洞与时间弯曲:爱因斯坦的幽灵》,李泳译,长沙:湖南科学技术出版社,2000年。

[清]孙星衍:《孔子集语》,上海:上海古籍出版社,1989年。

[日]汤川秀树:《创造力与直觉:一个物理学家对东西方文化的考察》,周林东译,上海:复旦大学出版社,1987年。

[魏]王弼注、[唐]孔颖达疏:《周易正义》,北京:北京大学出版社,2009年。

[汉]王充:《论衡》,上海:上海古籍出版社,1990年。

王明:《无能子校注》,北京:中华书局,1981。

[隋]王通:《文中子中说》,上海:上海古籍出版社,1989年。

[清]王先谦:《荀子集解》,北京:中华书局,1988年。

[美]S.温伯格:《宇宙最初三分钟》,张承泉等译,北京:中国对外翻译出版公司,2000年。

[德]M.韦伯:《新教伦理与资本主义精神》,于晓等译,北京:生活·读书·新知三联书店,1987年。

[美]G.威廉斯:《谁是造物主:自然界计划和目的新识》,谢德秋译,上海:上海科学技术出版社,1998年。

[奥]L.维特根斯坦:《逻辑哲学论》,贺绍甲译,北京:商务印书馆,1996年。

[美]M.沃尔德罗普:《复杂:诞生于秩序与混沌边缘的科学》,陈玲译,北京:生活·读书·新知三联书店,1997年。

[美]F.沃尔夫:《精神的宇宙》,吕捷译,北京:商务印书馆,2005年。

[美]T.沃斯特:《自然的经济体系:生态思想史》,侯文蕙译,北京:商务印书馆,1999年。

[英]J.希克:《第五维度:灵性领域的探索》,王志成、思竹译,成都:四川人民出版社,2000年。

[唐]玄奘:《成唯识论校释》,韩廷杰译,北京:中华书局,1998年。

[奥]E.薛定谔:《生命是什么》,罗来鸥、罗辽复译,长沙:湖南科学技术出版社,2003年。

[清]颜元:《习斋四存编》,上海:上海古籍出版社,2000年。

[汉]严遵:《老子指归》,北京:中华书局,1994年。

杨伯峻:《列子集释》,北京:中华书局,1979年。

杨伯溆:《全球化:起源、发展和影响》,北京:人民出版社,2002年。

[周]尹喜:《关尹子》,上海:上海古籍出版社,1990年。

[宋]赜藏主:《古尊宿语录》,北京:中华书局,1994年。

[美]E.詹奇:《自组织的宇宙观》,曾国屏等译,北京:中国社会科学出版社,1992年。

[宋]张栻:《张栻全集》,长春:长春出版社,1999年。

参考文献

[宋]张载：《张子正蒙》，上海：上海古籍出版社，2000年。

[汉]赵歧注、[宋]孙奭疏：《孟子注疏》，北京：北京大学出版社，1999年。

[汉]郑玄注、[唐]孔颖达疏：《礼记正义》，北京：北京大学出版社，1999年。

[宋]周敦颐：《周子通书》，上海：上海古籍出版社，2000年。

[宋]周敦颐：《周子全书》，上海：商务印书馆，1937年。

周昌乐：《禅悟的实证：禅宗思想的科学发凡》，北京：东方出版社，2006年。

周昌乐：《博学切问》，厦门：厦门大学出版社，2015年。

周昌乐：《智能科学技术导论》，北京：机械工业出版社，2015年。

朱谦之：《老子校释》，北京：中华书局，1984年。

[宋]朱熹：《四书章句集注》，北京：中华书局，1983年。

[宋]朱熹、吕祖谦：《朱子近思录》，上海：上海古籍出版社，2000年。